FANUC
工业机器人
装调与维修

韩鸿鸾　孙华伟　孙　凯　郑全芳

———————————— 编著

化学工业出版社

·北京·

内容简介

本书体现了专业知识与创新创业知识相融合的理念，以 FANUC 工业机器人为载体，并结合实际应用和相关要求而编写。本书包括工业机器人装调与维修基础、工业机器人安装与连接、工业机器人本体的拆装与调整、FANUC 工业机器人的通信、FANUC 工业机器人元器件的更换和工业机器人常见报警及故障处理等内容。

本书适合企业、工厂中工业机器人与数控机床操作、安装、调试与维修维护人员学习参考。

图书在版编目（CIP）数据

FANUC 工业机器人装调与维修/韩鸿鸾等编著．—北京：化学工业出版社，2024.6
ISBN 978-7-122-44926-9

Ⅰ.①F… Ⅱ.①韩… Ⅲ.①工业机器人-安装②工业机器人-调试方法③工业机器人-维修 Ⅳ.①TP242.2

中国国家版本馆 CIP 数据核字（2024）第 088955 号

责任编辑：王　烨　　　　　　　　　　文字编辑：郑云海
责任校对：刘　一　　　　　　　　　　装帧设计：刘丽华

出版发行：化学工业出版社
　　　　　（北京市东城区青年湖南街 13 号　邮政编码 100011）
印　　装：河北延风印务有限公司
787mm×1092mm　1/16　印张 19¾　字数 468 千字
2024 年 9 月北京第 1 版第 1 次印刷

购书咨询：010-64518888　　　　　　　售后服务：010-64518899
网　　址：http://www.cip.com.cn
凡购买本书，如有缺损质量问题，本社销售中心负责调换。

定　　价：89.00 元

　　2015 年 5 月 19 日，国务院印发《中国制造 2025》，规划指出，要把智能制造作为两化深度融合的主攻方向，其中工业机器人是主要抓手。近年来，我国机器人行业在国家政策的支持下，顺势而为，发展迅速，已连续两年成为世界第一大工业机器人市场。

　　工业机器人作为一种高科技集成装备，对专业人才有着多层次的需求，主要分为研发工程师、系统设计与应用工程师、调试工程师和操作及维护人员四个层次。

　　对应于专业人才层次分布，工业机器人专业人才服务方向主要分为工业机器人研发和生产企业、工业机器人系统集成商和工业机器人应用企业。掌握技术核心知识的研发工程师主要分布在工业机器人研发企业和生产企业的研发部门，推动工业机器人技术发展；而工业机器人应用企业和工业机器人系统集成商则需求大量调试工程师和操作及维护人员，工作在生产一线，保障设备的正常运行和简单细微的调整，同时工业机器人研发与生产企业也需要大量的培训技师及懂一定专业知识的销售人员。本书正是基于此背景，为满足这一需求而开发的。

　　本书撰写始终贯穿"守正创新、独具创意"的根本。守正是指"国家标准、科学方法和产品品质"；创新是指"新技术、新产业、新业态和新模式"。本书具有如下特色。

　　1. 坚定历史自信、文化自信，坚持古为今用、推陈出新。通过多位一体表现模式和教、学、做之间的引导和转换，强化学员学中做、做中学，潜移默化地提升岗位管理能力。强调互动式学习、训练，激发学员的双创能力，快速有效地完成将知识内化为技能、能力。

　　2. 坚持理论与实践相结合，体现实践没有止境，理论创新也没有止境的理论。基于岗位知识需求，系统化、规范化内容；针对学员的群体特征，以可视化内容为主，通过图示、图片等形式表现学习内容，降低阅读难度，培养兴趣和信心，提高自主学习的效率和效果。

　　3. 培育创新文化，弘扬科学家精神，涵养优良学风，营造创新氛围。做到"举一反三、触类旁通"，启发学员动手、动脑、多看，做到勇于实践、敢于创新。

　　4. 不忘初心，牢记使命，在党的二十大报告中提到"实施科教兴国战略，强化现代化人才支撑"，要坚持党的领导，忠于党的事业。

5. 校企深度融合，在撰写过程中，编者广泛采用工业机器人应用企业技术人员的经验和建议，结合企业用人需求，在内容上融入专业职业能力的培养。

6. 课程思政，培根铸魂，在撰写过程中融入思政元素，将严谨、精细的工匠精神融入其中；以培养高素质的技术技能人才、能工巧匠为具体目标，教会学员真本领，培养对社会有作为，对国家有担当的职业技能人才。

7. 守正创新，在撰写内容、表现形式等方面借助信息化手段提升质量，突出重点，有效地提高学习效率，为社会培养德智体美劳全面发展的高素质技术技能人才，为国家发展储备人才提供支撑。

本书由韩鸿鸾、孙华伟、孙凯、郑全芳编著。本书是职业教育相关课题的研究成果❶。全书由威海职业学院（威海市技术学院）韩鸿鸾统稿。

本书在撰写过程中得到了柳道机械、天润泰达、西安乐博士、上海ABB、KUKA、山东立人科技有限公司等工业机器人生产企业与北汽（黑豹）汽车有限公司、山东新北洋信息技术股份有限公司、豪顿华工程有限公司、联轿仲精机械（日本）有限公司等工业机器人应用企业的大力支持，得到了众多职业院校的帮助，还得到了山东省、河南省、河北省、江苏省、上海市等技能鉴定部门的大力支持，在此深表谢意。

由于时间仓促，编者水平有限，书中不足之处在所难免，感谢广大读者给予批评指正。

编者

于山东威海

---

❶　第二届黄炎培职业教育思想研究规划课题，重点项目（ZJS 2024ZN023）；
　　课题名称：产教协同理念下的高职院校数控专业教育与创新创业教育相融合的研究与实践；
　　主持人：韩鸿鸾。

目·录

第**1**章　工业机器人装调与维修基础

1.1　认识工业机器人

工业机器人作为高端制造装备的重要组成部分，技术附加值高，应用范围广，是我国先进制造业的重要支撑技术和信息化社会的重要生产装备，将对未来生产、社会发展以及增强军事国防实力具有十分重要的意义，图 1-1～图 1-4 为按照机器人运动形式分类的不同工业机器人。

图 1-1　直角坐标系工业机器人

图 1-2　圆柱坐标系工业机器人

图 1-3　关节坐标系工业机器人

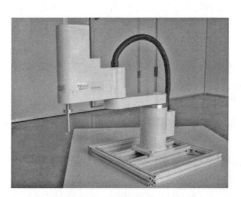

图 1-4　平面关节型工业机器人

1.2 认识机器人的组成与工作原理

工业机器人通常由执行机构、驱动系统、控制系统和传感系统四部分组成，如图 1-5 所示。工业机器人各组成部分之间的相互作用关系如图 1-6 所示。

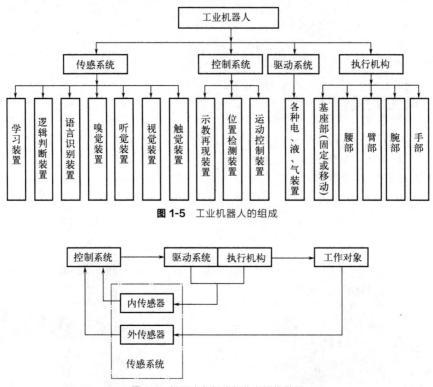

图 1-5 工业机器人的组成

图 1-6 机器人各组成部分之间的关系

1.2.1 机器人的基本工作原理

现在广泛应用的工业机器人都属于第一代机器人，它的基本工作原理是示教再现，如图 1-7 所示。

示教也称为导引，即由用户引导机器人，一步步将实际任务操作一遍，机器人在引导过程中自动记忆示教的每个动作的位置、姿态、运动参数、工艺参数等，并自动生成一个连续执行全部操作的程序。

完成示教后，只需给机器人一个启动命令，机器人将精确地按示教动作，一步步完成全部操作，这就是示教与再现。

（1）机器人手臂的运动

机器人的机械臂是由数个刚性杆体和旋转或移动的关节连接而成，是一个开环关节链，开链的一端固接在基座上，另一端是自由的，安装着末端执行器（如焊枪），在机器人操作时，机器人手臂前端的末端执行器必须与被加工工件处于相适应的位置和姿态，而这些位置和姿态是由若干个臂关节的运动所合成的。

因此，机器人运动控制中，必须要知道机械臂各关节变量空间和末端执行器的位置和姿态之间的关系，这就是机器人运动学模型。一台机器人机械臂的几何结构确定后，其运动学模型即可确定，这是机器人运动控制的基础。

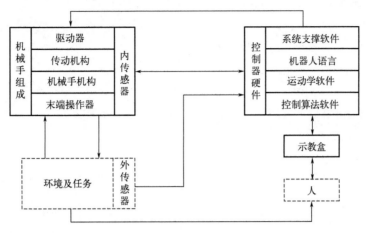

图 1-7 机器人工作原理

（2）机器人轨迹规划

机器人机械手端部从起点的位置和姿态到终点的位置和姿态的运动轨迹空间曲线叫作路径。

轨迹规划的任务是用一种函数来"内插"或"逼近"给定的路径，并沿时间轴产生一系列"控制设定点"，用于控制机械手运动。目前常用的轨迹规划方法有空间关节插值法和笛卡儿空间规划两种方法。

（3）机器人机械手的控制

当一台机器人机械手的动态运动方程已给定，它的控制目的就是按预定性能要求保持机械手的动态响应。但是由于机器人机械手的惯性力、耦合反应力和重力负载都随运动空间的变化而变化，因此要对它进行高精度、高速度、高动态品质的控制是相当复杂而困难的。

目前工业机器人上采用的控制方法是把机械手上每一个关节都当作一个单独的伺服机构，即把一个非线性的、关节间耦合的变负载系统，简化为线性的非耦合单独系统。

1.2.2 工业机器人的组成

1.2.2.1 执行机构

执行机构是机器人赖以完成工作任务的实体，通常由一系列连杆、关节或其他形式的运动副所组成。从功能的角度可分为手部、腕部、臂部、腰部和机座几部分，如图 1-8 所示。

（1）手部

工业机器人的手部也叫作末端执行器，是装在机器人手腕上直接抓握工件或执行作业的部件。手部对于机器人来说是完成作业好坏、作业柔性好坏的关键部件之一。

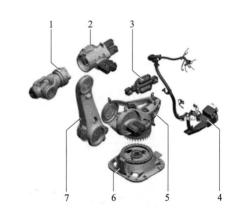

图 1-8 KR 1000 titan 的主要组件
1—机器人腕部；2—小臂；3—平衡配重；4—电气设备；
5—转盘（腰部）；6—底座（机座）；7—大臂

1）机械钳爪式手部结构

机械钳爪式手部按夹取的方式，可分为内撑式和外夹式两种，分别如图 1-9 与图 1-10 所示。两者的区别在于夹持工件的部位不同，手爪动作的方向相反。

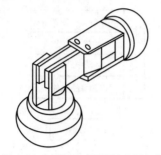

图 1-9　内撑钳爪式手部的夹取方式

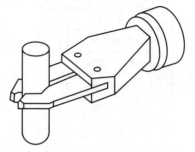

图 1-10　外夹钳爪式手部的夹取方式

由于采用两爪内撑式手部夹持时不易达到稳定，工业机器人多用内撑式三指钳爪来夹持工件，如图 1-11 所示。

从机械结构特征、外观与功用来区分，钳爪式手部还有多种结构形式，下面介绍几种不同形式的手部机构。

① 齿轮齿条移动式手爪如图 1-12 所示。

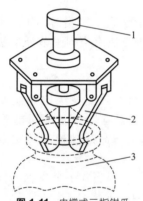

图 1-11　内撑式三指钳爪
1—手指驱动电磁铁；2—钳爪；3—工件

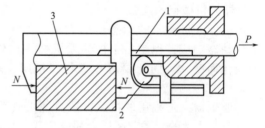

图 1-12　齿轮齿条移动式手爪
1—齿条；2—齿轮；3—工件

② 重力式钳爪如图 1-13 所示。

③ 平行连杆式钳爪如图 1-14 所示。

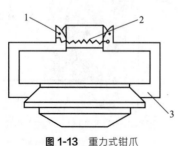

图 1-13　重力式钳爪
1—销；2—弹簧；3—钳爪

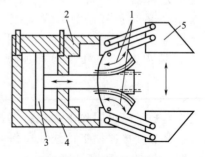

图 1-14　平行连杆式钳爪
1—扇形齿轮；2—齿条；3—活塞；4—气（油）缸；5—钳爪

④ 拨杆杠杆式钳爪如图 1-15 所示。

⑤ 自动调整式钳爪如图 1-16 所示。自动调整式钳爪的调整范围在 0～10mm 之内，适用于抓取多种规格的工件，当更换产品时可更换 V 形钳口。

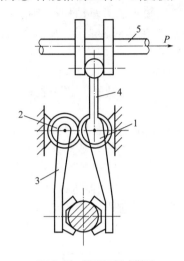

图 1-15　拨杆杠杆式钳爪
1—齿轮 1；2—齿轮 2；3—钳爪；4—拨杆；5—驱动杆

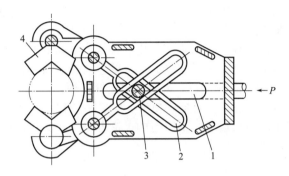

图 1-16　自动调整式钳爪
1—推杆；2—滑槽；3—轴销；4—V 形钳爪

2）钩托式手部

钩托式手部主要特征是不靠夹紧力来夹持工件，而是利用手指对工件钩、托、捧等动作来托持工件。应用钩托方式可降低驱动力的要求，简化手部结构，甚至可以省略手部驱动装置。它适用于在水平面内和垂直面内作低速移动的搬运工作，尤其对大型笨重的工件或结构粗大而质量较小且易变形的工件更为有利。钩托式手部可分为无驱动装置型和有驱动装置型。

① 无驱动装置型　无驱动装置型的钩托式手部，手指动作通过传动机构，借助臂部的运动来实现，手部无单独的驱动装置。图 1-17(a) 为一种无驱动型，手部在臂的带动下向下移动，当手部下降到一定位置时齿条 1 下端碰到撞块，臂部继续下移，齿条便带动齿轮 2 旋转，手指 3 即进入工件钩托部位。手指托持工件时，销 4 在弹簧力作用下插入齿条缺口，保

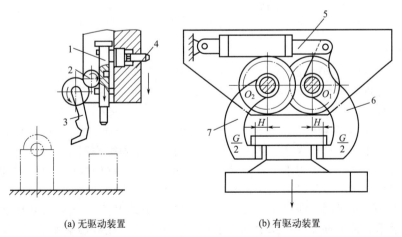

(a) 无驱动装置　　　　　　(b) 有驱动装置

图 1-17　钩托式手部
1—齿条；2—齿轮；3—手指；4—销；5—液压缸；6,7—杠杆手指

持手指的钩托状态并可使手臂携带工件离开原始位置。在完成钩托任务后，由电磁铁将销向外拔出，手指又呈自由状态，可继续下一个工作循环程序。

② 有驱动装置型　图1-17(b)为一种有驱动装置型的钩托式手部。其工作原理是依靠机构内力来平衡工件重力而保持托持状态。驱动液压缸5以较小的力驱动杠杆手指6和7回转，使手指闭合至托持工件的位置。手指与工件的接触点均在其回转支点O_1、O_2的外侧，因此在手指托持工件后工件本身的重量不会使手指自行松脱。

图1-18(a)所示为从三个方向夹住工件的抓取机构的原理，爪1、2由连杆机构带动，在同一平面中做相对的平行移动；爪3的运动平面与爪1、2的运动平面相垂直；工件由这三爪夹紧。

图1-18(b)为爪部的传动机构。抓取机构的驱动器6安装在抓取机构机架的上部，输出轴7通过联轴器8与工作轴相连，工作轴上装有离合器4，通过离合器与蜗杆9相连。蜗杆带动齿轮10、11，齿轮带动连杆机构，使爪1、2做启闭动作。输出轴又通过齿轮5带动与爪3相连的离合器，使爪3做启闭动作。当爪与工件接触后，离合器进入"OFF"状态，三爪均停止运动，由于蜗杆蜗轮传动具有反行程自锁的特性，故抓取机构不会自行松开被夹住的工件。

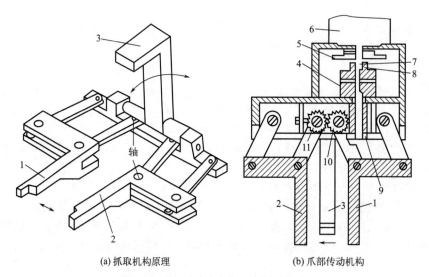

(a) 抓取机构原理　　　　(b) 爪部传动机构

图 1-18 从三个方向夹住工件的抓取机构

1~3—爪；4—离合器；5,10,11—齿轮；6—驱动器；7—输出轴；8—联轴器；9—蜗杆

3）弹簧式手部

弹簧式手部靠弹簧力的作用将工件夹紧，手部不需要专用的驱动装置，结构简单。它的使用特点是工件进入手指和从手指中取下工件都是强制进行的。由于弹簧力有限，故只适用于夹持轻小工件。

如图1-19所示为一种结构简单的簧片手指弹性手爪。手臂带动夹钳向坯料推进时，弹簧片3由于受到压力而自动张开，于是工件进入钳内，受弹簧作用而自动夹紧。当机器人将工件传送到指定位置后，手指不会将工件松开，必须先将工件固定后，手部后退，强迫手指撑开后留下工件。这种手部只适用于定心精度要求不高的场合。

如图1-20所示，两个手爪1、2用连杆3、4连接在滑块上，气缸活塞杆通过弹簧5使滑块运动。手爪夹持工件6的夹紧力取决于弹簧的张力，因此可根据工作情况，选取不同张力的弹簧；此外，还要注意，当手爪松开时，不要让弹簧脱落。

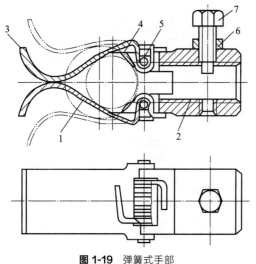

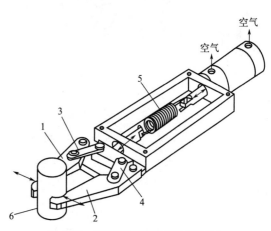

图 1-19 弹簧式手部
1—工件；2—套筒；3—弹簧片；4—扭簧；
5—销钉；6—螺母；7—螺钉

图 1-20 利用弹簧螺旋的弹性抓物机构
1,2—手爪；3,4—连杆；5—弹簧；6—工件

如图 1-21（a）所示的抓取机构中，在手爪 5 的内侧设有槽口，用螺钉将弹性材料装在槽口中以形成具有弹性的抓取机构；弹性材料的一端用螺钉紧固，另一端可自由运动。当手爪夹紧工件 7 时，弹性材料便发生变形并与工件的外轮廓紧密接触；也可以只在一侧手爪上安装弹性材料，这时工件被抓取时定位精度较好。1 是与活塞杆固连的驱动板，2 是气缸，3 是支架，4 是连杆，6 是弹性爪。图 1-21（b）是另一种形式的弹性抓取机构。

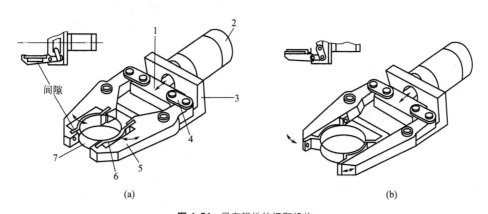

(a)　　　　　　　　　　　　　　　　(b)

图 1-21 具有弹性的抓取机构
1—驱动板；2—气缸；3—支架；4—连杆；5—手爪；6—弹性爪；7—工件

（2）腕部

腕部旋转是指腕部绕小臂轴线的转动，又叫作臂转。有些机器人限制其腕部转动角度小于 360°。另一些机器人则仅仅受到控制电缆缠绕圈数的限制，腕部可以转几圈。如图 1-22（a）所示。

1）腕部弯曲

腕部弯曲是指腕部的上下摆动，这种运动也称为俯仰，又叫作手转。如图 1-22（b）所示。

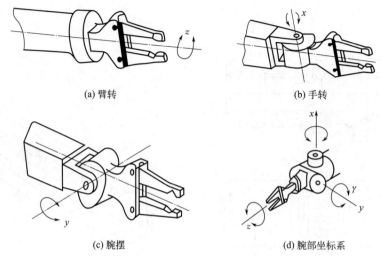

(a) 臂转   (b) 手转

(c) 腕摆   (d) 腕部坐标系

图 1-22 腕部的三个运动和坐标系

2）腕部侧摆

腕部侧摆指机器人腕部的水平摆动，又叫作腕摆。腕部的旋转和俯仰两种运动结合起来可以看成是侧摆运动，通常机器人的侧摆运动由一个单独的关节提供。如图 1-22（c）所示。

腕部结构多为上述三个回转方式的组合，组合的方式可以有多种形式，常用的腕部组合的方式有：臂转—腕摆—手转结构、臂转—双腕摆—手转结构等，如图 1-23 所示。

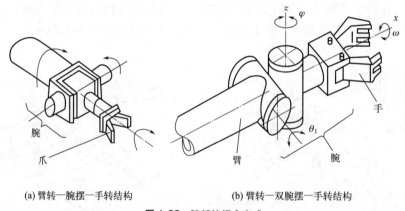

(a) 臂转—腕摆—手转结构   (b) 臂转—双腕摆—手转结构

图 1-23 腕部的组合方式

3）手腕的分类

手腕按自由度数目来分，可分为单自由度手腕、二自由度手腕和三自由度手腕三类。

① 单自由度手腕 如图 1-24（a）所示是一种翻转（Roll）关节，它把手臂纵轴线和手腕关节轴线构成共轴线形式，这种 R 关节旋转角度大，可达到 360°以上。图 1-24（b）、（c）

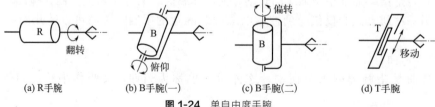

(a) R手腕   (b) B手腕(一)   (c) B手腕(二)   (d) T手腕

图 1-24 单自由度手腕

是一种折曲（Bend）关节，关节轴线与前、后两个连接件的轴线相垂直。这种 B 关节因为受到结构上的干涉，旋转角度小，大大限制了方向角。

②二自由度手腕 二自由度手腕可以由一个 R 关节和一个 B 关节组成 BR 手腕［见图 1-25(a)］，也可以由两个 B 关节组成 BB 手腕［见图1-25(b)］。但是，不能由两个 R 关节组成 RR 手腕，因为两个 R 关节共轴线，所以退化了 1 个自由度，实际只构成了单自由度手腕［见图 1-25(c)］。

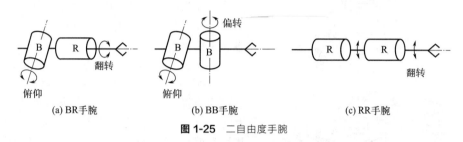

(a) BR手腕　　　　　　(b) BB手腕　　　　　　(c) RR手腕

图 1-25　二自由度手腕

③三自由度手腕 三自由度手腕可以由 B 关节和 R 关节组成许多种形式。图 1-26(a)所示为通常见到的 BBR 手腕，使手部具有俯仰、偏转和翻转运动，即 RPY 运动。图 1-26(b) 所示为一个 B 关节和两个 R 关节组成的 BRR 手腕，为了不使自由度退化，使手部获得 RPY 运动，第一个 R 关节必须如图偏置。图 1-26(c) 所示为三个 R 关节组成的 RRR 手腕，它也可以实现手部 RPY 运动。图 1-26(d) 所示为 BBB 手腕，很明显，它已经退化为二自由度手腕，只有 PY 运动，实际上它是不采用的。此外，B 关节和 R 关节排列的次序不同，也会产生不同的效果，也产生了其他形式的三自由度手腕。为了使手腕结构紧凑，通常把两个 B 关节安装在一个十字接头上，这可以大大减小 BBR 手腕的纵向尺寸。

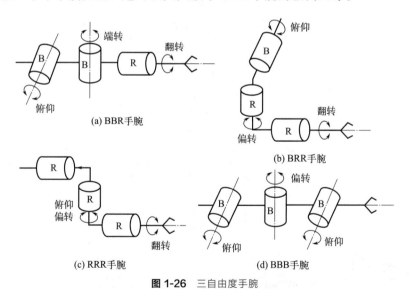

(a) BBR手腕

(b) BRR手腕

(c) RRR手腕　　　　　　(d) BBB手腕

图 1-26　三自由度手腕

(3) 工业机器人末端装置的安装

1) 认识快速装置

使用一台通用机器人，要在作业时能自动更换不同的末端操作器，就需要配置具有快速装卸功能的换接器。换接器由两部分组成：换接器插座和换接器插头，分别装在机器腕部和末端操作器上，能够实现机器人对末端操作器的快速自动更换。

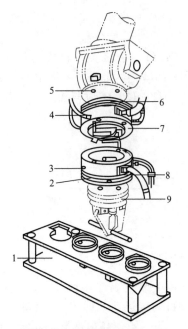

图 1-27 气动换接器与操作器库

1—末端操作器库；2—操作器过渡法兰；3—位置指示器；
4—换接器气路；5—连接法兰；6—过渡法兰；
7—换接器；8—换接器配合端；9—末端操作器

具体实施时，各种末端操作器存放在工具架上，组成一个专用末端操作器库，如图 1-27 所示。机器人可根据作业要求，自行从工具架上接上相应的专用末端操作器。

对专用末端操作器换接器的要求主要有：同时具备气源、电源及信号的快速连接与切换；能承受末端操作器的工作载荷；在失电、失气情况下，机器人停止工作时不会自行脱离；具有一定的换接精度等。

气动换接器和专用末端操作器如图 1-28 所示。该换接器也分成两部分：一部分装在手腕上，称为换接器；另一部分在末端操作器上，称为配合器。利用气动锁紧器将两部分进行连接，并具有就位指示灯，以表示电路、气路是否接通。其结构如图 1-29 所示。

2）末端执行装置的安装

① 安装工具快换装置的主端口，将定位销（工业机器人附带配件）安装在 IRB 120 工业机器人法兰盘中对应的销孔中，安装时切勿倾斜、重击，必要时可使用橡胶锤敲击，如图 1-30 所示。

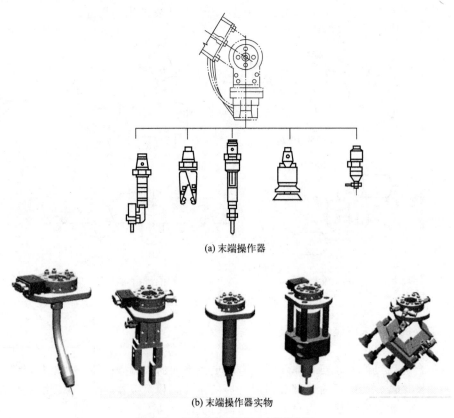

(a) 末端操作器

(b) 末端操作器实物

图 1-28 气动换接器和专用末端操作器

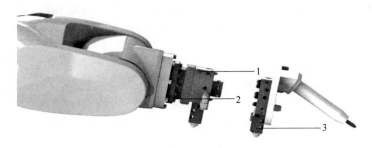

图 1-29 换接器结构

1—快换装置公头；2—快换装置母头；3—末端法兰

② 对准快换装置主端口上的销孔和定位销，将快换装置主端口安装在工业机器人法兰盘上，如图 1-31 所示。

图 1-30 安装定位销

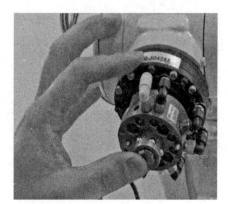

图 1-31 安装主端口

③ 安装 M5×40 规格的内六角螺钉，并使用内六角扳手拧紧，如图 1-32 所示。

④ 安装末端工具时，通过按压控制工具上的手动调试按钮，使快换装置主端口中的活塞上移，锁紧钢珠缩回，如图 1-33 所示。

图 1-32 拧紧内六角螺钉

图 1-33 手动调试按钮

⑤ 手动安装末端工具时，需要对齐被接端口与主端口外边上的 U 形口位置来实现末端工具快换装置的安装，如图 1-34 所示。

⑥ 位置对准端面贴合后，松开控制工具快换动作的电磁阀上的手动调试按钮，快换装置主端口锁紧钢珠弹出，使工具快换装置锁紧，如图 1-35 所示。

（4）臂部

常见工业机器人如图 1-36 所示，图 1-37 与图 1-38 为其手臂结构图，手臂的各种运动通常由驱动机构和各种传动机构来实现。因此，它不仅仅承受被抓取工件的重量，而且承受末端执行器、手腕和手臂自身的重量。手臂的结构、工作范围、灵活性、抓重大小（即臂力）和定位精度都直接影响机器人的工作性能，所以臂部的结构形式必须根据机器人的运动形式、抓取重量、动作自由度、运动精度等因素来确定。

图 1-34 安装末端工具

图 1-35 锁紧快换装置

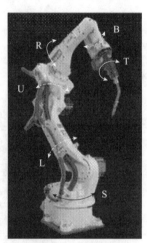
图 1-36 工业机器人

臂部是机器人执行机构中重要的部件，它的作用是支撑腕部和手部，并将被抓取的工件运送到给定的位置上。机器人的臂部主要包括臂杆以及与其运动有关的构件，包括传动机构、驱动装置、导向定位装置、支撑连接和位置检测元件等。此外，还有与腕部或手臂的运动和连接支撑等有关的构件。

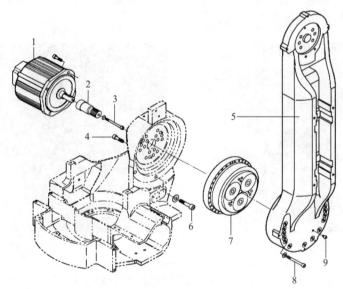
图 1-37 下臂

1—驱动电机；2—减速器输入轴；5—下臂体；7—RV 减速器；3,4,6,8,9—螺钉

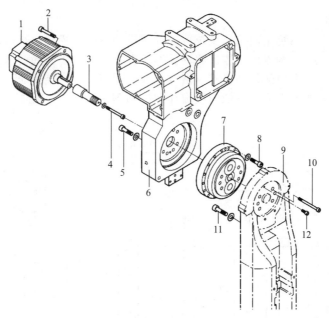

图 1-38　上臂

1—驱动电机；3—减速器输入轴；6—上臂；7—RV 减速器；9—上臂体；2,4,5,8,10,11,12—螺钉

　　一般机器人手臂有 3 个自由度，即手臂的伸缩、左右回转和升降（或俯仰）运动。手臂回转和升降运动是通过机座的立柱实现的，立柱的横向移动即为手臂的横移。手臂的各种运动通常由驱动机构和各种传动机构来实现。

（5）腰部

　　腰部是连接臂部和基座的部件，通常是回转部件。由于它的回转，再加上臂部的运动，就能使腕部作空间运动。腰部是执行机构的关键部件，它的制作误差、运动精度和平稳性对机器人的定位精度有决定性的影响。

（6）机座

　　机座是整个机器人的支持部分，有固定式和移动式两类。移动式机座用来扩大机器人的活动范围，有的是专门的行走装置，有的是桁架（图 1-39）、行走机构（图 1-40）。机座必须有足够的刚度和稳定性。

图 1-39　桁架工业机器人

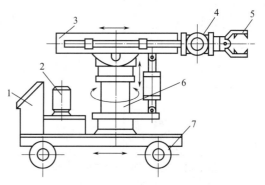

图 1-40　具有行走机构的工业机器人系统

1—控制部件；2—驱动部件；3—臂部；4—腕部；
5—手部；6—机身；7—行走机构

1.2.2.2 驱动系统

工业机器人的驱动系统是向执行系统各部件提供动力的装置，包括驱动器和传动机构两部分，它们通常与执行机构连成一体。驱动器通常有电动、液压、气动装置以及把它们结合起来应用的综合系统。常用的传动机构有谐波传动、螺旋传动、链传动、带传动以及各种齿轮传动等机构。工业机器人驱动系统的组成如图 1-41 所示。

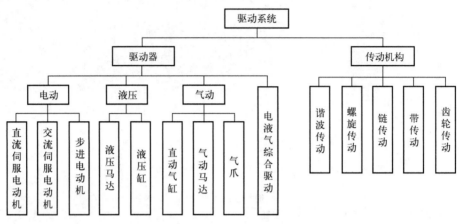

图 1-41 工业机器人驱动系统的组成

1.2.2.3 控制系统

控制系统的任务是根据机器人的作业指令程序以及从传感器反馈回来的信号支配机器人的执行机构完成固定的运动和功能。若工业机器人不具备信息反馈特征，则为开环控制系统；若具备信息反馈特征，则为闭环控制系统。

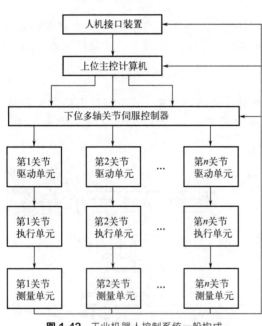

图 1-42 工业机器人控制系统一般构成

工业机器人的控制系统主要由主控计算机和关节伺服控制器组成，如图 1-42 所示。上位主控计算机主要根据作业要求完成编程，并发出指令控制各伺服驱动装置使各杆件协调工作，同时还要完成环境状况、周边设备之间的信息传递和协调工作。关节伺服控制器用于实现驱动单元的伺服控制、轨迹插补计算以及系统状态监测。不同的工业机器人控制系统是不同的，图 1-43 为 ABB 工业机器人的控制系统实物。机器人的测量单元一般安装在执行部件中的位置检测元件（如光电编码器）和速度检测元件（如测速电机），这些检测量反馈到控制器中或者用于闭环控制，或者用于监测，或者进行示教操作。人机接口除了包括一般的计算机键盘、鼠标外，通常还包括控制框、示教器（图 1-43），通过手持控制器可以对机器人进行控制和示教操作。

工业机器人通常具有示教再现和位置控制两种方式。示教再现就是操作人员通过示

(a) 控制柜 IRC 5　　　　　　　　　　　(b) 示教器

图 1-43 IRB 2600 工业机器人控制系统实物

教装置把作业程序内容编制成程序，输入到记忆装置中，在外部给出启动命令后，机器人从记忆装置中读出信息并送到控制装置，发出控制信号，由驱动机构控制机械手的运动，在一定精度范围内按照记忆装置中的内容完成给定的动作。实质上，工业机器人与一般自动化机械的最大区别就是它具有"示教再现"功能，因而表现出通用、灵活的"柔性"特点。

工业机器人的位置控制方式有点位控制和连续路径控制两种。其中，点位控制这种方式只关心机器人末端执行器的起点和终点位置，而不关心这两点之间的运动轨迹，这种控制方式可完成无障碍条件下的点焊、上下料、搬运等操作。连续路径控制方式不仅要求机器人以一定的精度达到目标点，而且对移动轨迹也有一定的精度要求，如机器人喷漆、弧焊等操作。实质上这种控制方式是以点位控制方式为基础，在每两点之间用满足精度要求的位置轨迹插补算法实现轨迹连续化的。

1.2.2.4 传感系统

传感系统是机器人的重要组成部分，按其采集信息的位置，一般可分为内部和外部两类传感器。内部传感器是完成机器人运动控制所必需的传感器，如位置、速度传感器等，用于采集机器人内部信息，是构成机器人不可缺少的基本元件。外部传感器检测机器人所处环境、外部物体状态或机器人与外部物体的关系。常用的外部传感器有力觉传感器、触觉传感器、接近觉传感器、视觉传感器等。一些特殊领域应用的机器人还可能需要具有温度、湿度、压力、滑动量、化学性质等感觉能力方面的传感器。机器人传感器的分类如表 1-1 所示。

表 1-1　机器人传感器的分类

内部传感器	用途	机器人的精确控制
	检测的信息	位置、角度、速度、加速度、姿态、方向等
	所用传感器	微动开关、光电开关、差动变压器、编码器、电位计、旋转变压器、测速发电机、加速度计、陀螺、倾角传感器、力（或力矩）传感器等
外部传感器	用途	了解工件、环境或机器人在环境中的状态，对工件的灵活、有效的操作
	检测的信息	工件和环境：形状、位置、范围、质量、姿态、运动、速度等 机器人与环境：位置、速度、加速度、姿态等 对工件的操作：非接触（间隔、位置、姿态等）、接触（障碍检测、碰撞检测等）、触觉（接触觉、压觉、滑觉）、夹持力等
	所用传感器	视觉传感器、光学测距传感器、超声测距传感器、触觉传感器、电容传感器、电磁感应传感器、限位传感器、压敏导电橡胶、弹性体加应变片等

传统的工业机器人仅采用内部传感器，用于对机器人运动、位置及姿态进行精确控制。使用外部传感器，使得机器人对外部环境具有一定程度的适应能力，从而表现出一定程度的智能。

1.3 机器人的基本术语与图形符号

1.3.1 运动副及其分类

构件和构件之间既要相互连接（接触）在一起，又要有相对运动。而两构件之间这种可动的连接（接触）就称为运动副，即关节（Joint），是允许机器人手臂各零件之间发生相对运动的机构，是两构件直接接触并能产生相对运动的活动连接，如图 1-44 所示。A、B 两部件可以做互动连接。运动副元素由两构件上直接参加接触构成运动副的部分组成，包括点、线、面元素。由两构件组成运动副后，限制了两构件间的相对运动，对于相对运动的这种限制称为约束。

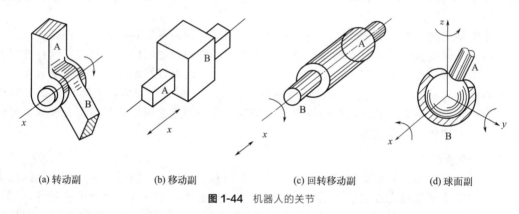

| (a) 转动副 | (b) 移动副 | (c) 回转移动副 | (d) 球面副 |

图 1-44　机器人的关节

1.3.1.1 按两构件接触情况分类

按两构件接触情况，常分为低副、高副两大类。

（1）低副

两构件以面接触而形成的运动副，包括转动副和移动副。

① 转动副：只允许两构件作相对转动，如图 1-44(a) 所示。

② 移动副：若组成运动副的两构件只能做相对直线移动的运动副，如活塞与气缸体所组成的运动副即为移动副，如图 1-44(b) 所示。此平面机构中的低副，可以看作是引入两个约束，仅保留 1 个自由度。

（2）高副

两构件以点或线接触而构成的运动副，如图 1-45 所示。

1.3.1.2 按运动方式分类

关节是各杆件间的结合部分，是实现机器人各种运动的运动副，由于机器人的种类很多，其功能要求不同，关节的配置和传动系统的形式都

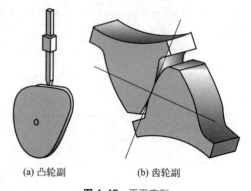

| (a) 凸轮副 | (b) 齿轮副 |

图 1-45　平面高副

不同。机器人常用的关节有移动、旋转运动副。一个关节系统包括驱动器、传动器和控制器，属于机器人的基础部件，是整个机器人伺服系统中的一个重要环节，其结构、重量、尺寸对机器人性能有直接影响。

（1）回转关节

回转关节，又叫作回转副、旋转关节，是使连接两杆件的组件中的一件相对于另一件绕固定轴线转动的关节，两个构件之间只做相对转动的运动副（如手臂与机座、手臂与手腕）和实现相对回转或摆动的关节机构，由驱动器、回转轴和轴承组成。多数电动机能直接产生旋转运动，但常需各种齿轮、链、带传动或其他减速装置，以获取较大的扭矩。

（2）移动关节

移动关节，又叫作移动副、滑动关节、棱柱关节，是使两杆件的组件中的一件相对于另一件做直线运动的关节，两个构件之间只做相对移动。它采用直线驱动方式传递运动，包括直角坐标结构的驱动，圆柱坐标结构的径向驱动和垂直升降驱动，以及极坐标结构的径向伸缩驱动。直线运动可以直接由气缸或液压缸和活塞产生，也可以采用齿轮齿条、丝杠、螺母等传动元件把旋转运动转换成直线运动。

（3）圆柱关节

圆柱关节，又叫作回转移动副、分布关节，是使两杆件的组件中的一件相对于另一件移动或绕一个移动轴线转动的关节，两个构件之间除了做相对转动之外，还同时可以作相对移动。

（4）球关节

球关节，又叫作球面副，是使两杆件间的组件中的一件相对于另一件在 3 个自由度上绕一固定点转动的关节，即组成运动副的两构件能绕一球心作 3 个独立的相对转动的运动副。

（5）空间运动副

若两构件之间的相对运动均为空间运动，则称为空间运动副，如图 1-44（d）所示。图 1-46（b）为工业机器人上所用的球齿轮，就是空间运动副。

(a) 螺旋副

(b) 球齿轮

图 1-46 空间运动副

1.3.2 机构运动简图和图形符号体系

1.3.2.1 机构运动简图

构件是组成机构的基本的运动单元，一个零件可以成为一个构件，但多数构件实际上是由若干零件固定连接而组成的刚性组合，图 1-47 所示为齿轮构件，就是由轴、键和齿轮连接组成。

用特定的构件和运动副符号表示机构的一种简化示意图，仅着重表示结构特征，又按一定的长度比例尺确定运动副的位置，这样的机构简图称为机构运动简图。机构运动简图保持了其实际机构的运动特征，它简明地表达了实际机构的运动情况。

实际应用中有时只需要表明机构运动的传递情况和构造特征，而不要求机构的真实运动

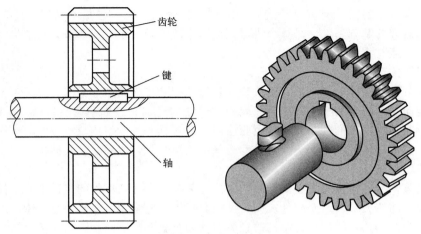

图 1-47　齿轮构件

情况，因此，不必严格地按比例确定机构中各运动副的相对位置，或在进行新机器设计时，常用机构简图进行方案比较。

机构运动简图所表示的主要内容有：机构类型、构件数目、运动副的类型和数目以及运动尺寸等。

1.3.2.2　机器人的图形符号体系

构件均用直线或小方块等来表示，画有斜线的表示机架。机构运动简图中构件表示方法如图 1-48 所示：图（a）、（b）表示能组成两个运动副的一个构件，其中图（a）表示能组成两个转动副的一个构件，图（b）表示能组成一个转动副和一个移动副的一个构件；图（c）、（d）表示能组成三个转动副的一个构件。

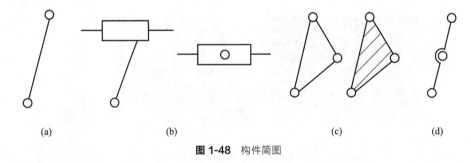

| (a) | (b) | (c) | (d) |

图 1-48　构件简图

（1）运动副的图形符号

机器人所用的零件和材料以及装配方法等与现有的各种机械完全相同。机器人常用的关节有移动、旋转运动副，常用的运动副图形符号如表 1-2 所示。

表 1-2　常用的运动副图形符号

运动副名称		运动副符号	
		两运动构件构成的运动副	两构件之一为固定时的运动副
平面运动副	转动副		

运动副名称		运动副符号	
		两运动构件构成的运动副	两构件之一为固定时的运动副
平面运动副	移动副		
	平面高副		
空间运动副	螺旋副		
	球面副及球销副		

（2）基本运动的图形符号

机器人的基本运动与现有的各种机械表示也完全相同。常用的基本运动图形符号如表 1-3 所示。

表 1-3　常用的基本运动图形符号

序号	名称	符号
1	直线运动方向	单向　双向
2	旋转运动方向	单向　双向
3	连杆、轴关节的轴	
4	刚性连接	
5	固定基础	
6	机械联锁	

（3）运动机能的图形符号

机器人的运动机能常用的图形符号如表 1-4 所示。

表 1-4　机器人的运动机能常用的图形符号

编号	名称	图形符号	参考运动方向	备注
1	移动(1)	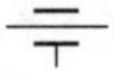	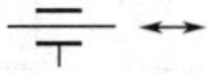	
2	移动(2)		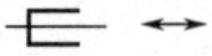	
3	回转机构	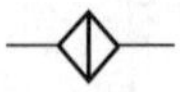		
4	旋转(1)	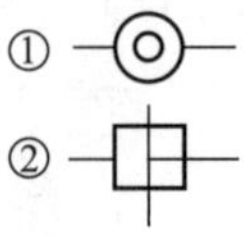 ① ②	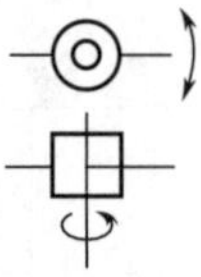	①一般常用的图形符号 ②表示①的侧向的图形符号
5	旋转(2)	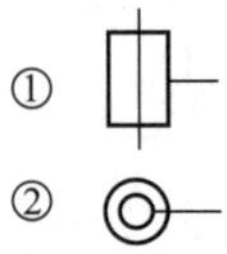 ① ②	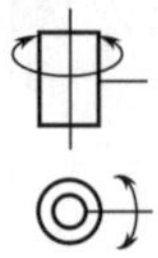	①一般常用的图形符号 ②表示①的侧向的图形符号
6	差动齿轮	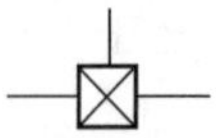		
7	球关节	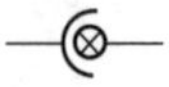		
8	握持	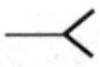	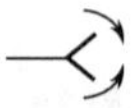	
9	保持			包括已成为工具的装置。工业机器人的工具此处未做规定
10	机座	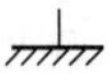		

（4）运动机构的图形符号

机器人的运动机构常用的图形符号如表 1-5 所示。

表 1-5　机器人的运动机构常用的图形符号

序号	名称	自由度	符号	参考运动方向	备注
1	直线运动关节(1)	1	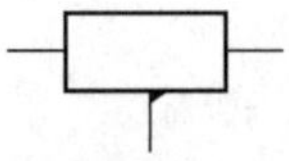	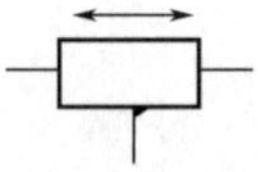	
2	直线运动关节(2)	1	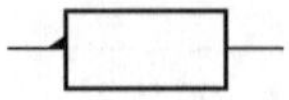	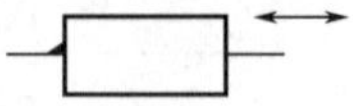	
3	旋转运动关节(1)	1	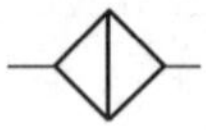		
4	旋转运动关节(2)	1		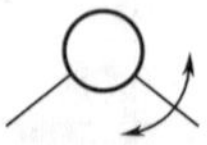	平面
5		1	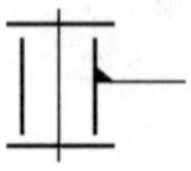	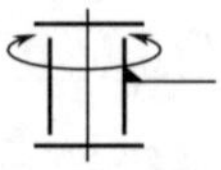	立体

序号	名称	自由度	符号	参考运动方向	备注
6	轴套式关节	2			
7	球关节	3			
8	末端操作器		一般型 溶接 真空吸引		用途示例

1.3.3 工业机器人技术参数

技术参数是各工业机器人制造商在产品供货时所提供的技术数据。尽管各厂商所提供的技术参数项目是不完全一样的，工业机器人的结构、用途等有所不同，且用户的要求也不同，但是，工业机器人的主要技术参数一般都应有自由度、工作范围、最大工作速度、承载能力、分辨率等。

① 自由度　把构件相对于参考系具有的独立运动参数的数目称为自由度。构件的自由度是构件可能出现的独立运动。任何一个构件在空间自由运动时皆有 6 个自由度，在平面运动时有 3 个自由度。自由度通常作为机器人的技术指标，反映机器人动作的灵活性，可用轴的直线移动、摆动或旋转动作的数目来表示。表 1-6 为常见机器人自由度的数量，下边详细讲述各类机器人的自由度。

表 1-6　常见机器人自由度的数量

序号	机器人种类		自由度数量	移动关节数量	转动关节数量
1	直角坐标		3	3	0
2	圆柱坐标		5	2	3
3	球(极)坐标		5	1	4
4	关节	SCARA	4	1	3
		6 轴	6	0	6
5	并联机器人		需要计算		

② 工作范围　工作范围是指机器人手臂末端或手腕中心所能到达的所有点的集合，也叫作工作区域。因为末端操作器的形状和尺寸是多种多样的，为了真实反映机器人的特征参数，所以是指不安装末端操作器时的工作区域。工作范围的形状和大小是十分重要的，机器人在执行某作业时可能会因为存在手部不能到达的作业死区（Deadzone）而不能完成任务。图 1-49 和图 1-50 所示分别为 PUMA 机器人和 A4020 机器人的工作范围，图 1-51 为并联工业机器人的工作范围。

③ 最大工作速度　机器人在保持运动平稳性和位置精度的前提下所能达到的最大速度称为额定速度。其某一关节运动的速度称为单轴速度，由各轴速度分量合成的速度称为合成速度。

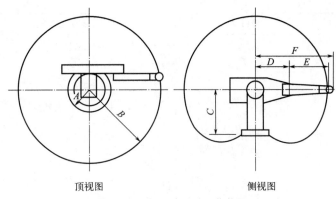

顶视图   侧视图

图 1-49   PUMA 机器人工作范围

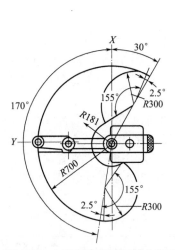

图 1-50   A4020 装配机器人工作范围

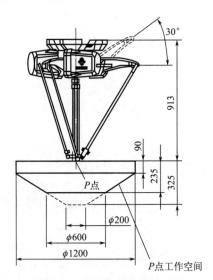

图 1-51   并联工业机器人工作范围

    机器人在额定速度和规定性能范围内，末端执行器所能承受负载的允许值称为额定负载。在限制作业条件下，为了保证机械结构不损坏，末端执行器所能承受负载的最大值称为极限负载。

    对于结构固定的机器人，其最大行程为定值，因此额定速度越高，运动循环时间越短，工作效率也越高。而机器人每个关节的运动过程一般包括启动加速、匀速运动和减速制动三个阶段。如果机器人负载过大，则会产生较大的加速度，造成启动、制动阶段时间增长，从而影响机器人的工作效率。所以要根据实际工作周期来平衡机器人的额定速度。

    ④ 承载能力   承载能力是指机器人在工作范围内的任何位姿上所能承受的最大重量，通常可以用质量、力矩或惯性矩来表示。承载能力不仅取决于负载的质量，而且与机器人运行的速度和加速度的大小和方向有关。一般低速运行时，承载能力强。为安全考虑，将承载能力这个指标确定为高速运行时的承载能力。通常，承载能力不仅指负载质量，还包括机器人末端操作器的质量。

    ⑤ 分辨率   机器人的分辨率由系统设计检测参数决定，并受到位置反馈检测单元性能的影响。分辨率可分为编程分辨率与控制分辨率。编程分辨率是指程序中可以设定的最小距离单位，又称为基准分辨率。控制分辨率是位置反馈回路能检测到的最小位移量。当编程分

辨率与控制分辨率相等时，系统性能达到最高。

　　⑥ 精度　机器人的精度主要体现在定位精度和重复定位精度两个方面。

　　定位精度是指机器人末端操作器的实际位置与目标位置之间的偏差，由机械误差、控制算法误差与系统分辨率等部分组成。

　　重复定位精度是指在相同环境、相同条件、相同目标动作、相同命令的条件下，机器人连续重复运动若干次时，其位置会在一个平均值附近变化，变化的幅度代表重复定位精度，是关于精度的一个统计数据。因重复定位精度不受工作载荷变化的影响，所以通常用重复定位精度这个指标作为衡量示教再现型工业机器人水平的重要指标。

　　图 1-52 所示，为重复定位精度的几种典型情况：图（a）为重复定位精度的测定，图（b）为合理的定位精度、良好的重复定位精度，图（c）为良好的定位精度、很差的重复定位精度，图（d）为很差的定位精度、良好的重复定位精度。

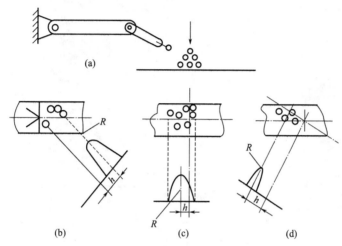

图 1-52　重复定位精度的典型情况

　　⑦ 控制方式　控制方式是指机器人用于控制轴的方式，是伺服还是非伺服，伺服控制方式是实现连续轨迹还是点到点的运动。

　　⑧ 驱动方式　驱动方式是指关节执行器的动力源形式。通常有气动、液压、电动等形式。

　　⑨ 安装方式　安装方式是指机器人本体安装的工作场合的形式，通常有地面安装、架装、吊装等形式。

　　⑩ 动力源容量　动力源容量是指机器人动力源的规格和消耗功率的大小，比如，气压的大小、耗气量、液压高低、电压形式与大小、消耗功率等。

　　⑪ 本体质量　本体质量是指机器人在不加任何负载时本体的重量，用于估算运输、安装等。

　　⑫ 环境参数　环境参数是指机器人在运输、存储和工作时需要提供的环境条件，比如，温度、湿度、振动、防护等级和防爆等级等。

1.3.4　机器人的提示图形符号

　　不同的工业机器人其提示图形符号也是有区别的。例如 KUKA 工业机器人与 ABB 工业机器人就有所不同。表 1-7 是 FANUC 工业机器人的标牌，不允许将其去除或使其无法识别，必须更换无法识别的标牌。

表 1-7　FANUC 工业机器人的标牌

标牌	含义	标牌	含义
⚠危险 机器人工作时,禁止进入机器人工作范围。 ROBOT OPERATING AREA DO NOT ENTER	机器人工作时,禁止进入机器人工作范围	MUST BE LUBRICATED PERIODICALLY 注意:按要求定期加注润滑油	按要求定期加注润滑油
⚠WARNING ROTATING HAZARD CAN CAUSE SEVERE INJURY. TURN POWER OFF AND LOCK OUT POWER BEFORE INSPECTION OR SERVICE ⚠警告 转动危险 可导致严重伤害,维护保养前必须断开电源并锁定	转动危险,可导致严重伤害,维护保养前必须断开电源并锁定	MUST BE LUBRICATED PERIODICALLY 注意:按要求定期加注润滑脂	按要求定期加注润滑脂
IMPELLER BLADE HAZARD 警告:叶轮危险 检修前必须断电	叶轮危险,检修前必须断电		禁止拆解的警告标记
⚠WARNING SCREW HAZARD 警告:螺旋危险 检修前必须断电	螺旋危险,检修前必须断电		禁止踩踏的警告标记
ROTATING SHAFT HAZARD 警告:旋转轴危险 保持远离,禁止触摸	旋转轴危险,保持远离,禁止触摸		防烫伤标示
ENTANGLEMENT HAZARD 警告:卷入危险 保持双手远离	卷入危险,保持双手远离	注意 CAUTION 1) 必ず排脂口を開けて給脂して下さい。 Open the grease outlet at greasing. 必须在排脂口打开的状态下供脂。 2) 手動式ポンプを使用して給脂を行って下さい。 Use a hand pump at greasing. 请使用手动式供脂泵进行供脂。 3) 必ず指定グリスを使用して下さい。 Use designated grease at greasing. 必须使用指定的润滑脂。	润滑脂供脂/排脂标签
PINCH POINT HAZARD 警告:夹点危险 移除护罩禁止操作	夹点危险,移除护罩禁止操作		
SHARP BLADE HAZARD 警告:当心伤手 保持双手远离	当心伤手,保持双手远离	⚠ >1000kg <500kg ×2 >1000kg >500kg ×4 >450kg ×4	搬运标签
MOVING PART HAZARD 警告:移动部件危险 保持双手远离	移动部件危险,保持双手远离		
ROTATING PART HAZARD 警告:旋转装置危险 保持远离,禁止触摸	旋转装置危险,保持远离,禁止触摸	注意 CAUTION アイボルトを横引しないこと Do not pull eyebolt sideways 禁止横向拉拽吊环钉 輸送部材に衝撃を与えないこと Do not have impact on this part 禁止撞击搬运部件 輸送部材にチェーンなどを掛けないこと Do not chain, pry, or strap on this part 禁止链条等物上吊挂部件	搬运注意标签
MUST BE LUBRICATED PERIODICALLY 注意:按要求定期加注机油	按要求定期加注机油		

1.4 工业机器人故障产生的规律与装调维修所用工具

1.4.1 工业机器人故障产生的规律

1.4.1.1 工业机器人性能或状态

工业机器人在使用过程中，其性能或状态随着使用时间的推移而逐步下降，呈现如图 1-53 所示的曲线。很多故障发生前会有一些预兆，即所谓潜在故障，其可识别的物理参数表明一种功能性故障即将发生。功能性故障表明工业机器人丧失了规定的性能标准。

图 1-53 中 P 点表示性能已经恶化，并发展到可识别潜在故障的程度，这可能表明金属疲劳的一个裂纹将导致零件折断；可能是振动，表明即将会发生轴承故障；可能是一个过热点，表明电动机将损坏；可能是一个齿轮齿面过多的磨损等。F 点表示潜在故障已变成功能故障，即它已质变到损坏的程度。P-F 间隔，就是从潜在故障的显露到转变为功能性故障的时间间隔，各种故障的 P-F 间隔差别很大，可由几秒到好几年，突发故障的 P-F 间隔就很短。较长的间隔意味着有更多的时间来预防功能性故障的发生，此时如果积极主动地寻找潜在故障的物理参数，以采取新的预防技术，就能避免功能性故障，争得较长的使用时间。

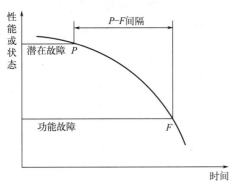

图 1-53 设备性能或状态曲线

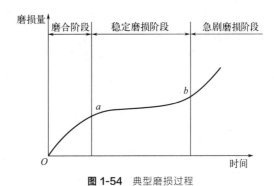

图 1-54 典型磨损过程

1.4.1.2 机械磨损故障

工业机器人在使用过程中，由于运动机件相互产生摩擦，表面产生刮削、研磨，加上化学物质的侵蚀，就会造成磨损。磨损过程大致为下述三个阶段。

（1）初期磨损阶段

多发生于新设备启用初期，主要特征是摩擦表面的凸峰、氧化皮、脱炭层很快被磨去，使摩擦表面更加贴合，这一过程时间不长，而且对工业机器人有益，通常称为"跑合"，如图 1-54 的 Oa 段。

（2）稳定磨损阶段

由于跑合的结果，使运动表面工作在耐磨层，而且相互贴合，接触面积增加，单位接触面上的应力减小，因而磨损增加缓慢，可以持续很长时间，如图 1-54 所示的 ab 段。

（3）急剧磨损阶段

随着磨损逐渐积累，零件表面抗磨层的磨耗超过极限程度，磨损速率急剧上升。理论上将正常磨损的终点作为合理磨损的极限。

根据磨损规律，工业机器人的修理应安排在稳定磨损终点 b 为宜。这时，既能充分利用原零件性能，又能防止急剧磨损出现，也可稍有提前，以预防急剧磨损，但不可拖后。若使工业机器人"带病"工作，势必带来更大的损坏，造成不必要的经济损失。在正常情况下，b 点的时间一般为 7~10 年。

1.4.1.3　工业机器人故障率曲线

与一般设备相同，工业机器人的故障率随时间变化的规律可用图 1-55 所示的浴盆曲线（也称失效率曲线）表示。整个使用寿命期，根据工业机器人的故障频率大致分为 3 个阶段，即早期故障期、偶发故障期和耗损故障期。

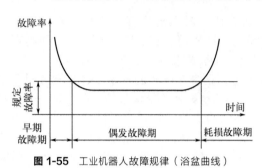

图 1-55　工业机器人故障规律（浴盆曲线）

（1）早期故障期

这个时期工业机器人故障率高，但随着使用时间的增加而迅速下降。这段时间的长短，随产品、系统的设计与制造质量而异，约为 10 个月。工业机器人使用初期之所以故障频繁，原因大致如下。

① 机械部分　工业机器人虽然在出厂前进行过磨合，但时间较短，而且主要是对齿轮之间进行磨合。由于零件的加工表面存在着微观的和宏观的几何形状偏差，部件的装配可能存在误差，因而，在工业机器人使用初期会产生较大的磨合磨损，使设备相对运动部件之间产生较大的间隙，导致故障的发生。

② 电气部分　工业机器人的控制系统使用了大量的电子元器件，这些元器件虽然在制造厂经过了严格的筛选和整机考机处理，但在实际运行时，由于电路的发热、交变负荷、浪涌电流及反电势的冲击，性能较差的某些元器件经不住考验，因电流冲击或电压击穿而失效，或特性曲线发生变化，从而导致整个系统不能正常工作。

③ 液压部分　由于出厂后运输及安装阶段的时间较长，使得液压系统中某些部位长时间无油，气缸中润滑油干涸，而油雾润滑又不可能立即起作用，造成油缸或气缸可能产生锈蚀。此外，新安装的空气管道若清洗不干净，一些杂物和水分也可能进入系统，造成液压气动部分的初期故障。

除此之外，还有元件、材料等原因会造成早期故障，这个时期一般在保修期以内。因此，工业机器人购买后，应尽快使用，使早期故障尽量显示在保修期内。

（2）偶发故障期

工业机器人在经历了初期的各种老化、磨合和调整后，开始进入相对稳定的偶发故障期——正常运行期。正常运行期约为 7~10 年。在这个阶段，故障率低而且相对稳定，近似常数。偶发故障是由于偶然因素引起的。

（3）耗损故障期

耗损故障期出现在工业机器人使用的后期，其特点是故障率随着运行时间的增加而升高。出现这种现象的基本原因是工业机器人的零部件及电子元器件经过长时间的运行，由于疲劳、磨损、老化等原因，使用寿命已接近完结，从而处于频发故障状态。

工业机器人故障率曲线变化的三个阶段，真实地反映了从磨合、调试、正常工作到大修或报废的故障率变化规律，加强工业机器人的日常管理与维护保养，可以延长偶发故障期。准确地找出拐点，可避免过剩修理或修理范围扩大，以获得最佳的投资效益。

1.4.2 工业机器人故障诊断技术

由维修人员的感觉器官对工业机器人进行问、看、听、触、嗅等的诊断，称为"实用诊断技术"，实用诊断技术有时也称为"直观诊断技术"。

(1) 问

弄清故障是突发的还是渐发的，工业机器人开动时有哪些异常现象。对比故障前后工件的精度和表面粗糙度，以便分析故障产生的原因。观察传动系统是否正常、出力是否均匀、背吃刀量和进给量是否减小等，润滑油品牌号是否符合规定、用量是否适当、工业机器人何时进行过保养检修等。

(2) 看

① 看转速　观察主传动速度的变化。如：带传动的线速度变慢，可能是传动带过松或负荷太大。对主传动系统中的齿轮，主要看它是否跳动、摆动。对传动轴主要看它是否弯曲或晃动。

② 看颜色　齿轮运转不正常，就会发热。长时间升温会使工业机器人外表颜色发生变化，大多呈黄色。油箱里的油也会因温升过高而变稀，颜色变样；有时也会因久不换油、杂质过多或油变质而变成深墨色。当然，工业机器人外表颜色发生变化也可能是特殊应用的工业机器人没有做好防护而引起的，比如在喷涂工业机器人上常会出现这种现象。

③ 看伤痕　工业机器人零部件碰伤损坏部位很容易发现，发现裂纹时应做记号，隔一段时间后再比较它的变化情况，以便进行综合分析。

④ 看工件　对于工业加工工业机器人，若工件表面粗糙度 Ra 数值大。甚至出现波纹，则可能是工业机器人齿轮啮合不良造成的。

⑤ 看变形　观察工业机器人的坐标轴是否变形，第六轴是否跳动。

⑥ 看油箱　主要观察油是否变质，确定其能否继续使用。

(3) 听

一般运行正常的工业机器人，其声响具有一定的音律和节奏，并保持持续的稳定。

(4) 触

① 温升　人的手指触觉是很灵敏的，能相当可靠地判断各种异常的温升，其误差可准确到 3～5℃。

② 振动　轻微振动可用手感鉴别，至于振动的大小可找一个固定基点，用一只手去同时触摸便可以比较出振动的大小。特别是在第六轴上。

③ 伤痕和波纹　肉眼看不清的伤痕和波纹，若用手指去摸则可很容易地感觉出来。摸的方法是：对圆形零件要沿切向和轴向分别去摸；对平面则要左右、前后均匀去摸；摸时不能用力太大，只轻轻把手指放在被检查面上接触便可。

④ 爬行　用手摸可直观地感觉出来。这种情况在现代工业机器人上出现的不是太多，但在应用丝杠、液压及钢丝传动的工业机器人上出现较多。

⑤ 松或紧　卸下其防护后，用手转动轴或同步齿形带，即可感到接触部位的松紧是否均匀适当。

(5) 嗅

剧烈摩擦或电器元件绝缘破损短路，使附着的油脂或其他可燃物质发生氧化蒸发或燃烧，产生油烟气、焦煳气等异味，应用嗅觉诊断的方法可收到较好的效果。

1.4.3　故障维修

1.4.3.1　工业机器人故障维修的原则

（1）先外部后内部

工业机器人是机械、液压、电气一体化的设备，故其故障的发生必然要从机械、液压、电气这三方面综合反映出来。工业机器人的检修要求维修人员掌握先外部后内部的原则。即当工业机器人发生故障后，维修人员应先采用望、闻、听、问等方法，由外向内逐一进行检查。比如：工业机器人的行程开关、按钮开关、液压气动元件以及印制线路板插头座、边缘接插件与外部或相互之间的连接部位、电控柜插座或端子排这些机电设备之间的连接部位，因其接触不良造成信号传递失灵，是产生工业机器人故障的重要因素。此外，由于工业环境中温度、湿度变化较大，油污或粉尘对元件及线路板的污染、机械的振动等，对于信号传送通道的接插件都将产生严重影响。在检修中重视这些因素、首先检查这些部位就可以迅速排除较多的故障。另外，尽量避免随意地启封、拆卸，不适当地大拆大卸往往会扩大故障，使工业机器人大伤元气，丧失精度，降低性能。

（2）先机械后电气

由于工业机器人是一种自动化程度高、技术复杂的先进机械加工设备。机械故障一般较易察觉，而控制系统故障的诊断则难度要大些。先机械后电气就是首先检查机械部分是否正常，行程开关是否灵活，气动、液压部分是否存在阻塞现象等。因为工业机器人的故障中有很大部分是由机械动作失灵引起的。所以，在故障检修之前，首先注意排除机械性的故障，往往可以达到事半功倍的效果。

（3）先静后动

维修人员本身要做到先静后动，不可盲目动手，应先询问工业机器人操作人员故障发生的过程及状态，阅读工业机器人说明书、图样资料后，方可动手查找处理故障。其次，对有故障的工业机器人也要本着先静后动的原则，先在工业机器人断电的静止状态，通过观察测试、分析，确认为非恶性循环性故障或非破坏性故障后，方可给工业机器人通电，在运行工况下，进行动态的观察、检验和测试，查找故障。然而对恶性的破坏性故障，必须先行处理排除危险后，方可进入通电，在运行工况下进行动态诊断。

（4）先公用后专用

公用性的问题往往影响全局，而专用性的问题只影响局部。如工业机器人的几个进给轴都不能运动，这时应先检查和排除各轴公用的控制系统、电源、液压等公用部分的故障，然后再设法排除某轴的局部问题。又如电网或主电源故障是全局性的，因此一般应首先检查电源部分，看看断路器或熔断器是否正常，直流电压输出是否正常。总之，只有先解决影响一大片的主要矛盾，局部的、次要的矛盾才有可能迎刃而解。

（5）先简单后复杂

当出现多种故障互相交织掩盖、一时无从下手时，应先解决容易的问题，后解决较大的问题。常常在解决简单故障的过程中，难度大的问题也可能变得容易，或者在排除容易故障时受到启发，对复杂故障的认识更为清晰，从而也有了解决办法。

（6）先一般后特殊

在排除某一故障时，要先考虑最常见的可能原因，然后再分析很少发生的特殊原因。

（7）先动口再动手

对于有故障的电气设备，不应急于动手，应先询问产生故障的前后经过及故障现象。对于生疏的设备，还应先熟悉电路原理和结构特点，遵守相应规则。拆卸前要充分熟悉每个电气部件的功能、位置、连接方式以及与周围其他器件的关系，在没有组装图的情况下，应一边拆卸一边画草图，并记上标记。

（8）先清洁后维修

对污染较重的电气设备，先对其按钮、接线点、接触点进行清洁，检查外部控制键是否失灵。许多故障都是由脏污及导电尘块引起的，一经清洁故障往往会排除。

（9）先电源后设备

电源部分的故障率在整个故障设备中占的比例很高，所以先检修电源往往可以事半功倍。

（10）先外围后内部

先不要急于更换损坏的电气部件，在确认外围设备电路正常时，再考虑更换损坏的电气部件。

（11）先直流后交流

检修时，必须先检查直流回路静态工作点，再检查交流回路动态工作点。

（12）先故障后调试

对于调试和故障并存的电气设备，应先排除故障，再进行调试，调试必须在电气线路正常的前提下进行。

1.4.3.2　维修前的准备

接到用户的直接要求后，应尽可能直接与用户联系，以便尽快地获取现场信息、现场情况及故障信息。如工业机器人的报警指示或故障现象、用户现场有无备件等。据此预先分析可能出现的故障原因与部位，而后在出发到现场之前，准备好有关的技术资料与维修服务工具、仪器备件等，做到有备而去。

每台工业机器人都应设立维修档案（表1-8），将出现过的故障现象、时间、诊断过程、故障的排除做详细的记录，就像医院的病历一样。这样做的好处是给以后的故障诊断带来很大的方便和借鉴，有利于工业机器人的故障诊断。

表 1-8　某单位工业机器人维修档案

			时间　　年　月　日	
设备名称		控制系统维修	年次	
目的	故障　维修　改造	维修者		
		编号		
理由				
此表由维修单位填				
维修单位名称		承担者名		
故障现象及部位				
原因				
排除方法				
再次发生	预见		有　无　其他	
	使用者要求			
年　月　日				
费用	无偿　有偿			
内容	零件名　修理费　交通费　其他		停机时间	
对修理要求的处理				

这里应强调实事求是，特别是涉及操作者失误造成的故障，应详细记载。这只作为故障诊断的参考，而不能作为对操作者惩罚的依据。否则，操作者不如实记录，只能产生恶性循环，造成不应有的损失。这是故障诊断前准备工作的重要内容，没有这项内容，故障诊断将进行得很艰难，造成的损失也是不可估量的。

1.4.3.3 工业机器安装要求

(1) 安装的环境要求

① 安装环境应在海拔 1000m 以下。

② 环境的温度应在 0℃～40℃ 范围内。

③ 环境湿度应较小、较干燥（湿度 20%～80%RH，无凝露）。

④ 周围不存在易燃、腐蚀性液体及气体。

⑤ 不受大的冲击和振动。

⑥ 安装面的平面度应在 0.5mm 以下。

⑦ 装配环境要求清洁，不得有灰尘、粉尘、油烟、水或其他污染。

⑧ 零件应存放在干燥、无尘、有防护垫的场所。

⑨ 距离运动物体较远，避免发生碰撞。

⑩ 机器人要远离大的电器噪声源，以免干扰机器人。

(2) 人身安全

人身安全是首先要考虑的，除了采用一些防范手段之外，本人也应该在生产时提高注意力，尽量避免事故的发生，以下为常见注意事项。

① 安装前要先检查安装工具是否完好。

② 当机器人零件质量大于 25kg 时就不可用手搬动，最好用桁车进行吊装。

③ 在用桁车进行吊装时，其下方不允许站人或是人员从下方穿过。

④ 操作中要用工具取放工件，不可用手直接取放工件。

⑤ 吊环安装时一定要旋紧，保证吊环台阶的平面与机器人零件表面贴合。吊环大小的选用和安装最好按照标准件供应商提供的参数进行。

⑥ 安装有弹性的零件（如弹簧）时，要防止弹性零件突然弹出而造成人身伤害。

⑦ 使用大型冲压机时，人不能正对工作台，要靠侧面站，防止碎片飞出伤人。

⑧ 安装电线时要先检查电线是否完好，胶皮是否有脱落。安装时要保证电线胶皮不被尖锐外形划破。在接头处要有很好的绝缘措施。

⑨ 安装液压元件和液压管道时，要保证液压元件和液压管道所能承受的压力大于设备对此管路所提供的压力，并且保证不漏油。因为液压管路的压力一般是比较大的，所以要特别注意。

⑩ 对于布置了气道的模具（如吹塑模、气辅模、气体顶出或气体辅助顶出的注塑模等），保证气体管路的密封性和畅通性对于人身安全（特别是模塑工）是相当重要的，而且漏气经常会造成很大的噪声。

⑪ 在安装油路、气路和接头时都要仔细检查管螺纹是否符合标准，防止泄漏。

⑫ 任何时候都要严格遵守车间内的操作规程，如工具和机器人零件的摆放。

⑬ 加强安全教育和培训，树立安全第一的思想，杜绝人身事故的发生。

⑭ 凡有触电危险的地方都要贴上警告牌，但所有警告装置不能出现文字，要用符号表示。

(3) 工业机器人安全

安装过程中机器人零件不能损坏、不能丢失，不能降低零件精度和表面粗糙度。以下为常见注意事项。

① 机械装配时应严格按照设计部提供的装配图纸及工艺要求进行装配，严禁私自修改作业内容或以非正常的方式更改零件。

② 电气装配时按照屏柜结构与开孔图进行外形尺寸、面板开孔、柜体/面板标识丝印及电气元件物料清单的检查，确认无误后方可进行装配工作。

③ 对于镜面抛光的表面要防尘，不可用手触摸。

④ 在零件传递时，应尽量不用手握一些表面要求和精度较高的部位。

⑤ 零件在拆卸之后或安装之前要进行防锈防腐处理，例如一些需经常接触腐蚀性物质的零件。

⑥ 在装夹零件时，夹具和零件的接触面处夹具的硬度必需比零件的硬度小，最好的办法是在夹具上垫上黄铜垫片以免损伤零件表面。

⑦ 在安装需要经敲打装入的零件时，用于敲打的物件的硬度不可大于机器人零件。

⑧ 在安装螺钉时，螺钉必须拧得足够紧，以保证对螺钉有足够的预载，所以在安装时经常要用套筒来加长内六角扳手的力臂，但是在安装时我们还得注意力臂不可过长，最好能够按照标准件供应商的标准去决定力臂的长度，因为如果力臂过长在拧紧时螺钉将可能因受力过大导致失效，机器人工作时就会处于非常危险的境地。

⑨ 装配的零件必须是质检部验收合格的零件，装配过程中若发现漏检的不合格零件，应及时上报。

⑩ 装配过程中零件不得磕碰、切伤，不得损伤零件表面，或使零件明显弯、扭、变形，零件的配合表面不得有损伤。

⑪ 相对运动的零件，装配时接触面间应加润滑油（脂）。

⑫ 相配零件的配合尺寸要准确。

⑬ 装配时，零件、工具应有专门的摆放设施，原则上零件、工具不允许摆放在机器上或直接放在地上，如果需要的话，应在摆放处铺设防护垫或地毯。

⑭ 装配时原则上不允许踩踏机械，如果需要踩踏作业，必须在机械上铺设防护垫或地毯，重要部件及非金属强度较低部位严禁踩踏。

1.4.4　机器人机械安装调试

1.4.4.1　机器人机械安装调试工具（表 1-9）

表 1-9　拆卸及装配工具

名称	外观图	说明
一字槽螺钉旋具	(a) 塑料柄　　(b) 木柄　　(c) 短柄	用于紧固或拆卸各种标准的一字槽螺钉 木柄和塑柄螺钉旋具分普通和穿心式两种。穿心式能承受较大的扭矩，并可在尾部用锤子敲击。旋杆设有六角形断面，加力部分的螺钉旋具能由相应的扳手夹住旋杆扳动，以增大扭矩
十字槽螺钉旋具		用于紧固或拆卸各种标准的十字槽螺钉，形式和使用与一字槽螺钉旋具相似

名称	外观图	说明
多用螺钉旋具		用于旋拧一字槽、十字槽螺钉及木螺钉,也可在软质木料上钻孔,并兼作测电笔用
内六角螺钉旋具		专用于旋拧内六角螺钉
单手钩形扳手		单头钩形扳手:有固定式和调节式两种,可用于扳动在圆周方向上开有直槽或孔的圆螺母
断面带槽或孔的圆螺母扳手		端面带槽或孔的圆螺母扳手:可分为套筒式扳手和双销叉形扳手两种
内六角		机器人系统中大量使用内六角圆柱头螺钉、六角半沉头螺钉安装固定。内六角扳手规格:1.5、2、2.5、3、4、5、6、8 常用的几种内六角扳手与内六角螺钉配合应牢记,最好能做到有目测的能力,一看就知。如 2.5 配 M3、3 配 M4、4 配 M5、6 配 M8、8 配 M10、10 配 M12、12 配 M14、14 配 M16、17 配 M20、19 配 M24、22 配 M30 等
套筒扳手		专门用于安装标准六角头螺母、螺钉,适用于空间狭小、位置深凹的工作场合
活动扳手		开口宽度可以调节,可用来安装一定尺寸范围内的六角头或方头螺钉、螺母
挡圈钳	 (a) 直嘴式孔用 弯嘴式孔用 (b) 直嘴式轴用 弯嘴式轴用	专供安装弹性挡圈用,由于挡圈有孔、轴之分以及安装部位不同,可根据需要,分别选用直嘴式或弯嘴式、孔用或轴用挡圈钳

名称	外观图	说明
钢丝钳		用于夹持或弯折薄片形、圆柱形金属零件及切断金属丝，其旁刃口也可用于切断金属丝 分柄部不带塑料套（表面发黑或镀铬）和带塑料套两种
尖嘴钳		用于在狭小工作空间夹持小零件，和切断或扭曲细金属丝，为仪表、电信器材、家用电器等的装配、维修工作中常用的工具 分柄部带塑料套与不带塑料套两种
剥线钳		剥线钳是把单股线和多股线剥开线头的工具，是由刀口、压线口和钳柄组成。剥线钳适用于塑料、橡胶绝缘电线、电缆芯线的剥皮
大力钳		用于夹紧零件进行铆接、焊接、磨削等加工，也可作扳手使用 钳口可以锁紧，并产生很大的夹紧力，使被夹紧零件不会松脱；而且钳口有多挡调节位置，供夹紧不同厚度零件使用
压线钳		压线钳是一种用来剪切金属类材质的五金工具，其也常被称为驳线钳。压线钳的功能齐全，可以用于剪切金属、剥离线类或是进行压线。实际应用中常见的压线钳主要有三种：针管型端子压线钳，冷压端子压线钳子，网线钳
弹性锤子		弹性手锤：可分为木锤和铜锤两类
吹气枪		吹气枪主要用于安装、维修时的除尘工作，最适合使用在一些手接触不到的地方，如狭窄缝隙、高处、气管内、机器零部件内部等

名称	外观图	说明
黄油枪		黄油枪是一种给机械设备加注润滑脂的手动工具,主要有气动黄油枪、手动黄油枪、脚踏黄油枪、电动黄油枪等不同种类
平键工具		拉带锥度平键工具:可分为冲击式拉锥度平键工具和抵拉式拉锥度平键工具两类
拔销器		拉带内螺纹的小轴、圆锥销工具
拉卸工具		拆装在轴上的滚动轴承、带轮式联轴器等零件时,常用拉卸工具。拉卸工具常分为螺杆式及液压式两类,螺杆式拉卸工具分两爪、三爪和铰链式三类
检验棒		有带标准锥柄检验棒、圆柱检验棒和专用检验棒三种
限力扳手	(a) 电子式　　　　(b) 机械式	又称为扭矩扳手、扭力扳手
装轴承胎具		适用于装轴承的内、外圈
钩头楔键拆卸工具		用于拆卸钩头楔键

続表

名称	外观图	说明
校准摆锤		A:用作校准传感器的校准摆锤。 B:转动盘适配器。 C:传感器锁紧螺钉。 D,E:传感器电缆
SEMD		在使用 SEMD 零点标定时,机器人控制系统自动将机器人移动至零点标定位置。先不带负载进行零点标定,然后带负载进行零点标定。可以保存不同负载的多次零点标定
千分表及杠杆千分表		千分表及杠杆千分表的工作原理与百分表和杠杆百分表一样,只是分度值不同,常用于精密的修理。
水平仪		水平仪是工业机器人制造和修理中最常用的测量仪器之一,用来测量导轨在垂直面内的直线度,以及工作台台面的平面度以及两件相互之间的垂直度、平行度等。水平仪按其工作原理可分为水准式水平仪和电子水平仪两类
转速表		转速表常用于测量伺服电动机的转速,是检查伺服调速系统的重要依据之一,常用的转速表有离心式转速表和数字式转速表等

1.4.4.2 吊装工具和配件

吊装是指吊车或者起升机构对设备的安装、就位。工业机器人安装常用的吊装工具和配件有吊环螺钉、钢丝绳、手拉葫芦、钢丝绳电动葫芦等,见表 1-10。

表 1-10 吊装工具类型

种类	实物图	用途	备注	操作要点
吊环螺钉		吊环螺钉配合起重机,用于吊装机器人、设备等重物		安装时一定要旋紧,保证吊环台阶的平面与机器人零件表面贴合。吊环大小的选用和安装最好按照标准件供应商提供的参数。要保证吊环的强度足够以确保安全

种类	实物图	用途	备注	操作要点
钢丝绳		主要用于吊运、拉运等需要高强度线绳的吊装和运输中	在滑车组的吊装作业中，多选用交互捻的钢丝绳；要求耐磨性较高的钢丝绳，多用粗丝同向捻制的钢丝绳，不但耐磨，而且挠性好	①为了安全，用于吊装的钢丝绳应该要有足够的强度，在用两个吊环吊装时要注意钢丝绳之间的夹角最大不可超过 90°，而且越小越好 ②使用时应防止各种情况下钢丝的扭曲、扭结和股的变位，致使钢丝绳发生折断的现象 ③在使用前和使用中，应经常注意检查有无断丝现象，以确保安全 ④在吊装过程中，不应有冲击性动作，确保安全 ⑤防止锈蚀和磨损，应经常涂抹油脂，勤于保养 ⑥操作人员应戴上防护手套后使用钢丝绳，以免损伤手
手拉葫芦		供手动提升重物用，是一种使用简单、携带方便的手动起重机械	多用于工厂、矿山、仓库、码头、建筑工地等场合，特别适用于流动性及无电源的露天作业	①严禁超载使用和用人力以外的其他动力操作 ②在使用前须确认机件完好无损，传动部分及起重链条润滑良好，空转情况正常 ③起吊前检查上下吊钩是否挂牢。严禁重物吊在尖端等错误操作。起重链条应垂直悬挂，不得有错扭的链环，双行链的下吊钩架不得翻转 ④在起吊重物时，严禁人员在重物下做任何工作或行走，以免发生人身事故 ⑤在起吊过程中，无论重物上升或下降，拽动手链条时，用力应均匀和缓，不要用力过猛，以免手链条跳动或卡环 ⑥操作者发现手拉力大于正常拉力时，应立即停止使用
钢丝绳电动葫芦		用于设备、物料等重物的起身	既可以单独安装在工字钢上，也可以配套安装在电动或手动单梁、双梁、悬臂、龙门等起重机上使用	与手拉葫芦操作要点相似

1.4.4.3 吊装作业安全

吊装是指吊车或者起升机构对设备的安装、就位，吊装作业是机器人安装时必不可少的一个环节。

① 吊装作业人员必须持有特殊工种作业证。吊装质量大于 10t 的物体应办理吊装安全作业证。

② 各种吊装作业前，应预先在吊装现场设置安全警戒标志并设专人监护，非施工人员禁止入内。

③ 吊装作业中，夜间应有足够的照明，室外作业遇到大雪、暴雨、大雾及六级以上大风天气时，应停止作业。

④ 吊装作业人员必须戴安全帽，安全帽应符合 GB 2811—2019 的规定，高处作业时应

遵守 HG 23014—1999 的规定。

⑤ 吊装作业前，应对起重吊装设备、钢丝绳、揽风绳、链条、吊钩等各种机具进行检查，必须保证安全可靠，不准带故障和隐患使用。

⑥ 吊装作业时，必须分工明确、坚守岗位，并按 GB/T 5082—2019 规定的联络信号，统一指挥。

⑦ 严禁利用管道、管架、电杆、机电设备等做吊装锚点。未经机动、建筑部门审查核算，不得将建筑物、构筑物作为锚点。

⑧ 吊装作业前必须对各种起重吊装机械的运行部位、安全装置以及吊具、索具进行详细的安全检查，吊装设备的安全装置应灵敏可靠。吊装前必须试吊，确认无误方可作业。

⑨ 任何人不得随同吊装重物或吊装机械升降。在特殊情况下，必须随之升降的，应有可靠的安全措施，并经过现场指挥人员批准。

⑩ 吊装作业现场如需动火时，应遵守 HG 23011—2013 的规定。吊装作业现场的吊绳索、揽风绳、拖拉绳等应避免同带电线路接触，并保持安全距离。

⑪ 用定型起重吊装机械（履带吊车、轮胎吊车、桥式吊车等）进行吊装作业时，除遵守本守则外，还应遵守该定型机械的操作规程。

⑫ 吊装作业时，必须按规定负荷进行吊装，吊具、索具经计算选择使用，严禁超负荷运行。所吊重物接近或达到额定起重吊装能力时，应检查制动器，用低高度、短行程试吊后，再平稳吊起。

⑬ 悬吊重物下方严禁人员站立、通行和工作。

⑭ 在吊装作业中，有下列情况之一者不准吊装：

a. 指挥信号不明。

b. 超负荷或物体质量不明。

c. 斜拉重物。

d. 光线不足，看不清重物。

e. 重物下站人。

f. 重物埋在地下。

g. 重物紧固不牢，绳打结、绳不齐。

h. 棱刃物体没有衬垫措施。

i. 重物越人头。

j. 安全装置失灵。

1.4.4.4　工业机器人机械部件拆卸的一般原则

① 首先必须熟悉工业机器人的技术资料和图样，弄懂机械传动原理，掌握各个零部件的结构特点、装配关系以及定位销、轴套、弹簧卡圈、锁紧螺母、锁紧螺钉与顶丝的位置和退出方向。

② 拆卸前，首先切断并拆除工业机器人的电源和车间动力联系的部位。

③ 在切断电源后，工业机器人的拆卸程序要坚持与装配程序相反的原则。先拆外部附件，再将整机拆成部件总成，最后全部拆成零件，按部件归并放置。

④ 放空润滑油、切削液、清洗液等。

⑤ 在拆卸工业机器人轴孔装配件时，通常应坚持用多大力装配就基本上用多大力拆卸的原则。如果出现异常情况，应查找原因，防止在拆卸中将零件碰伤、拉毛甚至损坏。热装零件要利用加热来拆卸，如热装轴承可用热油加热轴承外圈进行拆卸。滑动部件拆卸时，要考虑到滑动面间油膜的吸力。一般情况下，在拆卸过程中不允许进行破坏性拆卸。

⑥ 对于拆卸工业机器人大型零件要坚持慎重、安全的原则。拆卸中要仔细检查锁紧螺

钉及压板等零件是否拆开。吊挂时，必须粗估零件重心位置，合理选择直径适宜的吊挂绳索及吊挂受力点。注意受力平衡，防止零件摆晃，避免吊挂绳索脱开与断裂等事故发生。吊装中设备不得磕碰，要选择合适的吊点慢吊轻放，钢丝绳和设备接触处要采取保护措施。

⑦ 要坚持拆卸工业机器人服务于装配的原则。如果被拆卸工业机器人设备的技术资料不全，拆卸中必须对拆卸过程做必要的记录，以便安装时遵照"先拆后装"的原则重新装配。在拆卸中，为防止搞乱关键件的装配关系和配合位置，避免重新装配时精度降低，应在装配件上用划针做出明显标记。对于拆卸出来的轴类零件应悬挂起来，防止弯曲变形。精密零件要单独存放，避免损坏。

⑧ 先小后大，先易后难，先地面后高空，先外围后主机，必须要解体的设备要尽量少分解，同时又要满足包装要求，最终达到设备重新安装后的精度性能同拆卸前一致。为加强岗位责任，采用分工负责制，谁拆卸、谁安装。

⑨ 所有的电线、电缆不准剪断，拆下来的线头都要有标号，对有些线头没有标号的，要先补充后再拆下，线号不准丢失，拆线前要进行三对照（内部线号、端子板号、外部线号），确认无误后方可拆卸，否则要调整线号。

⑩ 拆卸中要保证设备的绝对安全，要选用合适的工具，不得随便代用，更不得使用大锤敲击。

⑪ 不要拔下设备的电气柜内插线板，应该用胶带纸封住加固。

⑫ 做好拆卸记录，并交相关人员。

1.4.4.5 常用的拆卸方法

(1) 击卸法

利用锤子或其他重物在敲击零件时产生的冲击能量把零件卸下。

(2) 拉拔法

对精度较高不允许敲击或无法用击卸法拆卸的零部件应使用拉拔法。它采用专门拉器进行拆卸。

(3) 顶压法

利用螺旋 C 形夹头、机械式压力机、液压式压力机或千斤顶等工具和设备进行拆卸。顶压法适用于形状简单的过盈配合件。

(4) 温差法

拆卸尺寸较大、配合过盈量较大的配合件或无法用击卸、顶压等方法拆卸时，或为使过盈量较大、精度较高的配合件容易拆卸，可采用此种方法。温差法是利用材料热胀冷缩的性能，加热包容件，使配合件在温差条件下失去过盈量，实现拆卸。

(5) 破坏法

若必须拆卸焊接、铆接等固定连接件，或轴与套互相咬死，或为保存主件而破坏副件时，可采用车、锯、钻、割等方法进行破坏性拆卸。

1.4.4.6 工业机器人安装要求

(1) 螺钉的安装要求

① 所有螺钉安装前都涂上适量的螺纹紧固剂。

② 螺钉紧固时，不得采用活动扳手，每个螺母下面不得使用 1 个以上相同的垫圈，沉头螺钉拧紧后，钉头应埋入机件内，不得外露。

③ 一般情况下，螺纹连接应有防松弹簧垫圈，对称多个螺钉拧紧方法应采用对称顺序逐步拧紧，条形连接件应从中间向两方向对称逐步拧紧。

④ 螺钉与螺母拧紧后，螺钉应露出螺母 1～2 个螺距；螺钉在紧固运动装置或维护时无

须拆卸部件的场合，装配前螺钉上应加涂螺纹胶。

⑤ 有规定拧紧力矩要求的紧固件，应采用力矩扳手，按规定拧紧力矩紧固。

（2）轴承的安装要求

① 轴承装配前，轴承位不得有任何的污质存在。

② 轴承装配时应在配合件表面涂一层润滑油，轴承无型号的一端应朝里，即靠轴肩方向。

③ 轴承装配时应使用专用压具，严禁采用直接击打的方法装配，套装轴承时加力的大小、方向、位置应适当，不应使保护架或滚动体受力，应均匀对称受力，保证端面与轴垂直。

④ 轴承内圈端面一般应紧靠轴肩（轴卡），轴承外圈装配后，其定位端轴承盖与垫圈或外圈的接触应均匀。

⑤ 滚动轴承装好后，相对运动件的转动应灵活、轻便，如果有卡滞现象，应检查分析问题的原因并做相应处理。

⑥ 轴承装配过程中，若发现孔或轴配合过松时，应检查公差；过紧时不得强行野蛮装配，都应检查分析问题的原因并做相应处理。

⑦ 单列圆锥滚子轴承、推力角接触轴承、双向推力球轴承在装配时轴向间隙符合图纸及工艺要求。

⑧ 对采用润滑脂的轴承及与之相配合的表面，装配后应注入适量的润滑脂。对于工作温度不超过 65℃ 的轴承，可按 GB/T 491—2008《钙基润滑脂》采用 ZG-5 润滑脂；对于工作温度高于 65℃ 的轴承，可按 GB/T 491—2008《钙基润滑脂》采用 ZN-2ZN-3 润滑脂。

⑨ 普通轴承在正常工作时温升不应超过 35℃，工作时的最高温度不应超过 70℃。

（3）齿轮的安装要求

① 互相啮合的齿轮在装配后，当齿轮轮缘宽度小于或等于 20mm 时，轴向错位不得大于 1mm；当齿轮轮缘宽度大于 20mm 时，轴向错位不得超过轮缘宽度的 5%。

② 圆柱齿轮、圆锥齿轮、蜗杆传动的安装精度要求，应根据传动件的精度及规格大小分别在 GB/T 13924—2008《渐开线圆柱齿轮精度》、GB/T 11365—2019《锥齿轮精度制》及 GB/T 10089—2018《圆柱蜗杆、蜗轮精度》确定。

③ 齿轮啮合面需按技术要求保证正常的润滑，齿轮箱需按技术要求加注润滑油至油位线。

④ 齿轮箱满载运转的噪声不得大于 80dB。

（4）同步带轮的安装要求

① 主从动同步带轮轴必须互相平行，不许有歪斜和摆动，倾斜度误差不应超过 2‰。

② 当两带轮宽度相同时，它们的端面应该位于同一平面上，两带轮轴向错位不得超过轮缘宽度的 5%。

③ 同步带装配时不得强行撬入带轮，应通过缩短两带轮中心距的方法装配，否则可能损伤同步带的抗拉层。

④ 同步带张紧轮应安装在松边张紧，而且应固定两个紧固螺钉。

（5）电机和减速器的安装要求

① 检查电机型号是否正确，减速机型号是否正确。

② 装配前，将电机轴和减速的连接部分清洁干净。

③ 电机法兰螺钉拧紧前，应转动电机纠正电机轴与减速机联轴器的同心度，再将电机法兰与减速机连接好，对角拧紧固定螺钉。

④ 伺服电机在装配过程中，应保证电机后部编码器不受外力作用，严禁敲打伺服电

机轴。

⑤ 伺服减速机的安装过程如下：

a. 移动减速机法兰外侧的密封螺钉以便于调整夹紧螺钉。

b. 旋开夹紧螺钉，将电机法兰与减速机连接好，对角拧紧定位螺钉。

c. 使用合适扭力将夹紧环拧紧，然后拧紧密封螺钉。

d. 将电机法兰螺钉扭至松动，点动伺服电机轴或用手转动电机轴几圈，纠正电机轴与减速机联轴器的同心度。

e. 最后将电机法兰与减速机连接好，对角拧紧定位螺钉。

（6）机架的调整与连接

1）不同段的机架高度调节应按照同一基准点，调整到同一高度。

2）所有机架应调整至同一竖直面上。

3）各段机架调整到位、符合要求后，应安装相互之间的固定连接板。

1.4.5 机器人电气安装调试

1.4.5.1 机器人安装调试常用仪表（表 1-11）

表 1-11 工业机器人装调与维修（维护）常用仪表

名称	外观图	说明
万用表	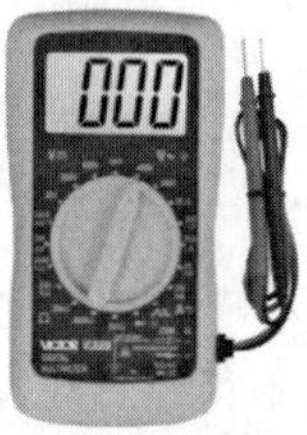	包含有机械式和数字式两种，万用表可用来测量电压、电流和电阻等
相序表	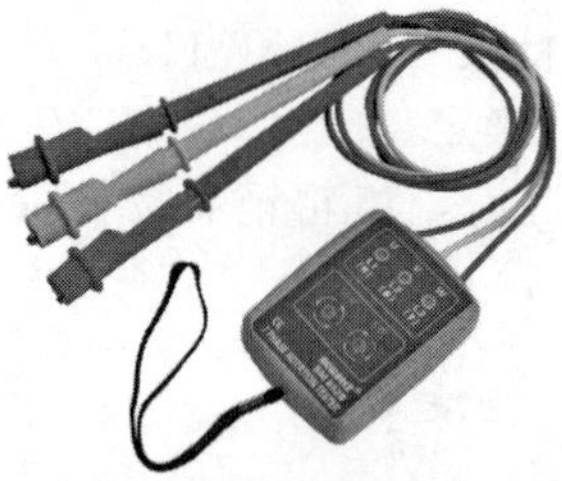	用于检查三相输入电源的相序，在维修晶闸管伺服系统时是必需的
逻辑脉冲测试笔	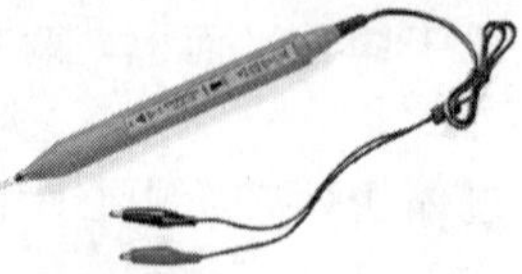	对芯片或功能电路板的输入端注入逻辑电平脉冲，用逻辑测试笔检测输出电平，以判别其功能是否正常
测振仪器		测振仪是振动检测中最常用、最基本的仪器，它将测振传感器输出的微弱信号放大、变换、积分、检波后，在仪器仪表或显示屏上直接显示被测设备的振动值大小。为了适应现场测试的要求，测振仪一般都做成便携式与笔式测振仪

名称	外观图	说明
红外测温仪		红外测温是利用红外辐射原理,将对物体表面温度的测量转换成对其辐射功率的测量,采用红外探测器和相应的光学系统接收被测物不可见的红外辐射能量,并将其变成便于检测的其他能量形式予以显示和记录
示波器		主要用于模拟电路的测量,它可以显示频率相位、电压幅值;双频示波器可以比较信号相位关系,可以测量测速发电机的输出信号,其频带宽度在5MHz以上,有两个通道
逻辑分析仪		按多线示波器的思路发展而成,不过它在测量幅度上已经按数字电路的高低电平进行了1和0的量化,在时间轴上也按时钟频率进行了数字量化。因此可以测得一系列的数字信息,再配以存储器及相应的触发机构或数字识别器,使多通道上同时出现的一组数字信息与测量者所规定的目标字相符合时,触发逻辑分析仪,以便将需要分析的信息存储下来

1.4.5.2 工业机器人电气安装

(1) 电气接线的要求

① 接线应由专业技术人员进行,按图正确接线。

② 电气接线颜色必须按标准接线颜色执行。

③ 配线应成排成束地垂直或水平有规律地敷设,要求整齐、美观、清晰,横平竖直,层次分明。

④ 线束敷设必须合理,不得妨碍电器的拆换或维修,不允许导线在两根接线柱中间走线,不得遮掩线路标号和观察孔眼。

⑤ 线槽内走线应符合:电源线和控制线尽量分开,线槽内导线均匀分布,理顺以避免交叉。线号对应,方向一致。横向每隔300mm装一个线束固定点,竖向每隔400mm装一个线束固定点。不得任意歪斜交叉连接(导线装于线槽时,行线槽仍然按照以上尺寸对其进行固定)。

⑥ 不要将主回路连线和信号线从同一管道内穿过,也不要将其绑扎在一起。

⑦ 布线时,主回路连线同信号线分开布线或交叉布线,相隔距离30cm以上。

⑧ 布线时不能有尖锐的物体损伤到电缆,不能强拉电缆,否则会导致触电或线路接触不良。

⑨ 强、弱电回路不应使用同一根电缆,并应分别成束分开排列。

⑩ 导线与电气元件间采用螺栓连接、插接、焊接或压接等,均应牢固可靠。凡是多股软线的连接头,一律用冷压接头压接。螺栓连接时,弯线方向应与螺栓前进的方向一致。为

保证导线不松散，多股导线不仅应端部绞紧，还应加终端附件或搪锡。采用压接式终端附件是较好的一种方式。

⑪ 一般一个接线端子（含端子排和元器件接线端），只连接一根导线，必要时允许连接两根导线。当需要连接二根以上导线时，应采取相应措施，以保证导线的可靠连接。两个端子间的连线不得有中间接头，导线芯线应无损伤。

⑫ 除了用弹簧端子能直接压接线头以外，其余所有接线线头必须用带塑料套的接线耳，并且接两根线时要用双头线耳。

⑬ 弹簧端子每个端子只能接一根线，其他的每个接线点不允许接超过两根线；每个接线头需要压紧连接，不允许有金属裸露或者松动现象。

⑭ 接插件接线的大小规格要与接插件连接件的规格相匹配；使用接插件时，带电部分的一头应用插孔（即上游用插孔下游用插针），因为插针式外露有危险。

⑮ 当控制箱面板有按钮、指示灯等元件时，须将门上各导线整理好，用扎线带沿箱表面绑扎整齐。

（2）电气元件的安装要求

① 所装配的元器件需认真核对（型号、电压、电流等级数、数量及形式等）。

② 控制柜内应提供仪表接地和安全接地母线，仪表接地和安全接地母线通流截面应满足要求，仪表接地应与控制柜体绝缘，元件接地的部件应保持良好的接地连续性。应确认伺服单元及伺服电机接地正确。

③ 在装配时，应考虑到元器件的电器间隙、爬电距离、干扰距离、电器散热距离。

④ 盘内电气设备、端子排、线槽等应留有余量。电气开关、端子排应留有 15%～20% 的余量，线槽留有不少于 60% 的余量。

⑤ 每个元器件必须要贴上标签，接插件标签要贴在插座或上方，如 KM10、KA02 等；接线端子要用端子标识材料标出端子号，如 X2：1、2 等；接地处也要有接地标志指示。

⑥ 变压器、开关电源、加热器、电机、控制器等前面都要有保护元件，如保险、断路器等。

⑦ 不要频繁地通断电源，伺服单元内用大容量电容，上电会产生较大的充电电流，频繁上电会造成元器件性能下降。

⑧ 在伺服单元输出侧和伺服电机间不要加功率电容、浪涌吸收器和无线电噪声滤波器等。

1.4.6 工业机器人装调维修常用仪器

在工业机器人的故障检测过程中，借助一些仪器是必要也是有效的，这些专用的仪器能从定量分析角度直接反映故障点状况，起到决定作用。

1.4.6.1 激光干涉仪

激光干涉仪可对工业机器人、三测机及各种定位装置进行高精度的（位置和几何）精度校正。可完成各项参数的测量，如线形位置精度、重复定位精度、角度、直线度、垂直度、平行度及平面度等。

激光干涉仪用于工业机器人精度的检测及长度、角度、直线度、直角等的测量，精度高、效率高、使用方便，测量长度可达十几米甚至几十米，精度达微米级。其应用见图 1-56。

1.4.6.2　三坐标测量仪

三坐标测量仪是通过 X、Y、Z 三个轴测量各种零部件及总成的各个点和元素的空间坐标，用以评价长度、直径、形状误差、位置误差的一种测量设备，如图 1-57 所示。它配备了高精度的导轨、测头和控制系统，并使用计算机程序来自动控制检测流程，计算输出测量结果。三坐标测量仪器在三个相互垂直的方向上有导向机构、测长元件、数显装置。有一个能够放置工件的工作台（大型和巨型不一定有），测头可以以手动或机动方式轻快地移动到被测点上，由读数设备和数显装置把被测点的坐标值显示出来。

图 1-56　激光干涉仪的应用

图 1-57　三坐标测量仪器

1.4.7　工业机器人安装耗材

工业机器人安装时所消耗的材料有工业擦拭纸、螺纹紧固剂、密封胶、润滑脂等。

（1）工业擦拭纸

工业擦拭纸用于机械设备、产品、工具上的油污、水等液体的擦拭或灰尘的清洁，见图 1-58。工业擦拭纸具有极低掉屑且擦拭后不留毛尘、良好的湿强性、不易破损、快速吸水性吸油能力、经济性更高等特点。

（2）螺纹紧固剂

螺纹紧固剂用于避免螺纹紧固件由于振动而造成的松动和渗漏。螺纹连接一旦出现松脱，轻者会影响机器的正常运转，重者会造成严重事故，因此所有螺钉安装前都涂上适量的螺纹紧固剂，见图 1-59。

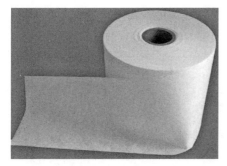

图 1-58　工业擦拭纸

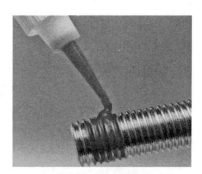

图 1-59　螺纹紧固剂

螺纹紧固剂使用时应参照产品参数说明书根据使用场合和部件选择合适的螺纹紧固剂规

格。应注意每螺纹啮合部位涂胶应在 3～5 扣以上，且胶液应充分填满螺纹间隙。应严格按照产品说明书的要求进行保存，防止失效。

（3）密封胶

密封胶是指随密封面形状而变形、不易流淌、有一定粘结性的密封材料，见图 1-60。密封胶是用来填充构形间隙、以起到密封作用的胶黏剂，具有防泄漏、防水、防振动及隔音、隔热等作用。

密封胶使用时应参照产品参数说明书根据使用场合和部件选择合适的密封胶规格，并严格按照产品说明书的要求进行保存，防止失效。

（4）润滑脂

润滑脂又称黄油，为稠厚的油脂状半固体，见图 1-61。用于机械的摩擦部分，起润滑和密封作用；也用于金属表面，起填充空隙和防锈作用。通常使用黄油枪进行加注。

润滑脂使用时应参照产品参数说明书根据使用场合和部件选择合适的润滑脂规格，并严格按照产品说明书的要求进行保存，防止失效。

图 1-60 密封胶　　　　　　　　　　　　**图 1-61** 润滑脂

第**2**章　工业机器人的安装与连接

2.1　工业机器人的安装

2.1.1　工业机器人本体的安装

2.1.1.1　工业机器人本体到位

（1）拆包

工业机器人是一种精密，贵重的操作设备，一般工业机器人厂家会使用木箱对其进行运输。在工业机器人初次运抵操作现场时，我们一般按照以下步骤进行拆包检验。

① 机器人到达现场后，第一时间检查外观是否有破损，是否有进水等异常情况，如图 2-1 所示，如果有问题应马上联系厂家及物流公司进行处理。

② 使用合适的工具拆卸箱子上的扎带或绑带，如图 2-2 所示。

图 2-1　检查外观　　　　　　　　　图 2-2　拆箱工具

③ 两人根据箭头方向，如图 2-3 所示，将箱体向上抬起放置到一边，与包装底座进行分离。保证箱体的完整以便日后重复使用。

④ 拆掉纸箱后，使用合适的工具拆卸箱子上的扎带或绑带。

（2）清点

① 清点所购工业机器人的主要物品，以 FANUC 机器人 Mate200iD 为例，包括 4 个主要物品：机器人本体、示教器、线缆配件

图 2-3　拆箱

及控制柜，如图 2-4 所示。

②根据发货清单，清点发货物品，查看机器人以及控制柜的产品型号以及功能配置是否符合要求，如图 2-5 所示。

图 2-4　工业机器人主要物品

图 2-5　清点发货物品

2.1.1.2 搬运

机器人的搬运采用吊车或叉车起重机进行。搬运机器人时，务须采用规范的运送姿势，并在规定位置安装吊环螺钉和搬运构件。

（1）注意

①在用吊车或叉车起重机来搬运机器人时，应慎重进行。将机器人放置在地板面上时，应注意避免机器人设置面强烈抵碰地板面。

②搬运机器人时，应拆除末端执行器和底座。迫不得已而需要在安装着底座的状态下进行搬运时，应注意由于机器人重心位置的变化，运送过程中将变得不稳定；由于运送时的振动，末端执行器将会摆动，会有过大的负荷作用于机器人。

③叉车起重机用搬运构件，只能在采用叉车起重机运送时使用。不要将叉车起重机用搬运构件用于其他运送手段。不要使用搬运构件来固定机器人。

④使用搬运构件运送机器人的情况下，要事先检查搬运构件的固定螺栓，拧紧松开的螺栓。

（2）采用吊车搬运

将 M16 吊环螺钉安装在机器人机座的 4 个部位，用 4 根吊索将其吊起来，如图 2-6 所示。吊运机器人时，应充分注意避免吊索损坏机器人的电机、连接器、电缆等。其搬运见图 2-7 和图 2-8。

（3）采用叉车起重机搬运

安装上专用的搬运构件后搬运，如图 2-9 所示。

在机器人上安装有焊枪和机械手等末端执行器的状态下运送时，应将手臂用木材等固定起来后运送，如图 2-10 所示。若没有固定好手臂，则会因为运送时的振动等导致末端执行器励振，致使较大的冲击载荷作用于机器人的减速机，从而加快减速机的损坏速度。

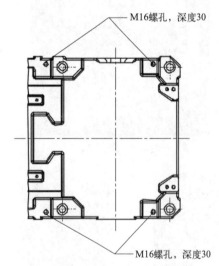

M16螺孔，深度30

M16螺孔，深度30

图 2-6　吊环螺钉搬运构件安装位置

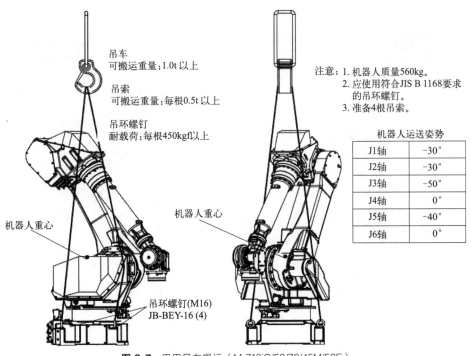

吊车
可搬运重量：1.0t 以上

吊索
可搬运重量：每根0.5t 以上

吊环螺钉
耐载荷：每根450kgfl以上

机器人重心

机器人重心

吊环螺钉(M16)
JB-BEY-16 (4)

注意：1. 机器人质量560kg。
　　　2. 应使用符合JIS B 1168要求
　　　　 的吊环螺钉。
　　　3. 准备4根吊索。

机器人运送姿势

J1轴	−30°
J2轴	−30°
J3轴	−50°
J4轴	0°
J5轴	−40°
J6轴	0°

图 2-7　采用吊车搬运（M-710iC/50/70/45M/50E）

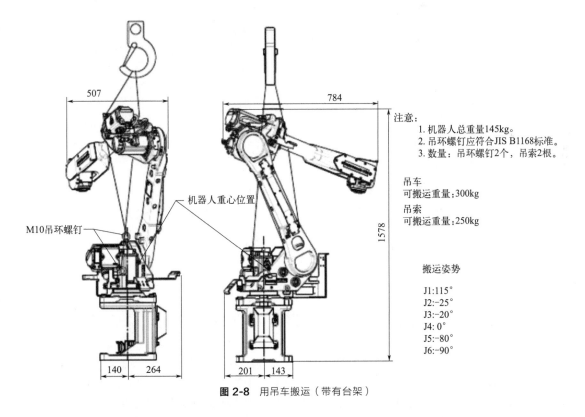

507

784

机器人重心位置

M10吊环螺钉

1578

140　264

201　143

注意：
　　 1. 机器人总重量145kg。
　　 2. 吊环螺钉应符合JIS B1168标准。
　　 3. 数量：吊环螺钉2个，吊索2根。

吊车
可搬运重量：300kg

吊索
可搬运重量：250kg

搬运姿势

J1:115°
J2:−25°
J3:−20°
J4: 0°
J5:−80°
J6:−90°

图 2-8　用吊车搬运（带有台架）

2.1.1.3　工业机器人控制装置到位

将绳子挂在控制装置上的吊环螺钉上，用吊车来搬运，如图 2-11 所示。

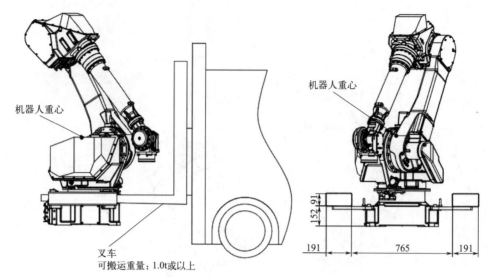

图 2-9 采用叉车起重机搬运（M-710iC/50/70/45M/50E）

机器人重心

叉车
可搬运重量：1.0t或以上

机器人重心

152 91

191   765   191

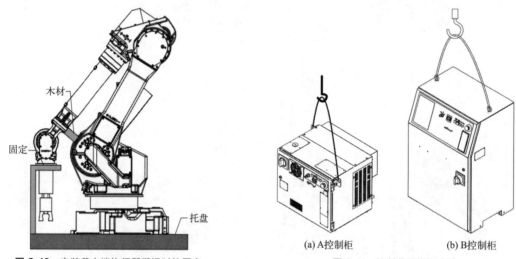

木材

固定

托盘

图 2-10 安装着末端执行器搬运时的固定

(a) A控制柜   (b) B控制柜

图 2-11 控制装置搬运方法

2.1.2 工业机器人的安装

2.1.2.1 本体安装

（1）在地面上安装

图 2-12 给出了某 FANUC 工业机器人机座的尺寸。图 2-13 给出了一个 FANUC 工业机器人具体安装实例。将地装底板埋入混凝土内，用 4 个 M20 化学螺栓将其固定起来。此外，用 4 个 M20×50 螺栓将垫板安装到机器人机座上，定位机器人后将垫板焊接到地装底板上。应确保机器人安装面的平面度在 0.5mm 以内，倾斜角度在 0.5°以内。如果机器人机座安装面的平面度不好，则有可能导致机座破损或者导致机器人不能充分发挥性能。

（2）在墙面上安装

在地面安装以外的环境下使用机器人的时候，与以上安装方式类似，但必须设定安装角度。其步骤如下。

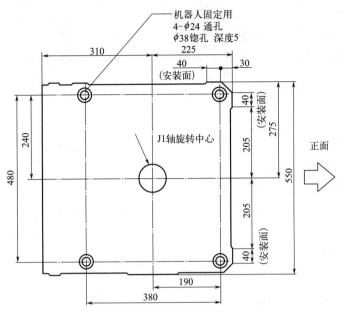

图 2-12 机器人机座和尺寸

客户自备的部件		
机器人固定螺栓	M20×50 (拉伸强度1200N/mm²以上)	4个
化学螺栓	M20 (拉伸强度400N/mm²以上)	4个
垫板	板厚32t	4块
地装底板	板厚32t	1块

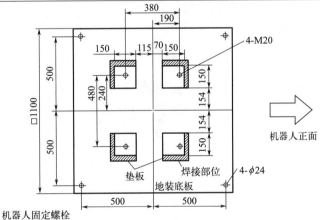

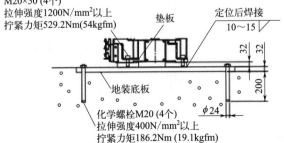

注1:安装施工(焊接、位置固定等)由客户自行安排
  2:应将地装底板埋入混凝土内

图 2-13 具体安装实例

① 按下 PREV 和 NEXT 键，接通电源。接着选择 "3. Controlled start"。

② 按下菜单（MENU）键，然后选择 "9 MAINTENANCE"。

③ 选择设置角度的机器人，然后按下 ENTER 键，如图 2-14 所示。

④ 按下 F4 键。

⑤ 按下 ENTER 键，直到出现图 2-15 所示的画面。

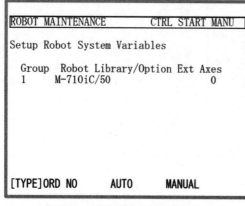

图 2-14 选择设置角度的工业机器人　　　　图 2-15 角度设置画面

⑥ 按照图 2-16 所示，输入安装角度。

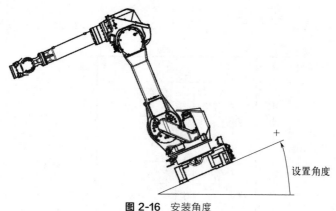

图 2-16 安装角度

⑦ 按下 ENTER 键，直到再度出现图 2-14 所示的画面。

⑧ 按下 FCTN 键，然后选择 "1 START（COLD）"。

2.1.2.2 控制装置安装

FANUC 工业机器人控制柜有图 2-11 所示的 A、B 两种，外观和元件因机器人及各类元件的不同而存在一定的差异，但其大同小异。现以 A 型来介绍，其外形尺寸如图 2-17 所示，开关箱外形如图 2-18 所示。其安装如图 2-19 及图 2-20 所示。可以把三个 A 型机柜堆叠放置，以节省空间，图 2-21 为堆叠放置步骤。

2.1.3 气压单元的安装

2.1.3.1 气压供应

如图 2-22 所示，是某一工业机器人的气压供应口，J1 轴机座侧面和 J3 轴外壳前方提供

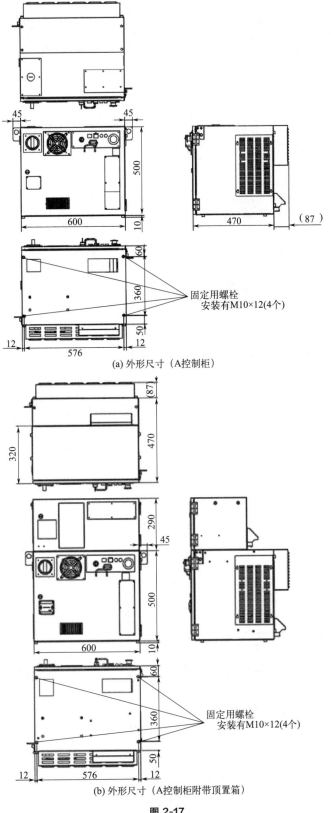

45 45

500

600 10

470 (87)

60

360

固定用螺栓
安装有M10×12(4个)

50

12 576 12

(a) 外形尺寸（A控制柜）

(87)

320 470

290

45

500

600 10

60

360

固定用螺栓
安装有M10×12(4个)

50

12 576 12

(b) 外形尺寸（A控制柜附带顶置箱）

图 2-17

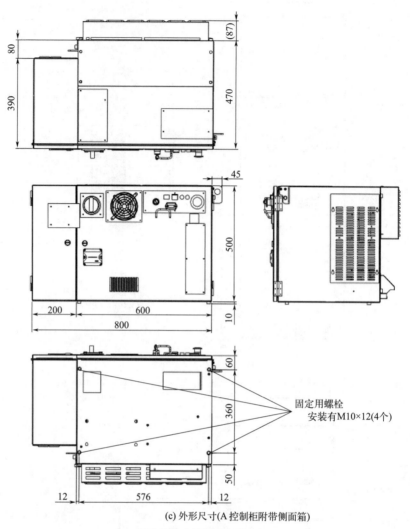

固定用螺栓
安装有M10×12(4个)

(c) 外形尺寸(A 控制柜附带侧面箱)

图 2-17 A 控制柜外形尺寸

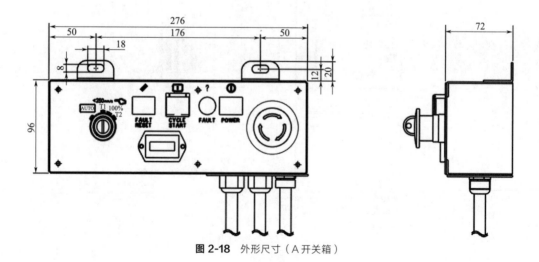

图 2-18 外形尺寸（A 开关箱）

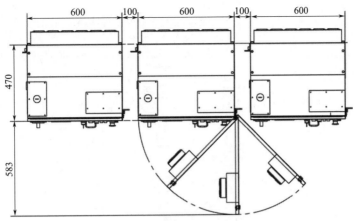

图 2-19 安装方法（A 控制柜）

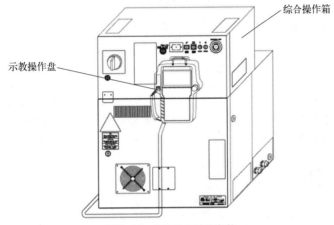

综合操作箱

示教操作盘

图 2-20 综合操作箱的安装

步骤1：拆除控制装置2的顶板(2处)。

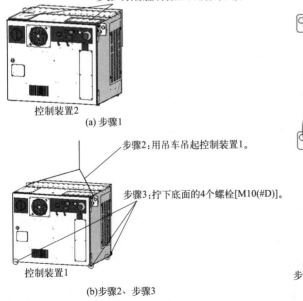

控制装置2

(a) 步骤1

步骤2：用吊车吊起控制装置1。

步骤3：拧下底面的4个螺栓[M10(#D)]。

控制装置1

(b)步骤2、步骤3

步骤4：用4个螺栓(M10)固定连接配件(#A)。

(c) 步骤4

图 2-21

第 2 章
工业机器人的安装与连接

053

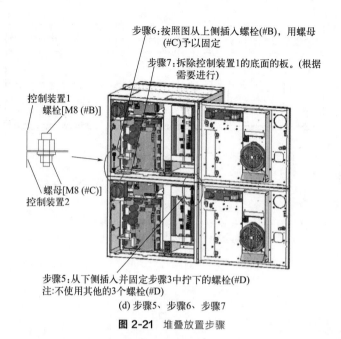

步骤6:按照图从上侧插入螺栓(#B)，用螺母 (#C)予以固定

步骤7:拆除控制装置1的底面的板。(根据 需要进行)

控制装置1
螺栓[M8 (#B)]

螺母[M8 (#C)]
控制装置2

步骤5:从下侧插入并固定步骤3中拧下的螺栓(#D)
注:不使用其他的3个螺栓(#D)

(d) 步骤5、步骤6、步骤7

图 2-21 堆叠放置步骤

有 2 个通向末端执行器的用来供应气压的供应口，口径为 Rc1/2 凹形。图 2-23 为某一 FANUC 工业机器人的气压配管。作为可选购项指定了空气 3 点套件的情况下，随附有机构部和空气 3 点套件之间的气压配管。安装空气 3 点套件时，需要图 2-24 所示的螺孔。

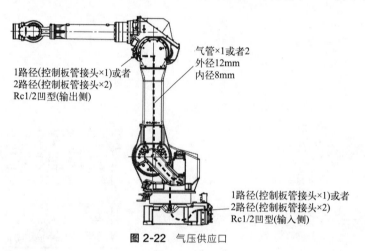

气管×1或者2
外径12mm
内径8mm

1路径(控制板管接头×1)或者
2路径(控制板管接头×2)
Rc1/2凹型(输出侧)

1路径(控制板管接头×1)或者
2路径(控制板管接头×2)
Rc1/2凹型(输入侧)

图 2-22 气压供应口

2.1.3.2 气压单元的安装

气压单元的安装见图 2-25。其使用建议如下。

① 使用气压单元时，建议用户使用单独的气压源。分支使用气压单元用空气和其他空气时，若超过干燥器的容量，难以完全去除的水分和油分会被送入机器人内部，将会严重损坏机器人，应予注意。使用气压单元时，建议用户使用单独的气压源。

② 在安装好机器人后，应经常使用气压单元。即使机器人处在没有运转的状态，只要机器人被设置在恶劣环境的情况下，也需要使用气压单元。

③ 在从 J1 配线板的空气供应口拆下气管时，也应更换接头。接头内部浸入清洗液时，将会损坏接头内的橡胶，导致机器人受损，应予注意。

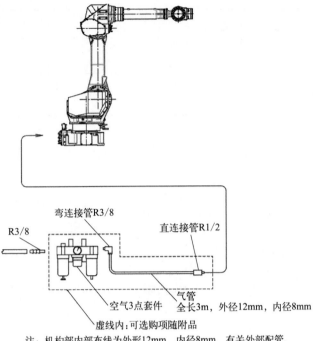

弯连接管R3/8   直连接管R1/2

R3/8

空气3点套件   气管
全长3m，外径12mm，内径8mm

虚线内：可选购项随附品

注：机构部内部布线为外形12mm、内径8mm。有关外部配管，
根据需要变更管径

图 2-23   气压配管

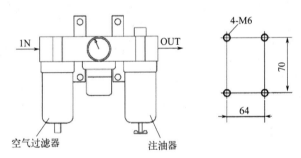

1N   OUT   4-M6

70

64

空气过滤器   注油器

图 2-24   空气 3 点套件

2.1.3.3　防尘防液强化组件的安装

　　不同的 FANUC 工业机器人，其防尘防液的组件是不同的，图 2-26 是 M-710iC 的防尘防液安装情况，表 2-1 是具有标准工业机器人与防尘防液的工业机器人的不同点。具有电动机吹气的工业机器人如图 2-27 所示，在 J1 机座侧面有供气口，并提供有排气口。应使用干燥空气。勿塞住 J1 侧面的排气口。

表 2-1　防尘防液工业机器人与标准工业机器人的不同

元件	标准规格	防尘防滴强化可选购项
螺栓类	染黑的钢螺栓	FR 涂层螺栓 不锈钢螺栓
垫圈	染黑的垫圈	黑色铬酸盐被膜垫圈

続表

元件	标准规格	防尘防滴强化可选购项
盖板		J2 盖板 电池盒盖
EE 连接器	非防水连接器	防水连接器
密封垫		密封垫

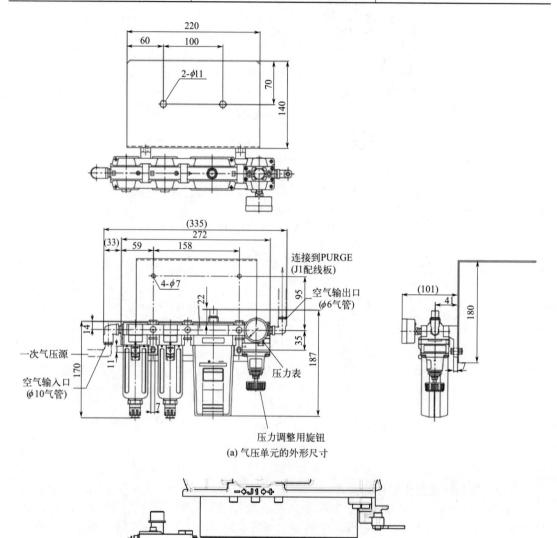

(a) 气压单元的外形尺寸

(b) 机器人的气压单元连接位置

图 2-25 气压单元的安装

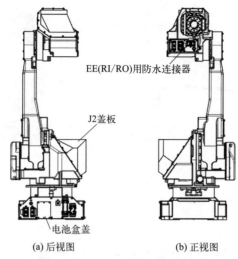

(a) 后视图　　　　　　　(b) 正视图

图 2-26　M-710iC 防尘防液的安装图

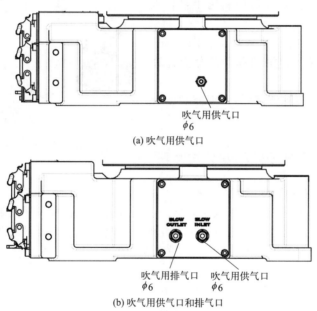

图 2-27　有电动机吹气的工业机器人的供气口和排气口

2.1.4　视觉系统的安装

如图 2-28 所示，FANUC 工业机器人典型的视觉系统由相机、镜头、相机电缆、照明装置、复用器（根据需要选配）组成。

（1）固定相机

① 如图 2-29 所示，将相机固定设置在支架上，检出工件。

② 相机始终从相同距离观察相同部位。

③ 可以在机器人进行其他作业时并行地进行视觉的测量，可缩短总体循环时间。

④ 相机的支架应选择在稍许振动下也不会晃动的、具有充分强度的。

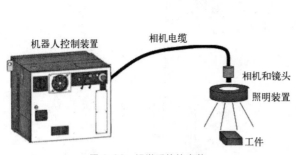

图 2-28 视觉系统的安装

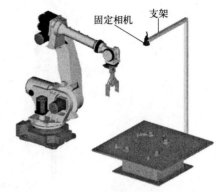

图 2-29 固定相机

（2）固定于机器人的相机

① 如图 2-30 所示，将相机设置在机器人的手腕部。

② 通过移动机器人，就可以利用 1 台相机测量不同的位置。

③ 相机固定于机器人的情况下，iRVision 考虑机器人移动造成的相机的移动部分而计算工件的位置。

④ 由于相机电缆要频繁移动，因而需要考虑电缆的处理。

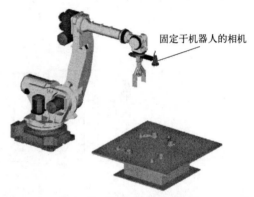

图 2-30 固定于机器人的相机

2.1.5 机械式可变制动器的安装与调整

2.1.5.1 机械式可变制动器的安装

J1、J2、J3 轴除了标准的机械式制动器外，还可以安装机械式可变制动器（可选购项）。机械式可变制动器可以对其位置进行变更。此外，通过变更挡块位置，即可对基于限位开关的可动范围进行变更，如图 2-31 所示，其最大停止距离如图 2-32 所示。

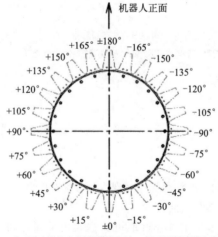

注：图示为从上侧看到的 J1 轴。在正侧制动器和负侧制动器之间，需要有 75°或以上的间隔。

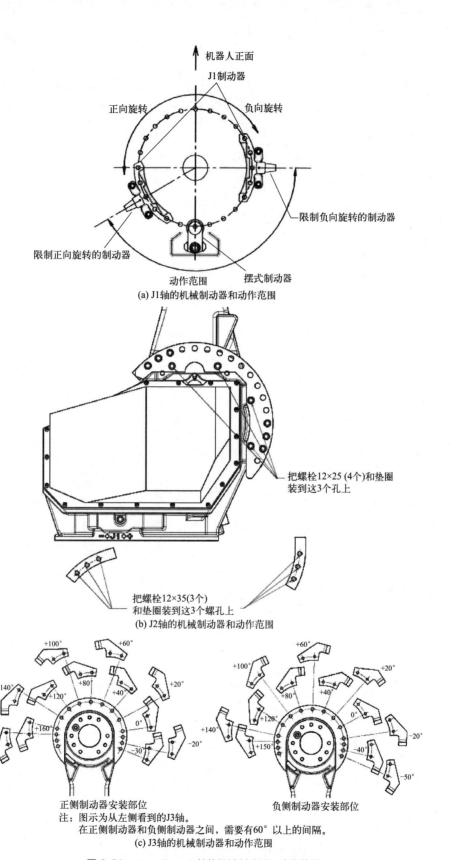

(a) J1轴的机械制动器和动作范围

(b) J2轴的机械制动器和动作范围

正侧制动器安装部位

负侧制动器安装部位

注：图示为从左侧看到的J3轴。
在正侧制动器和负侧制动器之间，需要有60°以上的间隔。

(c) J3轴的机械制动器和动作范围

图 2-31 J1、 J2、 J3 轴的机械制动器和动作范围

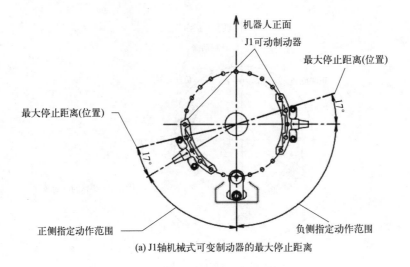

(a) J1轴机械式可变制动器的最大停止距离

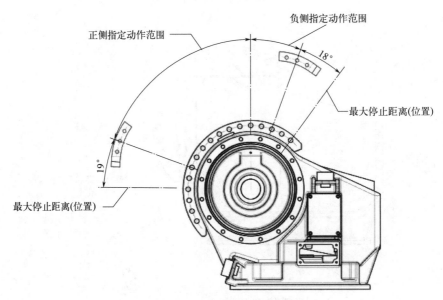

(b) J2轴机械式可变制动器的最大停止距离

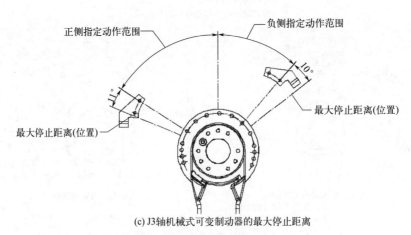

(c) J3轴机械式可变制动器的最大停止距离

图 2-32 机械式可变制动器最大停止距离

2.1.5.2 机械式可变制动器的调整

(1) 硬调整

限位开关属于超程开关，按下该开关时，停止向伺服电机供应电源，机器人停止运动。通过改变挡块位置可变基于限位开关的可动范围。J1 轴的挡块设置在与机械式制动相同的位置，如图 2-33 所示。通过对限位开关进行调整，变更基于限位开关的动作范围，其调节步骤如下。

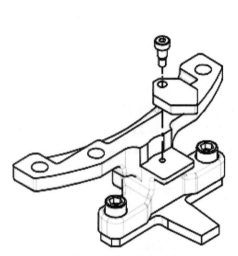
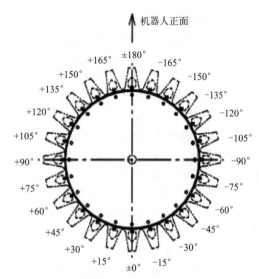

J1 轴的挡块，安装在机械式制动器上。需利用设置在机械式制动器上的螺栓孔进行安装

注：图示为自上面看到的J1轴。与机械式制动器设定在相同位置

图 2-33 J1 轴的挡块位置和动作范围

① 将系统变量 \$MOR_GRP. \$CAL_DONE 设定为 FALSE。由此，解除基于软件对行程终端的限制，从而可以在 JOG 进给下跨越行程终端使轴动作。

② 松开固定着极限开关的螺栓 M8×12 两个、M4×25 两个，如图 2-34 所示。

③ 为使限位开关在距行程终端大约 1.0°的位置工作，调整开关位置。在踩下挡块时，使开关前端部的踩踏余量设定显示线的其中一根隐藏起来。

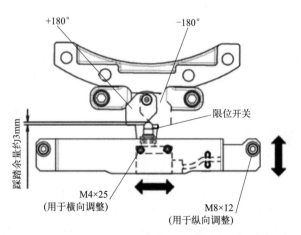

注：图示为自上面看到的J1机座后部。

图 2-34 J1 轴限位开关的调整

④ 当开关工作并且检测出 OT 时，机器人停止运动，显示出"超程"错误信息。要再次使机器人运动时，一边按住 SHIFT 一边按 RESET（复位）。继续按住 SHIFT，在 JOG 进给方式下使当前正在进行调整的轴沿着离开极限的方向运动。

⑤ 确认开关自相反一侧的行程终端大约 1.0°的位置也同样工作。当开关在正常位置不工作时，重新调整开关位置。

⑥ 将系统变量 $MOR\_GRP.$CAL_DONE 重新设定为 TRUE。

⑦ 暂时断开电源，之后重新启动控制装置。

（2）软调整

可以通过软件变更轴动作范围的上限和下限。可以对所有轴变更设定。当机器人到达所设定的动作极限时，机器人停止运动，其调整步骤如下。

① 按下 MENU（菜单）键，显示出菜单画面。

② 按下"0 下页"，选择"6 系统"。

③ 按下 F1"类型"，显示出画面切换菜单。4 选择"轴动作范围"。出现各轴可动范围设定画面，如图 2-35 所示。设定值 0.00 表示机器人上没有该轴。改变 J1、J2、J3 轴（除了 50S 的 J2、J3 轴以外）的机器人可动范围时，不要只通过软件来限制机器人的可动范围，应同时使用机械式制动器限制机器人的可动范围，以避免损坏外围设备或危及作业人员，两者的可动范围应设定为相同的数值。

④ 将光标移至希望设定的轴范围处，使用示教器的数字键输入新的设定值，如图 2-36 所示。

⑤ 对所有轴进行设定。

⑥ 要使已经设定的值有效，暂时断开电源，在冷启动下重新通电。

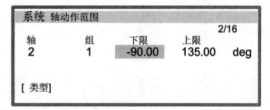

图 2-35 各轴可动范围　　　　　　　图 2-36 输入新的设定值

2.2 工业机器人的连接

机器人与控制装置之间的连接电缆，有动力电缆、信号电缆和接地电缆三类。请将各电缆连接于机座背面的连接器部。此外还有外围设备，比如焊机等，图 2-37 为针对 R-30iA 的电气接口的连接方框图。操作箱和 A 机柜主体之间的连接电缆在 10m 以上时，USB 插入口和 RS-232-C 电缆的插入口在 A 机柜主体侧。工业机器人电动机的位置如图 2-38 所示，其连接如图 2-39 所示。

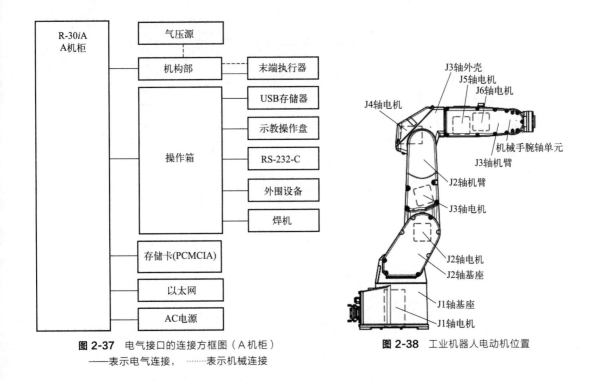

图 2-37 电气接口的连接方框图（A机柜）
——表示电气连接， ……表示机械连接

图 2-38 工业机器人电动机位置

2.2.1 与控制装置之间的连接

2.2.1.1 本体与控制装置之间的连接

如图 2-40 所示，工业机器人与控制器（NC）之间的连接电缆，有动力电缆、信号电缆。有的工业机器人具有图 2-41 所示的配线板，将各电缆连接于基座背面的连接器部。不要忘记连接地线。电缆的连接作业，务须在切断电源后进行。勿在将机器人连接电缆的多余部分（10m 以上）卷绕成线圈状的状态下使用。否则机器人的动作，有可能会导致电缆温

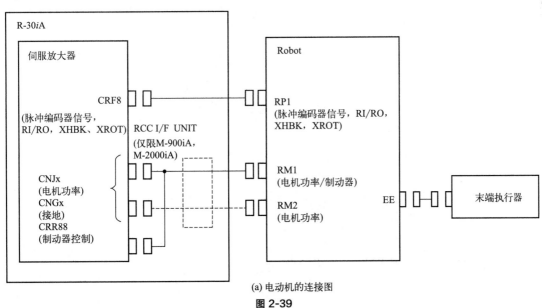

(a) 电动机的连接图

图 2-39

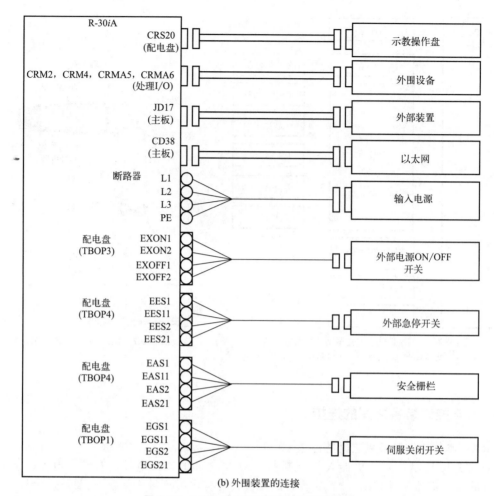

(b) 外围装置的连接

图 2-39 工业机器人电动机及外围装置连接图

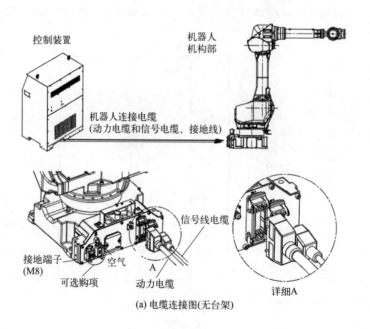

(a) 电缆连接图(无台架)

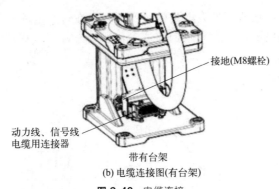

接地(M8螺栓)

动力线、信号线
电缆用连接器

带有台架

(b) 电缆连接图(有台架)

图 2-40 电缆连接

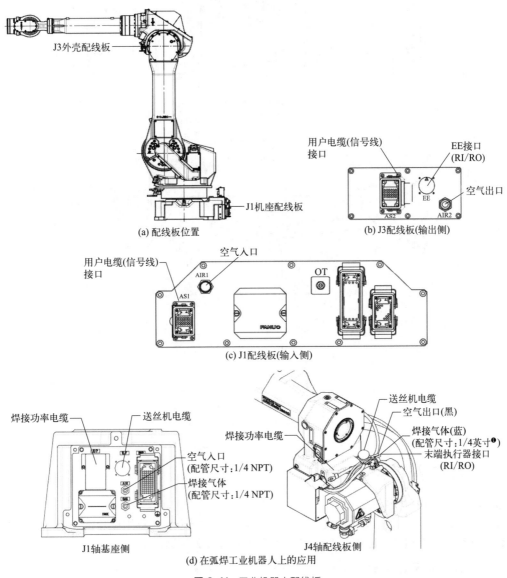

J3外壳配线板

J1机座配线板

(a) 配线板位置

用户电缆(信号线)
接口

EE接口
(RI/RO)

空气出口

EE

AS2   AIR2

(b) J3配线板(输出侧)

用户电缆(信号线)
接口

空气入口

AIR1   OT

AS1

(c) J1配线板(输入侧)

焊接功率电缆   送丝机电缆

送丝机电缆

空气出口(黑)

焊接功率电缆

焊接气体(蓝)
(配管尺寸:1/4英寸❶)

空气入口
(配管尺寸:1/4 NPT)

末端执行器接口
(RI/RO)

焊接气体
(配管尺寸:1/4 NPT)

J1轴基座侧

J4轴配线板侧

(d) 在弧焊工业机器人上的应用

图 2-41 工业机器人配线板

---

❶ 英寸 (in)。1in=25.4mm。

度上升，从而损坏电缆的包覆。外设电池的情况下，勿在切断电源的状态下拆除电池。若在切断电源的状态下拆除电池，将会导致当前位置信息丢失，这样就需要进行调校。

2.2.1.2　示教器的连接

示教器的连接如图 2-42 所示。

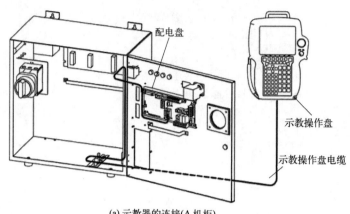

(a) 示教器的连接(A 机柜)

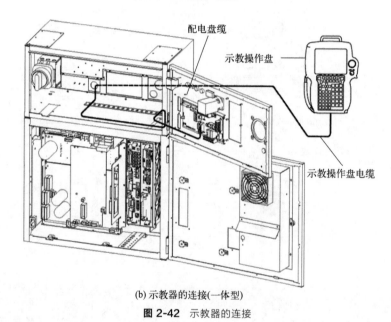

(b) 示教器的连接(一体型)

图 2-42　示教器的连接

2.2.2　连接输入电源

2.2.2.1　连接输入电源电缆

图 2-43 为输入电源电缆的连接方法。AC 电源线和接地线的导体尺寸需要与上位的断路器或者保险丝的容量对应起来。不要在接地线上放置开关和断路器。

2.2.2.2　连接外部电源通/断开关

一般情况下外部电源通/断开关连接如图 2-44 所示。在外部通/断开关处在 ON 的状态时，可以通过断路器来进行控制器的通/断控制。在外部通/断开关处在 OFF 的状态时，不能通过断路器开关来进行控制器的通/断控制。

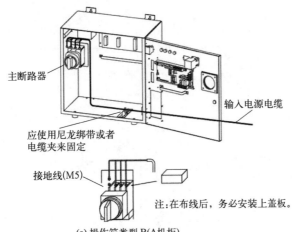

主断路器

输入电源电缆

应使用尼龙绑带或者
电缆夹来固定

接地线(M5)

注：在布线后，务必安装上盖板。

(a) 操作箱类型 B(A机柜)

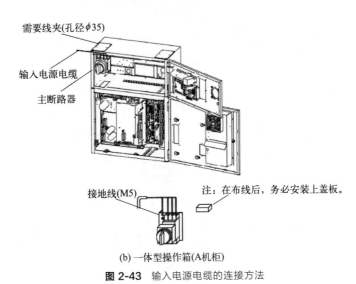

需要线夹(孔径ϕ35)

输入电源电缆

主断路器

接地线(M5)

注：在布线后，务必安装上盖板。

(b) 一体型操作箱(A机柜)

图 2-43 输入电源电缆的连接方法

配电盘

TBOP3

(a) 操作箱（A机柜）

图 2-44

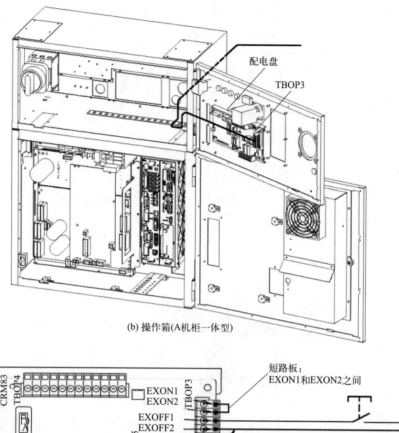

(b) 操作箱(A机柜一体型)

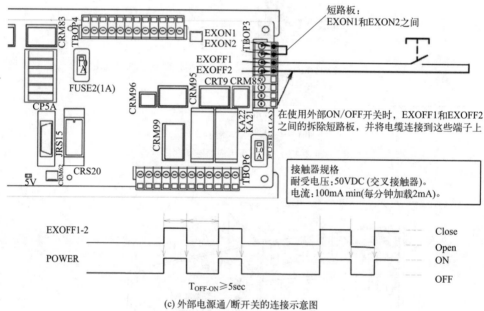

(c) 外部电源通/断开关的连接示意图

图 2-44　一般情况下外部电源开关连接

2.2.2.3　急停信号的连接

如图 2-45 所示，构建系统时，在连接外部急停信号和安全栅栏信号等安全信号的情况下，确认通过所有安全信号停止机器人，并注意避免错误连接。外部急停输出如图 2-46 所示。信号说明见表 2-2。内部电路见图 2-47，安全继电器的连接示例见图 2-48，外部急停输入电路见图 2-49，信号说明见表 2-3。

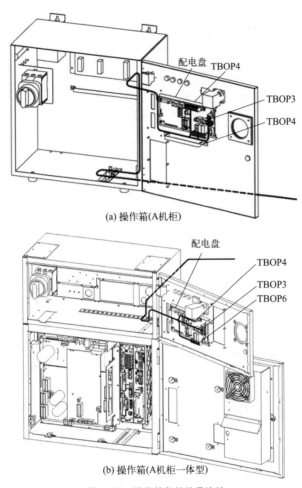

(a) 操作箱(A机柜)

(b) 操作箱(A机柜一体型)

图 2-45 操作箱急停信号连接

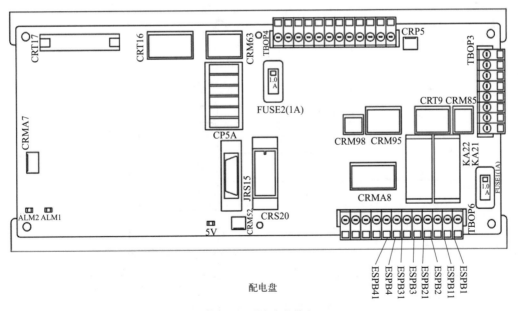

配电盘

图 2-46 外部急停输出

表 2-2　信号说明

信号名称	信号的说明	额定负荷	最小负荷
ESPB1——ESPB11 ESPB2——ESPB21 ESPB3——ESPB31 ESPB4——ESPB41	系急停输出信号,在急停时和电源断开时接点成为OPEN(开启)状态。 正常操作时,接电处在CLOSE(关闭)状态	电阻负荷 AC250V 5A DC30V 5A	(参考值) DC5V 10mA

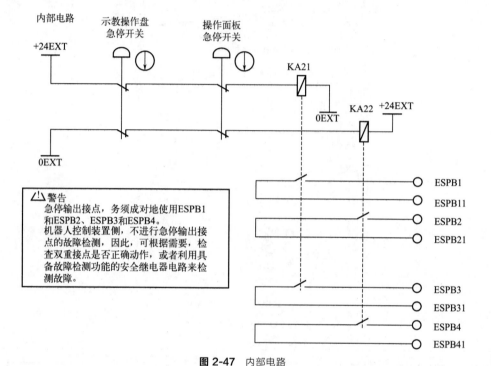

图 2-47　内部电路

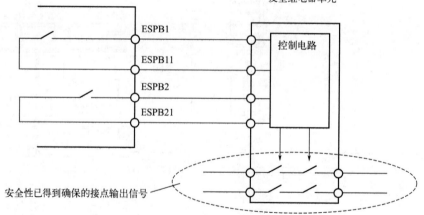

图 2-48　安全继电器的连接示例

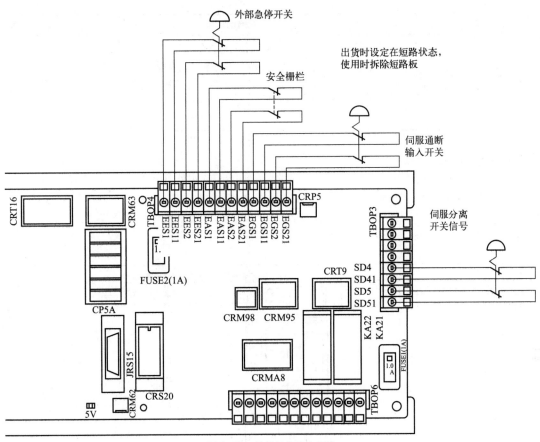

图 2-49 外部急停输入电路

表 2-3　信号说明

信号名称	信号的说明	电压、电流
EES1 EES11 EES2 EES21	将急停开关的接点连接到此端子上 接点开启时,伺服电源被切断,机器人立即急停 不使用开关而使用继电器、接触器的接点时,为降低噪声,在继电器和接触器的线圈上安装火花抑制器 不使用这些信号时,安装跨接线	
EAS1 EAS11 EAS2 EAS21	在选定 AUTO 方式的状态下打开了安全栅栏的门时,为使机器人安全停下而使用这些信号。接点开启时,机器人减速停止,伺服电源被关断 在 T1 或 T2 方式下,即使在打开了安全栅栏门的状态下,也可以进行机器人的操作 不使用开关而使用继电器、接触器的接点时,为降低噪声,在继电器和接触器的线圈上安装火花抑制器 不使用这些信号时,安装跨接线	DC24V, 0.1A 的 开闭使用最小负荷在 5mA 以下的接点
EGS1 EGS11 EGS2 EGS21	将急停开关的接点连接到这些端子上 接点开启时,机器人减速停止,伺服电源被关断 不使用开关而使用继电器、接触器的接点时,为降低噪声,在继电器和接触器的线圈上安装火花抑制器 不使用这些信号时,安装跨接线	

信号名称	信号的说明	电压、电流
SD4 ⌐ SD41 ⌐ SD5 ⌐ SD51 ⌐	这是连接伺服分离开关接点的端子 接点开启时,伺服电源被切断,机器人立即停止操作 不使用开关而使用继电器、接触器的接点时,为降低噪声,在继电器和接触器的线圈上安装火花抑制器 不使用这些信号时,安装跨接线	DC24V,0.1A 的 开闭使用最小负荷在 5mA 以下的接点

2.2.2.4 外部电源的连接

通过从外部供应电源,可以将控制装置的内部电源与从外部连接的外部急停信号、安全栅栏信号、伺服关闭信号等输入电路的电源分离开来,如图 2-50 所示,连接对比如图 2-51 所示。此外,通过供应外部电源,可在控制装置的电源被切断期间,将示教操作盘以及操作面板部的急停按钮的状态反映到外部急停输出信号。

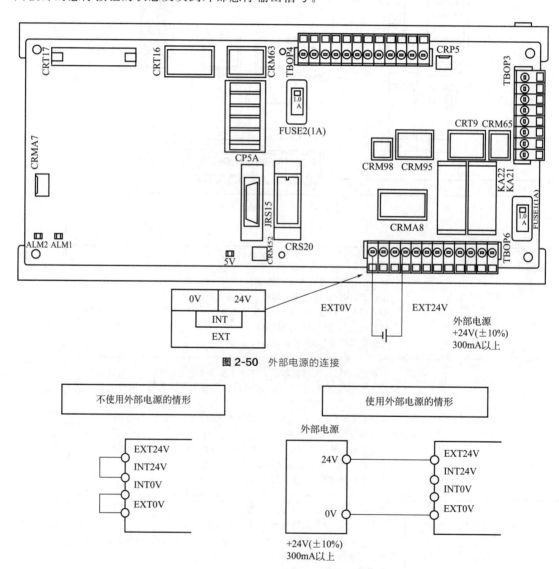

图 2-50 外部电源的连接

图 2-51 不使用外部电源和使用外部电源连接对比

2.2.2.5　连接步骤

如图 2-52 所示，关于外部通/断、外部急停输出、外部急停输入的连接线操作步骤如下。

① 从配电盘上拆下插塞式连接器。

② 将一字形螺丝刀插入操作开口，下按。

③ 将连接线插入进去。

④ 拔出螺丝刀。

⑤ 将插塞式连接器安装到配电盘上。

不要在配电盘上安装有插塞式连接器的状态下插拔连接线。这样会损坏配电盘。端子台使用步骤见图 2-53。

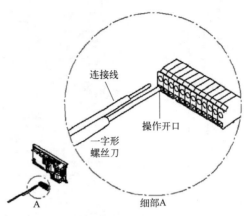

图 2-52　连接线操作步骤

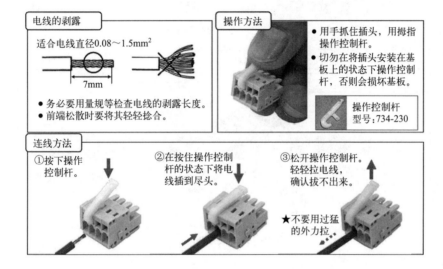

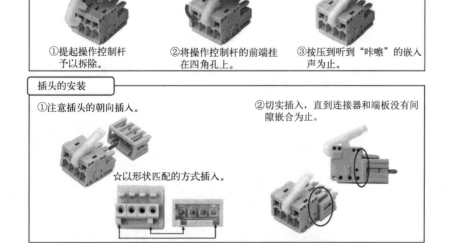

图 2-53

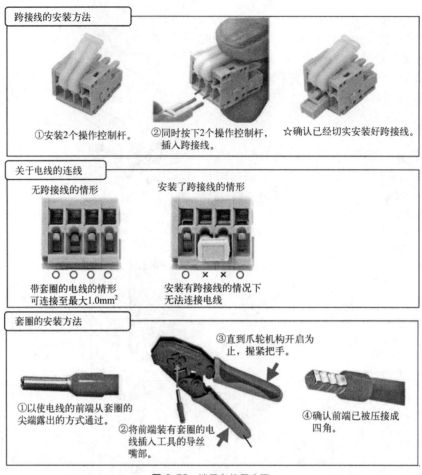

跨接线的安装方法

①安装2个操作控制杆。

②同时按下2个操作控制杆，插入跨接线。

☆确认已经切实安装好跨接线。

关于电线的连线

无跨接线的情形

安装了跨接线的情形

带套圈的电线的情形
可连接至最大1.0mm²

安装有跨接线的情况下
无法连接电线

套圈的安装方法

①以使电线的前端从套圈的
尖端露出的方式通过。

②将前端装有套圈的电
线插入工具的导丝
嘴部。

③直到爪轮机构开启为
止，握紧把手。

④确认前端已被压接成
四角。

图 2-53 端子台使用步骤

2.2.2.6 连接 NTED 信号（CRM65）

如图 2-54 所示，除了操作示教操作盘的作业人员以外，还应具有用来连接接口（NTED）的功能，以便在无关人员进入机器人的动作区域时，能够追加上一个具有与紧急时自动停机

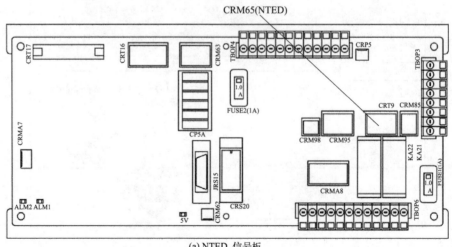

CRM65(NTED)

(a) NTED 信号板

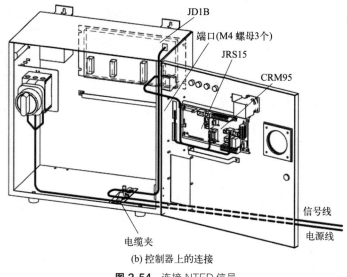

JD1B

端口(M4 螺母3个)

JRS15

CRM95

信号线

电源线

电缆夹

(b) 控制器上的连接

图 2-54 连接 NTED 信号

开关一样的停止机器人操作的功能的开关（作动器件）。连接完 NTED 开关后，确认这些开关、操作盘和操作箱的急停按钮、示教操作盘的急停开关的动作。

2.2.3 以太网的连接

在进行至机器人连接器的电缆连接或拆除时，应切断控制器主体的电源，并在确认电源已经切断后进行。有关网络的铺设，应充分考虑其不会受到其他噪声发生源的影响。应使动力线和电机等的噪声发生源和网络的配线电气分离至足够的程度，并务须对各设备连接好地线。此外，还需要注意，如果接地阻抗高而不充分，有时会导致通信障碍。在机械设置后正式运转之前，应进行通信试验予以确认。

2.2.3.1 连接至以太网

R-30iA、R-30iA Mate 上提供有 100BASE-TX 接口。连接到以太网中继电缆上时，使用 HUB（网络集线器）。下面示出通常的连接例。如图 2-55 所示，构建网络所需的设备（HUB、收发器等），有的没有采用防尘结构。如果在带有粉尘和油污的环境下使用这些设备，将会导致通信障碍和故障，所以要将这些设备设置在防尘机柜内。以太网电缆只向控制单元的前面引出，如图 2-56 所示，需要用缆夹等将电缆固定起来，以便在拉以太网电缆的前端时不会向电缆末端的连接器（RJ-45）施加张力。该缆夹兼用作电缆屏蔽的接地处理。

2.2.3.2 干扰处理

（1）电缆的线夹和屏蔽处理

以太网的双绞线电缆，与其他需要屏蔽处理的电缆一样，应按照图 2-57 所示方法予以夹紧。该缆夹除了用来支撑电缆外，还兼备屏蔽处理的功能，是确保系统稳定工作的极为重要的事项，因此务须执行。如图 2-57 所示，剥掉电缆的部分包覆层，使屏蔽套外露，用缆夹配件将该部分按压到接地板上。

（2）网络接地

即使在符合机器人侧的接地条件的情形下，根据机器人的设置条件和周围环境，来自机器人的噪声有时也会串入通信线路，进而发生通信故障。为了预防此类噪声的串入，有效的做法是使机器人侧与以太网干线电缆之间、电脑之间相互分离或绝缘，如图 2-58 所示。

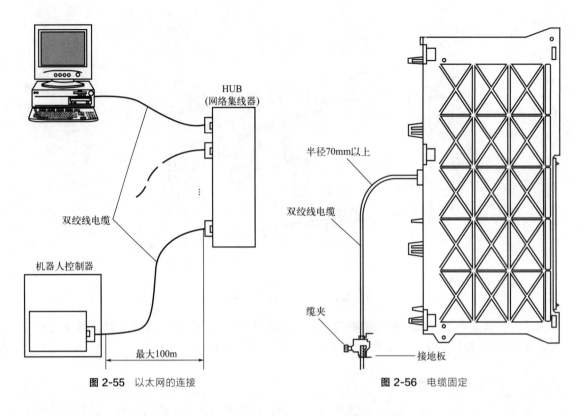

HUB
(网络集线器)

双绞线电缆

机器人控制器

最大100m

图 2-55 以太网的连接

半径70mm以上

双绞线电缆

缆夹

接地板

图 2-56 电缆固定

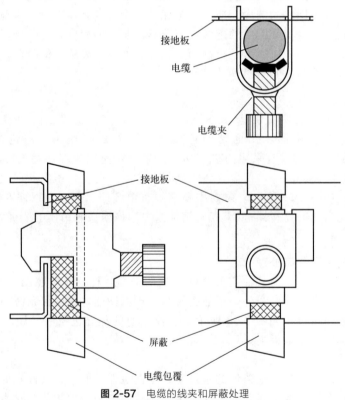

接地板

电缆

电缆夹

接地板

屏蔽

电缆包覆

图 2-57 电缆的线夹和屏蔽处理

FANUC 工业机器人
装调与维修

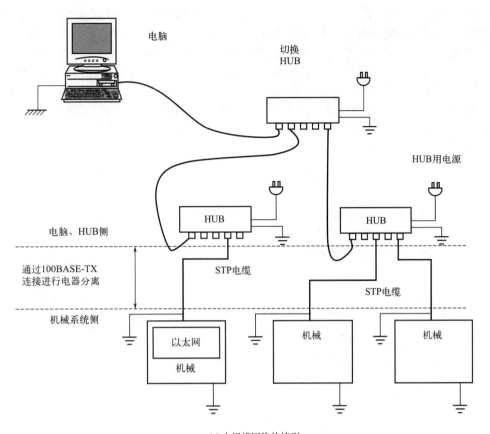

(a) 大规模网络的情形

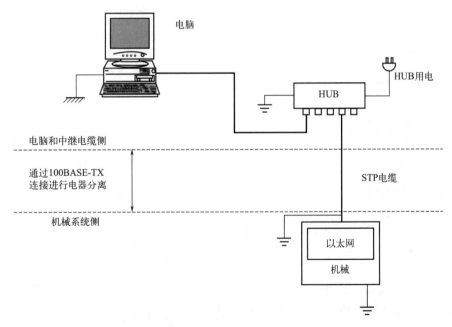

(b) 小规模网络的情形

图 2-58 网络接地

电脑、HUB 侧与机器人系统侧的接地，应采用不同的路径，使其处在相互分离的状态。此外，当接地只能设置在一处而不能分离时，电脑、干线侧接地线与机器人系统侧的接地线，在接地点之间要分别布线，并连接于接地点上。如图 2-59 所示接地电阻应在 100Ω 以下（第 D 类接地施工）。机器人控制器的接地线应具有与 AC 电源线同等以上的粗细，应达到 5.5mm^2 以上。连接 HUB 和 HUB 的段数，因其 HUB 的种类而受到限制，即便使用前面所述的 100BASE-TX 的绝缘或分离方法，由于噪声的影响，有时也会出现不能正常通信的情形。在如此恶劣的环境条件中使用时，应使用 100BASE-FX（光纤介质），研究使机器人侧和电脑侧完全分离的方法。

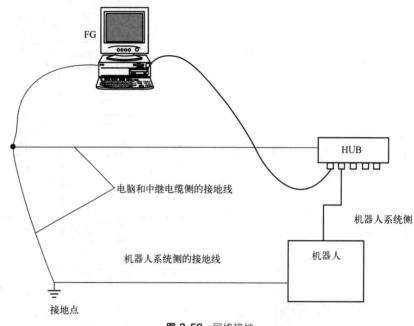

图 2-59 网络接地

2.2.4 超程/急停的解除

2.2.4.1 外围设备接口的处理
在不使用 XIMSTP、XHOLD、XSFSD、ENBL 信号时，按照图 2-60 所示方式进行处理。

2.2.4.2 解除制动器
(1) 工业机器人本体制动器的解除
按照如下步骤使用制动器解除单元，制动器解除单元示意图如图 2-61 所示，其连接方法如图 2-62 所示。
① 为了预防制动器开启时重力轴的落下和平衡单元的反弹力引起预料外的动作，需要对机臂进行固定。
② 将制动器解除单元连接电缆连接到制动器解除单元上。

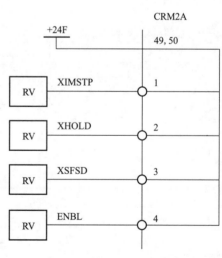

图 2-60 外围设备接口的处理

③ 拆除机器人的 J1 基座的 RM1 连接器，连接制动器解除单元连接电缆。RM1 以外的机器人连接电缆与机器人进行连接。

④ 将电源电缆连接到电源上。

⑤ 将紧急时自动停机开关保持在中间点。

⑥ 根据解除制动器的轴，按下 "1" ～ "6" 的制动器开关时，制动器即被解除。勿同时解除 2 个以上的轴。

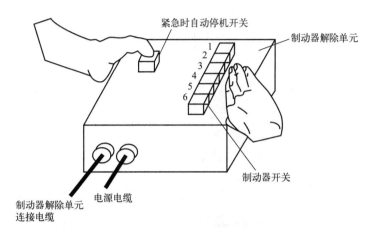

图 2-61 制动器解除单元

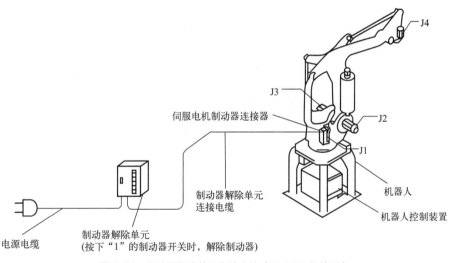

图 2-62 制动器解除单元连接方法（M-410iB 的情形）

（2）附加轴制动器的解除

① 为了预防制动器解除时的重力轴落下和预料外的动作而对附加轴进行固定。

② 将制动器解除单元连接电缆连接到制动器解除单元上，如图 2-63 所示。

③ 拆除连接着控制装置内部的附加轴制动器电缆的连接器（CRR65A/B），连接制动器解除单元连接电缆。将所有的电机连接电缆与电机连接起来。

④ 将电源电缆连接到电源上。

⑤ 将紧急时自动停机开关保持在中间点。

⑥ 按下 "1" 的制动器开关时，制动器即被解除。

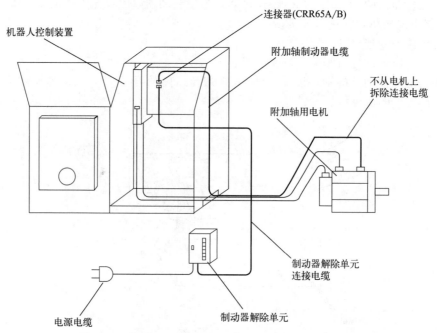

机器人控制装置

连接器(CRR65A/B)

附加轴制动器电缆

不从电机上
拆除连接电缆

附加轴用电机

制动器解除单元
连接电缆

电源电缆

制动器解除单元

图 2-63 制动器解除单元连接方法（使用于附加轴的情形）

第3章　工业机器人本体的拆装与调整

3.1　工业机器人本体的拆装

工业机器人在生产中，一般需要配备除了自身性能特点要求作业外的外围设备，如转动工件的回转台、移动工件的移动台等。这些外围设备的运动和位置控制都需要与工业机器人相配合并要求相应的精度。通常机器人运动轴按其功能可划分为机器人轴、基座轴和工装轴，基座轴和工装轴统称外部轴，如图3-1所示。

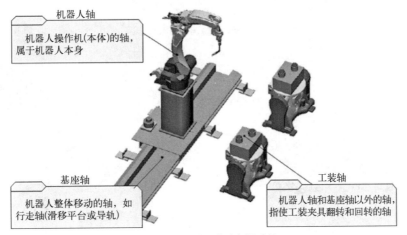

机器人轴
机器人操作机(本体)的轴，属于机器人本身

基座轴
机器人整体移动的轴，如行走轴(滑移平台或导轨)

工装轴
机器人轴和基座轴以外的轴，指使工装夹具翻转和回转的轴

图 3-1　机器人系统中各运动轴

3.1.1　拆装方法

不同的工业机器人拆装方法虽然有异，但差别不太大。机器人操作机上的轴，属于机器人本身，目前工业机器人大多采用6轴关节型，如图3-2所示。

3.1.1.1　拆装前的准备

装配前应了解设备的结构、装配技术和工艺说明书等。

(1) 资料

包括总装图、部件装配图、零件图、物料BOM等，直至项目结束，必须保证图样的完整性、整洁性、过程信息记录的完整性。零件尺寸记录不清楚时，应当测量配合面的尺寸后再安装。

(2) 场所

零件摆放、部件装配必须在规定场所内进行，整机摆放与装配的场地必须规划清晰，直

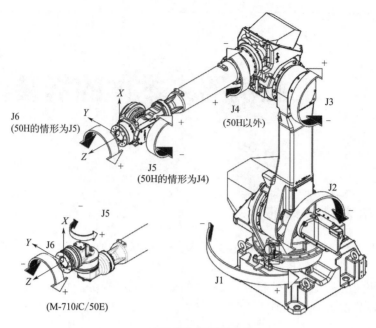

(a) FANUC工业机器人坐标系

J6
(50H的情形为J5)

J4
(50H以外)

J3

J5
(50H的情形为J4)

J2

J5

J6

(M-710iC/50E)

J1

※此姿势全轴都成为0°

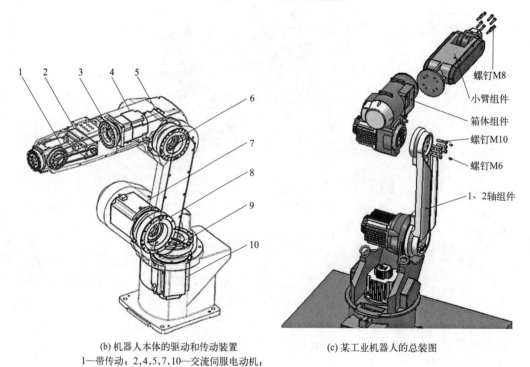

(b) 机器人本体的驱动和传动装置
1—带传动；2,4,5,7,10—交流伺服电动机；
3,6,8,9—RV摆线针轮减速器

(c) 某工业机器人的总装图

螺钉M8
小臂组件
箱体组件
螺钉M10
螺钉M6

1、2轴组件

图 3-2 6轴关节型工业机器人

至整个项目结束，所有作业场所必须保持整齐、规范、有序。

(3) 物料

作业前，按照装配流程规定的装配物料必须按时到位，如果有部分非决定性材料未到位，可以改变作业顺序，然后填写材料单进行采购。

3.1.1.2 电机与减速器的更换方法

（1）电机的更换

① 把百分表装在将要更换的电机轴上，做好进行单轴零点标定的准备。

② 切断控制装置的电源。

③ 取下 M8×12 螺栓，然后取下电机盖板。

④ 取下电池箱安装板之后，取下 M6×10 螺栓，然后取下配线箱，如图 3-3 所示。

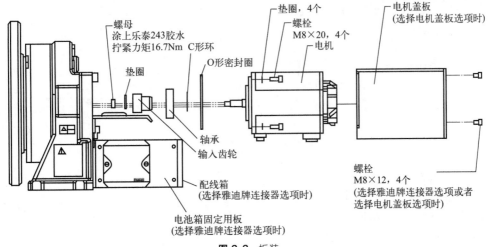

图 3-3 拆装

⑤ 取下电机的连接器。

⑥ 取下电机安装螺栓 M8×20 和垫圈，然后取下电机。

⑦ 在新的电机上换装输入齿轮，然后按照相反的步骤进行装配。把 O 形密封圈换成新的，然后把它装在规定的位置，如图 3-4 所示。

⑧ 向润滑脂槽注入指定润滑脂。

⑨ 进行单轴零点标定。

（2）减速器的更换

① 取下电机，如图 3-5 所示。

② 取下盖板、螺栓、垫圈板、绝缘体A、绝缘体B、轴环、法兰盘和绝缘体。

③ 从减速器上拉出管。

④ 取下将减速器固定在机座上的螺栓 M10×45 和垫圈，然后从机座上取下减速机。

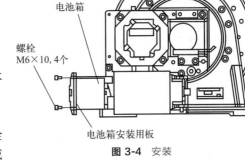

图 3-4 安装

⑤ 取下齿轮。

⑥ 然后按照相反的步骤进行装配，把 O 形密封圈换成新的，然后装在规定的位置。注意不要损坏油封。

⑦ 装上电机。

⑧ 向润滑脂槽注入指定润滑脂。

⑨ 进行单轴零点标定。

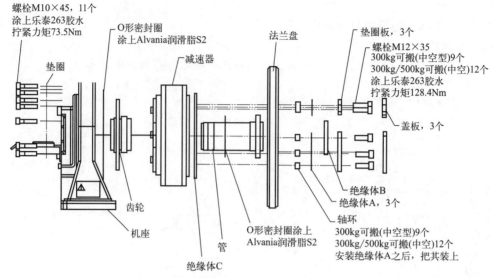

图 3-5　减速器的更换

3.1.1.3　电缆的更换方法

① 确认已经设定了简易零点标定的参考点。

② 切断控制装置的电源。

③ 把电机盖板取下，如图 3-6 所示。

④ 取下电池箱固定板的 M6×10 的螺栓，连同电池一起取下固定板。此时，注意不要因为拉出电池连接电缆而发生断线，如图 3-7 所示。

⑤ 取下配线箱安装螺栓 M8×12，然后取下配线箱，如图 3-7 所示。

⑥ 取下电机的连接器，然后取下电缆。

⑦ 从配线箱上取下电缆。

⑧ 取下电池连接电缆。

⑨ 取下接地线。

⑩ 按照相反的步骤进行新的电缆的装配。安装的时候，注意电缆不要被夹断。注意不要因为拉出电缆而发生断线。

⑪ 进行简易零点标定。

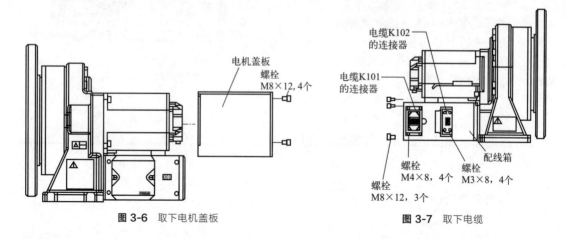

图 3-6　取下电机盖板　　　　　　　图 3-7　取下电缆

3.1.2 各坐标轴的拆装

3.1.2.1 机器人J1轴
机器人J1轴具有高精度光电编码器，主要由吊环、RV减速器、电机所构成，其结构如图3-8所示。J1轴吊环主要用于机器人出厂及现场搬运时用。

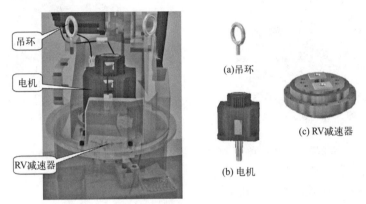

图3-8 机器人J1轴的构造

（1）安装准备
工业机器人J1轴安装所需的相关零部件、工装、工具和耗材有底座、转盘、J1轴RV减速器、J1轴电动机、螺钉、垫木、扭力扳手、游标卡尺、深度尺、吹气枪、黄油枪、旋具、扳手、工业擦拭纸、螺纹紧固剂、密封胶、润滑脂等。

（2）安装
机器人J1轴安装的结构图，如图3-9所示，其安装步骤如下。

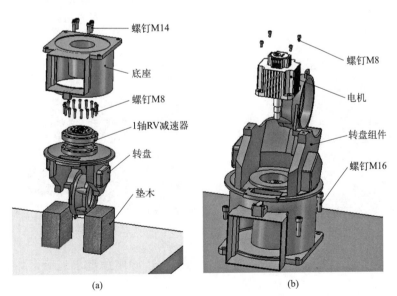

图3-9 机器人J1轴安装结构图

① 放置垫木和转盘。把垫木放平，将转盘放置在垫木上，如图3-9（a）所示。
② 安装O型圈。在J1轴RV减速器上安装好O型圈，并在安装止口面上涂适量的润

滑脂。

③ 安放 RV 减速器。将 RV 减速器孔位对准 J1 轴的孔位，如图 3-10 所示。把 RV 减速器轻轻压入转盘的 RV 安装止口，按要求配合好，注意保证垂直。安装面应光滑无毛刺、磕碰、变形，安装面之间充分接触可更好传递扭矩，避免受力不均引起抖动。

图 3-10　安放 RV 减速器

图 3-11　固定 RV 减速器

④ 固定 RV 减速器。选取六角螺钉，采用对角固定法先固定减速器的两处对角位置，防止脱落，不需拧紧。将剩余 14 处螺钉依次拧上，不需拧紧。螺钉全部安装完成后，采用扭力扳手分别将螺钉拧紧，如图 3-11 所示。

⑤ 检查 RV 减速器输出端平面。减速器输出端平面应确认光滑无毛刺、磕碰、变形，用擦拭纸擦拭干净。沿着减速器输出端安装面涂上密封胶，要求厚薄均匀。涂密封胶的作用是让减速器内的油不从输出端漏出。

⑥ 检查底座安装面。底座安装面应光滑无毛刺、磕碰、变形，并用擦拭纸擦拭干净。

⑦ 安放底座。底座倒放轻轻压入减速器输出端止口，配合为 $\phi 182 H7/h7$，注意保证垂直，对准安装螺纹孔，如图 3-9(a) 所示。安装面应光滑无毛刺、磕碰、变形，安装面之间充分接触可更好地传递扭矩，避免受力不均引起抖动。

⑧ 放置底座。选取螺钉，采用对角固定法先固定底座的两处对角位置，防止脱落，不需拧紧。将剩余 4 处螺钉依次拧上，不需拧紧。螺钉全部安装完成后，采用扭力扳手分别将 6 处螺钉拧紧，如图 3-12 所示。

图 3-12　放置底座

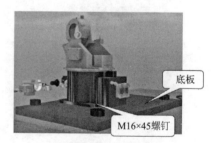

图 3-13　固定底座

⑨ 翻转机构。安装完成后，把机构翻转 180°，让底座放置于地面，并放置平稳，如图 3-9(b) 所示。

⑩ 固定底座。将底座固定于底板上，选取螺钉将其固定，如图 3-13 所示。

⑪ 加注黄油。用黄油枪从上端往 RV 减速器内加注黄油，边加注边手动旋转转盘，来回旋转不小于 3 圈。打油要缓慢，同时旋转是为了黄油能充分进入减速器内。

⑫ 调试零点位置。将 J1 轴机壳上的箭头标识对准底座上的零点，如图 3-14 所示。

图 3-14 调试零点位置

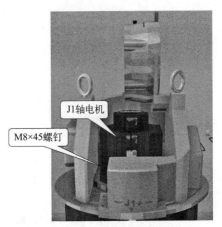

图 3-15 固定电机

⑬ 安放电机。把安装好 RV 减速器输入轴的 J1 轴电机，垂直装入减速器中，保证输入轴与 RV 减速器内的齿轮啮合。把电机轻轻压入转盘的止口，按要求配合好，并对准螺纹。电机和 RV 减速器的位置关系见图 3-16。一定要保证输入轴同时和两对齿轮啮合。

⑭ 固定电机。选取螺钉将电机固定，用对交叉的方法安装螺钉，并用扭力扳手锁紧，如图 3-15 所示。电机安装完成后，需电机驱动才能转动。

3.1.2.2 机器人 J2 轴

机器人 J2 轴由 RV 减速器、电机与机械臂所构成，如图 3-16 所示。

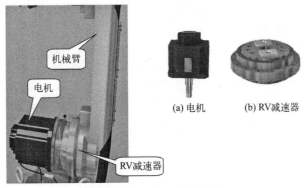

图 3-16 机器人 J2 轴的构造

（1）安装准备

工业机器人 J2 轴安装所需的相关零部件、工装、工具和耗材为转盘组件、大臂、轴 RV 减速器、电动机、吊环、防撞块、螺钉、扭力扳手、量具、吹气枪、旋具、扳手、工业擦拭纸、螺纹紧固剂、密封胶等。检查转盘和 RV 减速器的安装面，要求光滑无毛刺、磕碰、变形。

（2）安装

机器人 J2 轴安装如图 3-17 所示，其安装步骤如下。

① 安装 O 型圈。检查 RV 减速器安装好 O 型圈，在安装止口面涂上适量的润滑脂。

② 安放 RV 减速器。把 RV 减速器轻轻压入转盘的 RV 安装止口，按要求配合好，注意保证垂直，对准安装螺纹孔。

③ 固定 RV 减速器。选取螺钉固定 RV 减速器，用对交叉的方法安装螺钉，并用扭力扳手锁紧，如图 3-18 所示。

④ 安装吊环。将两个吊环安装在转盘上，注意保证螺纹到底。

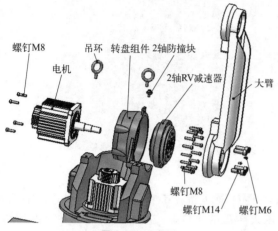

图 3-17　安装图

图 3-18　固定 RV 减速器

⑤ 检查 RV 减速器输出轴端面。RV 减速器输出端平面确认光滑无毛刺、磕碰、变形，用擦拭纸擦拭干净。用密封胶沿着减速器输出端安装面涂上，要求厚薄均匀。涂密封胶的作用是让减速器内的油不从输出端漏出。

⑥ 检查大臂安装面。检查大臂安装面光滑无毛刺、磕碰、变形。

⑦ 安放大臂。大臂竖直，横向轻轻压入 RV 减速器输出端止口，按要求配合好，注意保证垂直，对准安装螺纹孔。

⑧ 加注黄油。用黄油枪从大臂注油孔往 RV 减速器内加注黄油。并用螺钉把大臂两油孔锁上。黄油加注量过多，会使减速器运行时发热过大；若过少，减速器得不到充分润滑。

⑨ 调整 J2 轴零点位置。将 J2 轴机壳上的箭头标识，对准 J1 轴上的零点位置，如图 3-19 所示。

⑩ 安放电机。把安装好 RV 输入轴的电机，水平装入 RV 减速器中，保证输入轴与 RV 减速器内的齿轮啮合。把电机轻轻压入转盘的止口，按要求配合好，并对准螺纹。一定要保证输入轴同时和两对齿轮啮合。

⑪ 固定电机。选取螺钉固定，用对交叉的方法安装螺钉，并用扭力扳手锁紧，如图 3-20 所示。

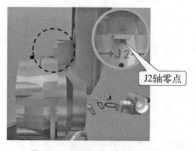

图 3-19　调整 J2 轴零点位置

图 3-20　固定电机

3.1.2.3 机器人 J3 轴

机器人 J3 轴主要由走线管、RV 减速器、电机所组成，如图 3-21 所示。走线管用于保护 3 轴到 6 轴电机电源、编码线，防止磨损或碰撞。J3 轴电动机与 J2 轴电动机型号一般相同。

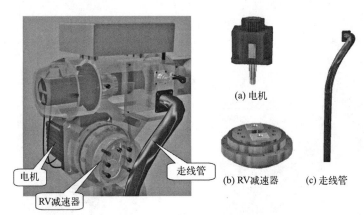

(a) 电机

(b) RV减速器　(c) 走线管

图 3-21 机器人 J3 轴的构造

(1) 安装准备

工业机器人 J3 轴安装所需的相关零部件、工装、工具和耗材有箱体、J3 轴电动机、RV 减速器、防撞套、大臂、螺钉、扭力扳手、量具、吹气枪、旋具、扳手、工业擦拭纸、螺纹紧固剂、密封胶、润滑脂等。

(2) 安装

机器人 J3 轴安装图，如图 3-22 所示。安装前检查箱体和 J3 轴 RV 减速器的安装面光滑无毛刺、磕碰、变形。其安装步骤如下。

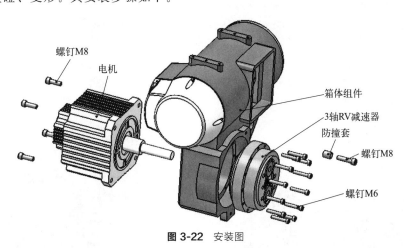

图 3-22 安装图

① 安装 O 型圈。检查 RV 减速器安装好 O 型圈，在安装止口面涂上适量的润滑脂。

② 安放 RV 减速器。把 RV 减速器轻轻压入箱体组件的 RV 安装止口，配合为 $\phi 128H7/h6$，注意保证垂直，对准安装螺纹孔。安装面应光滑无毛刺、磕碰、变形，安装面之间充分接触可更好传递扭矩，避免受力不均引起抖动。

③ 固定 RV 减速器。选取螺钉固定 RV 减速器，用对交叉的方法安装螺钉，并用扭力扳手锁紧，如图 3-23 所示。

④ 检查安装面。检查大臂和 J3 轴 RV 减速器安装面光滑无毛刺、磕碰、变形。用密封胶沿着 RV 减速器输出端安装面涂上，要求厚薄均匀。涂密封胶的作用是让减速器内的油不从输出端漏出。

⑤ 安放 J3 轴。箱体组件的减速器面竖直，横向轻轻压入大臂配合止口，按要求配合好，注意保证垂直，对准安装螺纹孔。

⑥ 固定 J3 轴。选取螺钉固定 J3 轴，用对交叉的方法安装螺钉，并用扭力扳手锁紧，如图 3-24 所示。减速器安装的关键就是要保证传动配合面接触率大，传递扭矩均匀。

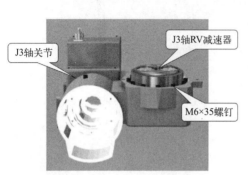

图 3-23　固定 RV 减速器

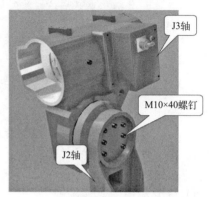

图 3-24　固定 J3 轴

⑦ 加注黄油。用黄油枪从大臂注油孔往减速器内加注黄油，并用 M6 的螺钉把大臂两油孔锁上。黄油加注量过多，会使减速器运行时发热过大；若过少，减速器得不到充分润滑。

⑧ 调试 J3 轴零点位置。对 J3 轴进行左右旋转，确认其灵活度，将 J3 轴机壳上的箭头标识对准大臂上的零点，如图 3-25 所示。

⑨ 安放电机。把安装好 RV 输入轴的电机，水平装入 RV 减速器中，保证输入轴与 RV 减速器内的齿轮啮合。把电机轻轻压入转盘的止口，按要求配合好，并对准螺纹。一定要保证输入轴同时和两对齿轮啮合。

⑩ 固定电机。选取 4 根 M8×30 螺钉固定电机，用对交叉的方法安装螺钉，并用扭力扳手锁紧，如图 3-26 所示。

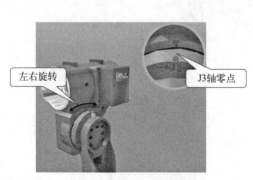

图 3-25　调试 J3 轴零点位置

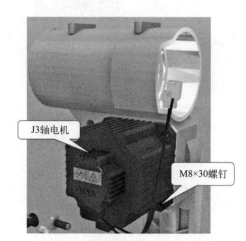

图 3-26　固定电机

3.1.2.4 机器人 J4 轴

机器人 J4 轴主要由机械臂、谐波减速器、交流伺服电机所组成，采用光电编码器进行元件反馈，如图 3-27 所示。

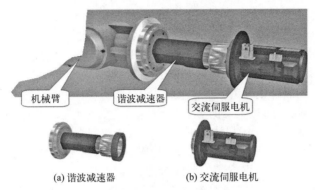

(a) 谐波减速器   (b) 交流伺服电机

图 3-27 机器人 J4 轴的构造

（1）安装准备

工业机器人 J4 轴安装所需的相关零部件、工装、工具和耗材件有法兰盘、转轴、轴承、箱体、柔轮、刚轮、电机连接板、波发生器、J4 轴电动机、箱体后盖、小臂、螺钉、扭力扳手、量具、吹气枪、锤子、旋具、扳手、工业擦拭纸、螺纹紧固剂、密封胶、润滑脂等。

（2）安装

机器人 J4 轴安装图如图 3-28 所示。安装面应光滑无毛刺、磕碰、变形，安装面之间充分接触可更好地传递扭矩，避免受力不均引起抖动。

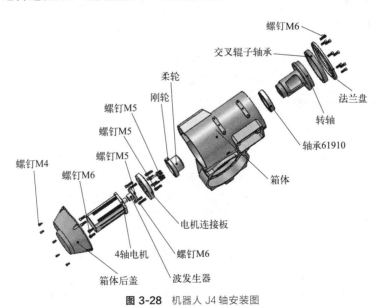

图 3-28 机器人 J4 轴安装图

① 检查安装面。检查各零件和轴承的安装面光滑无毛刺、磕碰。

② 安装轴承 61910。轴承 61910 外圈涂上适量润滑油，轴承外圈平稳放到箱体配合处，用轴承压套和锤子，把轴承敲到位。轴承 61910 内圈涂上适量润滑油，把转轴装入轴承处，可使用锤子敲入到位。转轴与轴承的位置关系见图 3-28。

③ 安装交叉辊子轴承。交叉辊子轴承内外圈涂上适量润滑油，轴承内圈与转轴配合，外圈与箱体配合，用轴承压套和锤子，把轴承敲到位。交叉辊子轴承与转轴的位置关系见图 3-28。安装过程要注意不要敲打到滚珠或保持架，敲打过程圆周用力均匀，确认轴承安装到位。

④ 安装法兰盘。把法兰盘止口压入箱体配合处，并对准螺纹。用对交叉的方法安装螺钉，并用扭力扳手锁紧。法兰盘与箱体的位置关系见图 3-28。

⑤ 安放柔轮和刚轮。J4 轴谐波减速器刚轮外圈涂上适量润滑油，刚轮和柔轮组件配合安装到箱体内，并对准刚轮的螺纹孔。刚轮安装到位后，通过旋转转轴调整，使柔轮的螺纹孔对准。柔轮和刚轮与箱体的位置关系见图 3-28。

⑥ 固定柔轮和刚轮。用对交叉的方法安装柔轮上的螺钉，并用扭力扳手锁紧。用对交叉的方法安装刚轮上螺钉，并用扭力扳手锁紧。其中未拧螺钉的孔位是用于拆卸时顶出使用，如图 3-29 所示。安装后手动旋转转轴，检查谐波减速器刚轮和柔轮的啮合是否顺畅。若明显不顺畅，应把谐波减速器重新安装或考虑更换。

⑦ 注润滑油。往谐波减速器的柔轮内装入适量润滑油，约占空间的 50%。

⑧ 安装机器人小臂。安装 J4 轴机器人小臂，将小臂安装止口与箱体组件配合，选取螺钉用对交叉的方法固定小臂，并用扭力扳手锁紧，如图 3-30 所示。

图 3-29　固定柔轮和刚轮

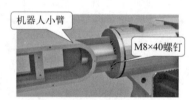

图 3-30　安装机器人小臂

⑨ 调试 J4 轴零点位置。对小臂进行左右旋转，确认其灵活度，将 J4 轴机壳上的箭头标识对准小臂上的零点，调试 J4 轴零点位置，如图 3-31 所示。

图 3-31　调试 J4 轴零点位置

⑩ 安装电机连接板。把电机连接板止口压入箱体配合处，并对准螺纹。用对交叉的方法安装螺钉，并用扭力扳手锁紧。

⑪ 连接波发生器和电机轴。波发生器内孔涂上适量润滑油，把波发生器套入 J4 轴电机轴，可使用锤子敲入到位。波发生器和电机轴的位置关系见图 3-28。不要把电机竖起来敲打，以防损伤电机编码器。

⑫ 锁紧波发生器和电机轴。用螺钉把波发生器和电机轴锁紧。安装时注意配合公差适当，过小拆装困难，过大会导致传动打滑。

⑬ 安装波发生器和电机。边手动旋转转轴，边让电机带着波发生器旋转配合安装到柔轮内，电机止口与电机连接板配合，最后电机法兰端面到位，螺纹孔对准。把挤出来的润滑脂抹掉。边旋转边装配波发生器是为了保证波发生器更容易安装到柔轮内，同时与柔轮配合均匀。

⑭ 固定电机。用对交叉的方法安装螺钉，固定电机，并用扭力扳手锁紧，如图 3-32 所示。

⑮ 安装箱体后盖。用对交叉的方法安装螺钉，把箱体后盖安装到箱体上，如图 3-33 所示。

图 3-32　固定电机

图 3-33　安装箱体后盖

3.1.2.5　机器人 J5 轴

如图 3-34 所示，工业机器人 J5 轴主要由谐波减速器、交流伺服电机、皮带组成。机器人 J5 轴谐波减速器采用谐波发生器主动、刚性齿轮固定、柔性齿轮输出的形式，皮带与谐波减速器配合，驱动 J5 轴关节动作。

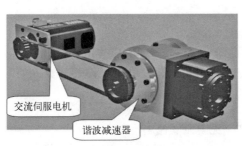

图 3-34　机器人 J5 轴的构造

（1）手腕安装准备

工业机器人小臂-手腕安装所需的相关零部件、工装、工具和耗材有轴承、轴、平键、波发生器、隔套、孔用轴承挡圈、法兰盘、同步带轮、螺钉、齿轮轴、轴承座、内外衬套、盖、内衬套、腕体、连接法兰、端盖、支撑轴、支座、柔轮、刚轮、圆柱销、小臂、套、调整垫片、轴承压套、锥齿轮压入套、扭力扳手、游标卡尺、深度尺、吹气枪、锤子、手动压力机、卡簧钳、旋具、扳手、工业擦拭纸、螺纹紧固剂、密封胶、润滑脂。

（2）机器人 J5 轴输入谐波组件组装

机器人 J5 轴输入谐波组件的安装图见图 3-35。安装面应光滑无毛刺、磕碰、变形，安装面之间充分接触可更好地传递扭矩，避免受力不均引起抖动。

① 检查安装面。检查各零件和轴承的安装面光滑无毛刺、磕碰。

② 安装平键。把轴输出端放平在安装台上，让键槽段水平向上。通过锤子，把平键安装到轴内。敲入过程注意手感，检

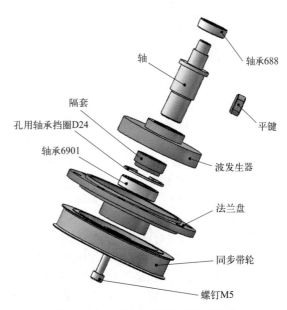

图 3-35　机器人 J5 轴输入谐波安装图

查轴孔和键槽的配合是否合适。

③ 安装波发生器。把波发生器安装到齿轮轴上，注意对准键槽部位，可用锤子轻轻敲入。安装后检查波发生器与齿轮轴是否有间隙。装配时用力应适中。

④ 安装隔套。隔套放到波发生器端。

⑤ 安装轴承。在轴承外圈涂上适量润滑油，轴承外圈平稳放到法兰盘配合处，通过轴承压套和锤子，将轴承敲到位，安装可使用手动压力机。

⑥ 安装孔用轴承挡圈 D24。用卡簧钳把孔用轴承挡圈 D24 安装到法兰盘内，保证压住轴承外圈，不与内圈和滚珠干涉。

⑦ 安装轴。在轴承内圈涂上适量润滑油，把轴配合段用手轻轻压入，然后通过轴承压套和锤子，将轴承敲到位，安装可使用手动压力机。

⑧ 安装同步带。把同步带轮安装到轴上，可用锤子轻轻敲入。敲入过程注意手感，检查轴孔配合是否合适。

⑨ 安装螺钉。把螺钉带到齿轮轴上，并用扭力扳手锁紧。

⑩ 安装轴承 688。在轴承 688 内圈涂上适量润滑油，轴承内圈平稳放到轴配合处，通过轴承压套和锤子，将轴承压到位。

(3) 机器人 J6 轴输入锥齿轮组件组装

机器人 J6 轴输入锥齿轮组件图见图 3-36，安装面应光滑无毛刺、磕碰、变形，安装面之间充分接触可更好地传递扭矩，避免受力不均引起抖动。

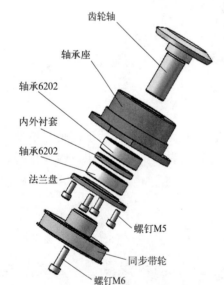

齿轮轴
轴承座
轴承6202
内外衬套
轴承6202
法兰盘
螺钉M5
同步带轮
螺钉M6

图 3-36 机器人 J6 轴输入锥齿轮组件图

① 检查安装面。检查各零件和轴承的安装面光滑无毛刺、磕碰。

② 安装轴承。在轴承外圈涂上适量润滑油，轴承外圈平稳放到轴承座配合处，通过轴承压套和手动压力机，将轴承敲到位。

③ 安装第二个轴承。把内外衬套放入，把第二个轴承压入轴承座。确保轴承外圈都装到位。

④ 安放法兰盘。把法兰盘止口配合轴承座装入，螺纹孔对准。

⑤ 固定法兰盘。用对交叉的方法安装螺钉，并用扭力扳手锁紧。确保组件外圈没有窜动。

⑥ 安装齿轮轴。在齿轮轴承配合处涂上适量润滑油，用手轻压到轴承配合处，通过齿轮轴压入套和锤子，把齿轮轴敲到位。安装后转动齿轮轴，检查是否轻快顺畅。

⑦ 安放同步带轮。把同步带轮安装到齿轮轴上，可用锤子轻轻敲入。敲入过程注意手感，检查轴孔配合是否合适。

⑧ 固定同步带轮。把螺钉带到齿轮轴上，并用扭力扳手锁紧。安装后转动齿轮轴和同步带轮应该没有间隙，转动轻快、顺畅。

(4) 机器人 J6 轴输出锥齿轮组件组装

机器人 J6 轴输出锥齿轮组件图见图 3-37，安装面应光滑无毛刺、磕碰、变形，安装面之间充分接触可更好地传递扭矩，避免受力不均引起抖动。

① 检查安装面。检查各零件和轴承的安装面光滑无毛刺、磕碰。

② 安装轴承。轴承外圈涂上适量润滑油，轴承外圈平稳放到轴承座配合处，通过轴承

压套和锤子，将轴承安装到位。

③ 安装内衬套和第二个轴承。把内衬套放入，重复上个步骤，从轴承座的另外一端把第二个轴承压入轴承座。确保轴承外圈都到位。

④ 安装齿轮轴。锥齿轮轴承配合处涂上适量润滑油，用手轻压到轴承配合处，通过锥齿轮压入套和锤子，把锥齿轮敲到位。安装后转动齿轮轴，检查是否轻快顺畅。

⑤ 安装平键。把齿轮轴输出端放平在安装台上，让键槽段水平向上。通过锤子，把平键安装到齿轮轴内。

⑥ 安装波发生器。把波发生器安装到齿轮轴上，注意对准键槽部位，可用锤子轻轻敲入。敲入过程注意手感，检查轴孔和键槽的配合是否合适。安装后检查波发生器与齿轮轴的配合，应该是没有间隙的。装配时用力应适中。

⑦ 安装盖。把盖带到齿轮轴端，通过螺钉锁紧在齿轮轴。

⑧ 组合腕体。把以上装配好的组件通过轴承座的止口配合部位安装到腕体内，注意对准螺纹孔。必要时可使用锤子轻轻敲入。如果发现配合过松或过紧，就应当检查配合尺寸是否合适。

⑨ 锁紧腕体。用对交叉的方法安装螺钉，并用扭力扳手锁紧。

⑩ 检查波发生器旋转。转动波发生器，检查旋转是否轻快顺畅。

(5) 手腕输出端组件组装

手腕输出端组件图见图 3-38。安装面应光滑无毛刺、磕碰、变形，安装面之间充分接触可更好地传递扭矩，避免受力不均引起抖动。

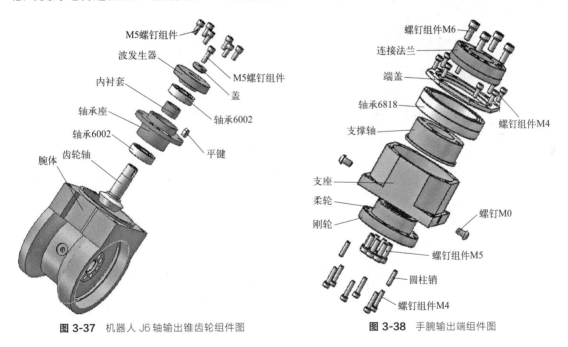

图 3-37　机器人 J6 轴输出锥齿轮组件图　　　　图 3-38　手腕输出端组件图

① 检查安装面。检查各零件和轴承的安装面光滑无毛刺、磕碰。

② 组合轴承和支撑轴。在轴承 6818 内圈涂上适量润滑油，轴承内圈平稳放到压入支撑轴配合处，通过轴承压套和锤子敲打，分两次把两轴承敲到位。

③ 安装轴承组件。在轴承外圈涂上适量润滑油，把轴承和支撑轴的组件平稳放到支座的配合处，通过轴承压套和锤子敲打，把组件敲入支座到位处。

④ 安装端盖。把端盖止口压入支座配合处，并对准螺纹。

⑤ 固定端盖。用对交叉的方法安装螺钉固定端盖，并用扭力扳手锁紧。

⑥ 安装连接法兰。将连接法兰止口压入支撑轴配合处，并对准螺纹。

⑦ 固定连接法兰。用对交叉的方法安装螺钉固定连接法兰，并用扭力扳手锁紧。安装后检查连接法兰是否压紧轴承内圈，安装后轴承位没有轴向和横向窜动。

⑧ 安装刚轮和柔轮。在谐波减速器刚轮外圈涂上适量润滑油，止口配合安装到支座内，并对准刚轮的销孔，刚轮安装到位后，通过旋转支撑轴调整，使柔轮的螺纹孔对准。

⑨ 固定柔轮。用对交叉的方法安装柔轮上螺钉固定柔轮，并用扭力扳手锁紧。

⑩ 安装圆柱销。通过塑料锤子，把圆柱销安装上。

⑪ 固定刚轮。用对交叉的方法安装刚轮上螺钉固定刚轮，并用扭力扳手锁紧。安装后手动旋转端盖，检查谐波减速器刚轮和柔轮的啮合是否顺畅。若明显不顺畅，应把谐波减速器重新安装或考虑更换。

⑫ 堵支座油孔。用螺钉把支座两油孔堵上。

⑬ 注润滑油。往谐波减速器的柔轮内装入适量润滑油，约占空间的 50%。

（6）手腕组装

手腕组件图见图 3-39，安装面应光滑无毛刺、磕碰、变形，安装面之间充分接触可更好传递扭矩，避免受力不均引起抖动。

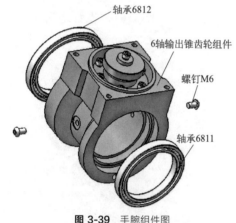

图 3-39 手腕组件图

① 检查安装面。检查 6 轴输出锥齿轮组件和轴承的安装面光滑无毛刺、磕碰。

② 安装轴承。在轴承 6811 外圈涂上适量润滑油，轴承外圈平稳放到 6 轴输出锥齿轮组件配合处，通过轴承压套和锤子敲打，使轴承到位。

③ 安装轴承 6812。在轴承 6812 外圈涂上适量润滑油，轴承外圈平稳放到 6 轴输出锥齿轮组件配合处，通过轴承压套和锤子敲打使轴承到位。

④ 检查轴承旋转。分别转动两轴承，检查旋转是否轻快顺畅。

⑤ 堵油孔。用螺钉把两油孔堵上。

（7）小臂-手腕组装

小臂-手腕组件图见图 3-40，安装面应光滑无毛刺、磕碰、变形，安装面之间充分接触可更好地传递扭矩，避免受力不均引起抖动。

① 检查安装面。检查各零件和轴承的安装面是否光滑，无毛刺、磕碰。

② 安装套。把套压入手腕装配组件内，可通过锤子轻敲到位。

③ 安装手腕装配组件。把手腕装配组件放到小臂中心处，谐波减速器的刚轮和柔轮组件通过小臂安装到手腕装配组件的配轴承内，可以通过锤子轻敲以保证到位。

④ 安装柔轮。转动手腕装配组件，让柔轮螺纹对准，用对交叉的方法安装螺钉，并用扭力扳手锁紧。柔轮是力传动件，前端面的贴合力求均匀、与刚轮之间没有错齿。

⑤ 注润滑油。往谐波减速器的柔轮内装入适量润滑油，约占空间的 50%。

⑥ 安装 J5 轴输入谐波组件。边旋转 J5 轴输入谐波组件的同步带轮，边让 J5 轴输入谐波组件的波发生器旋转配合安装到柔轮内，把挤出来的润滑脂抹掉。边旋转边装波发生器是为了保证波发生器更容易安装到柔轮内，同时与柔轮配合均匀。

⑦ 固定 J5 轴输入谐波组件。转动 J5 轴输入谐波组件，对准螺纹孔，用对交叉的方法安

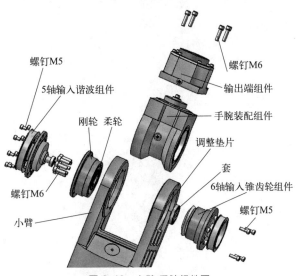

图 3-40 小臂-手腕组件图

装螺钉，并用扭力扳手锁紧。

⑧ 检查 J5 轴输入谐波组件转动。转动 J5 轴输入谐波组件的同步带轮，让手腕装配组件在其运动范围内转动一遍。这一过程感觉手部用力应该一致、没有突变，而且转动灵活。如果受力明显不一致，应当拆下 5 轴输入谐波组件重新检查安装，还不行就考虑更换谐波减速器。若受力不均安装后会引起机械抖动。

⑨ 涂润滑脂。往腕部内添加润滑脂，约占空间的 50%。注意润滑脂尽量涂抹到锥齿轮周围。

⑩ 安装调整垫片和 J6 轴输入锥齿轮组件。将 J6 轴输入锥齿轮组件连同调整垫片，通过止口配合装入手腕装配组件，安装时注意公差配合是否合适，对准安装螺纹孔。可以使用锤子。在安装的末段，边旋转同步带轮边往里压，注意保证锥齿轮正确啮合。安装完毕后，转动同步带轮，看手腕装配组件输出端的波发生器是否跟着旋转，同时通过手感检查锥齿轮的啮合间隙是否合适，如果不合适应当拆下 6 轴输入锥齿轮组件，更换调整垫片再重装。安装的关键就是保证锥齿轮适当啮合，齿轮啮合过紧会引起抖动、发热、齿轮加快磨损等问题。齿轮啮合过松又会增加机构的反向间隙，影响精度。

⑪ 固定 J6 轴输入锥齿轮组件。用对交叉的方法安装螺钉固定 J6 轴输入锥齿轮组件，并用扭力扳手锁紧。

⑫ 安装手腕输出端组件。把手腕输出端组件安装到手腕装配组件上。安装时应当旋转 J6 轴输入同步带，让手腕输入波发生器缓慢旋转，输出端组件的柔轮顺着旋转跟波发生器配合装入。装入的末段，输出端组件的止口应当跟手腕部位配合尺寸适当，最后贴紧。这里边旋转边装配波发生器也是为了保证波发生器更容易安装到柔轮内，同时与柔轮配合均匀。

⑬ 固定手腕输出端组件。用对交叉的方法安装螺钉，并用扭力扳手锁紧。把装配好的组件外部挤出的润滑油抹掉。

⑭ 检查 J5、J6 轴同步带轮旋转。最后分别转动 J5、J6 轴同步带轮，应该感觉用力均匀，转动灵活。

（8）机器人 J5 轴安装准备

工业机器人 J5 轴安装所需的相关零部件、工装、工具和耗材有小臂组件、J5 轴同步带、J5 轴输入同步带轮、J5 轴电动机、螺钉、电机连接板、轮带张紧力检具、扭力扳手、量具、吹气枪、锤子、卡簧钳、旋具、扳手、工业擦拭纸、螺纹紧固剂等。

（9）机器人 J5 轴安装

机器人 J5 轴和 J6 轴安装图见图 3-41。安装面应光滑无毛刺、磕碰、变形，安装面之间充分接触可更好地传递扭矩，避免受力不均引起抖动。

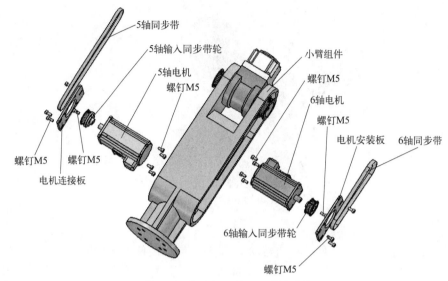

图 3-41 机器人 J5 轴和 J6 轴安装图

① 检查安装面。检查同步带轮、电机安装板和电机轴的安装面是否光滑无毛刺、磕碰。

② 安装电机连接板。使用 3 根 M5×15 螺钉固定电机连接板，无须拧紧，以便于后期调整，如图 3-42 所示。

③ 连接同步带轮和电机。将 J5 轴同步带轮安装到 J5 轴电机轴上，可用锤子轻敲到位，但注意不要把电机竖起来敲打，以防损伤电机编码器。安装时注意配合公差适当，过小拆装困难，过大会导致传动打滑。

④ 锁紧同步带轮和电机。用螺钉把 J5 轴同步带轮和 J5 轴电机轴锁定。锁紧时可用卡簧钳夹住同步带轮端部的孔，避免锁紧时电机轴转动。

⑤ 安装电机。将组装好的 J5 轴电机固定于连接板上，用螺钉锁定，如图 3-43 所示。

图 3-42 安装电机连接板

图 3-43 安装电机

3.1.2.6 机器人 J6 轴

机器人 J6 轴比拟为人腕部，能使抓取物正反 360°旋转，方便灵活。主要由谐波减速器、交流伺服电机、带构成，如图 3-44 所示。机器人 J6 轴电机为交流伺服电机，通过带与谐波减速器配合驱动 6 轴关节运动。

（1）安装准备

工业机器人 J6 轴安装所需的相关零部件、工装、工具和耗材有小臂组件、J6 轴电机、

(a) 谐波减速器

(b) 交流伺服电机

图 3-44 机器人 J6 轴的构造

螺钉、电机安装板、J6 轴同步带、J6 轴输入同步带轮、轮带张紧力检具、扭力扳手、量具、吹气枪、锤子、卡簧钳、旋具、扳手、工业擦拭纸、螺纹紧固剂等。

（2）安装

机器人 J6 轴安装图如图 3-45 所示。

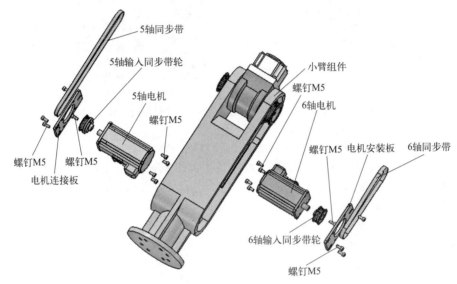

图 3-45 机器人 J5 轴和 J6 轴安装图

① 安装电机连接板。使用螺钉固定电机连接板，无须拧紧，便于后期调整，如图 3-46 所示。

② 连接同步带轮和电机。将 J6 轴同步带轮安装到 J6 轴电机轴上，可用锤子轻敲到位，但注意不要把电机竖起来敲打，以防损伤电机编码器。安装时注意配合公差适当，过小拆装困难，过大会导致传动打滑。

③ 锁紧同步带轮和电机。用螺钉把 J6 轴同步带轮和 J6 轴电机轴锁定。锁紧时可用卡簧钳夹住同步带轮端部的孔，避免锁紧时电机轴转动。

④ 安装电机。将组装好的 J6 轴电机固定于电机连接板上，用螺钉锁定，如图 3-47 所示。

图 3-46 安装电机连接板

图 3-47 安装电机

⑤ 安装同步带。将 J5 轴同步带带到 J5 轴输入输出的同步带轮上，调整 J5 轴的电机安装板，让同步带松紧度合适，再把电机安装板上的螺钉锁紧。同步带的松紧度可通过 J5 轴电机的左右位置进行调整。调整完成后需将 J5 轴电机的螺钉拧紧，如图 3-48 所示。

⑥ 检查同步带。用同步带轮检查工具测量 J5 轴同步带，在 0.5kgf 压力下，同步带的扰度为 7.5～8.5mm/圈。同步带轮安装的张紧度不适当会影响运动。同步带过松，5、6 轴运动的间隙会增加，机构精度降低。同步带过紧，电机受的径向力增大，影响电机的寿命，同时会增加电机的驱动扭力，运转平顺性也受影响。

⑦ 安装同步带。将 J6 轴同步带带到 J6 轴输入输出的同步带轮上，调整 J6 轴的电机安装板，让同步带松紧度合适，再把电机安装板上的螺钉锁紧。同步带的松紧度可通过 J6 轴电机的左右位置进行调整。调整完成后需将 J6 轴电机的螺钉拧紧，如图 3-49 所示。

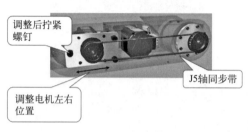 

图 3-48　安装同步带　　　　　　　　　图 3-49　安装同步带

⑧ 检查同步带。用同步带轮检查工具测量 J6 轴同步带，在 0.5kgf 压力下，同步带的扰度为 5～5.5mm/圈。同步带轮安装的张紧度不适当会影响运动。同步带过松，5、6 轴运动的间隙会增加，机构精度降低。同步带过紧，电机受的径向力增大，影响电机的寿命，同时会增加电机的驱动扭力，运转平顺性也受影响。

⑨ 安装机器人上臂外壳。

3.2　工业机器人的校准

3.2.1　工业机器人本体零点标定

零点标定是使机器人各轴的轴角度与连接在各轴电机上的绝对值脉冲编码器的脉冲计数值对应起来的操作。具体来说，零点标定是求取零度姿势的脉冲计数值的操作。

3.2.1.1　零点标定的种类

（1）重新标定

机器人的当前位置通过各轴的脉冲编码器的脉冲计数值来确定。工厂出货时，已经对机器人进行零点标定，所以在日常操作中并不需要进行零点标定。出现以下意外时才需要重新标定。

① 机器人执行了初始化启动（恢复了系统）。

② SPC 备份电池的电压下降导致 SPC 脉冲计数丢失。

③ 关机状态下卸下机器人底座电池。

④ 编码器电缆断开。

⑤ 更换 SPC。

⑥ 更换电动机。

⑦ 机械拆卸。

⑧ 机械臂受到冲击导致脉冲计数发生变化。

⑨ 在非备份状态下 SRAM（CMOS）的备份电池电压下降导致 Mastering。

⑩ 更换减速器。

⑪ 更换电缆。

包含零点标定数据在内的机器人的数据和脉冲编码器的数据，通过各自的后备用电池进行保存。电池用尽时将会导致数据丢失。应定期更换控制装置和机构部的电池。电池电压下降时，系统会发出报警通知用户。

（2）零点标定的种类（表 3-1）

表 3-1　零点标定的种类

专用夹具零点位置标定	这是使用零点标定夹具进行的零点标定。这是在工厂出货之前进行的零点标定
全轴零点位置标定（对合标记零点标定）	这是在所有轴都处在零度位置进行的零点标定。机器人的各轴，都赋予零位标记（对合标记），再使该标记对合于所有轴的位置进行零点标定
简易零点标定	这是因电池用尽等脉冲计算值被复位时的零点标定。和其他的方法相比，这个方法可以用简单的步骤进行零点标定。标定时需要事先设定参考点
简易零点标定（单轴）	这是因电池用尽等脉冲计算值被复位时对每一轴进行的零点标定。和其他的方法相比，这个方法可以用简单的步骤进行零点标定。标定时需要事先设定参考点
单轴零点标定	这是对每一轴进行的零点标定。各轴的零点标定位置，可以在用户设定的任意位置进行。此方法在仅对某一特定轴进行零点标定时有效
输入零点标定数据	这是直接输入零点标定数据的方法

在进行零点标定之后，务须进行位置调整（校准）。位置调整是控制装置读入当前的脉冲计数值并识别当前位置的操作。如果零点标定出现错误，有可能导致机器人执行意想不到的动作，十分危险。因此，只有在系统参数 $MASTER\_ENB=1$ 或 2 时，才会显示出［位置对合］界面。执行完［位置对合］后，请按下［位置对合］界面上显示出的 F5 "完成"，自动设定 $MASTER\_ENB=0$，［位置对合］界面不再显示。建议用户在进行零点标定之前备份当前的零点标定数据。

3.2.1.2　解除报警和准备零点标定

为进行电机交换，在执行零点标定时，需要事先解除报警并显示位置调整菜单。

（1）显示报警

显示 "SRVO-062 BZAL 报警" 或 "SRVO-075 脉冲编码器位置未确定" 步骤。

① 按下 MENU（菜单）键。

② 按下 "0 下页"，选择 "6 系统"。

③ 按下 F1 "类型"，从菜单选择 "系统变量"。

④ 将光标对准于 $MASTER_ENB 位置，输入 "1"，按下 "ENTER"（执行）。

⑤ 再次按下 F1 "类型"，从菜单选择 "零点标定/校准"。

⑥ 从 "零点标定/校准" 菜单中，选择将要执行的零点标定的种类。

（2）解除 "SRVO-062 BZAL 报警"

出现 SRVO-062 报警时机器人完全不能动作，（Group：i Axis：j）指示第几组第几轴报警。如图 3-50 所示，在报警界面中可以查看到第一组的 6 条轴都出现报警。

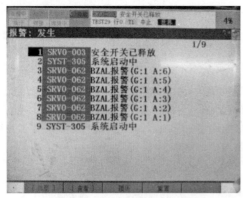

图 3-50　显示 SRVO-062 报警

① 点击 MENU 菜单。

② 按 NEXT 下一页，进入 System 系统界面。

③ 选择 Master/Cal 零点标定/校准，进入图 3-51(a) 所示界面。

④ 在图 3-51(a) 界面中按 F3 键，选择 RES_PCA 脉冲置零按钮。

⑤ 进入图 3-51(b)，按 F4，选择是，将脉冲编码器置零。

⑥ 重启机柜电源后报警列表中 SRVO-062 被清除。

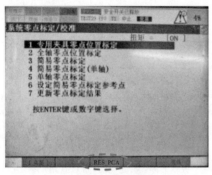

(a) 零点标定方式选择

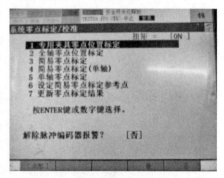

(b) 编码器脉冲置零

图 3-51　解除 "SRVO-062 BZAL 报警"

(3) 解除 "SRVO-075 脉冲编码器位置未确定"

SRVO-075 脉冲编码器无法报警，是连同 SRVO-062 同时出现的，必须先消除 SRVO-062 再消除 SRVO-075。SRVO-075 报警下机器人只能在关节坐标下运动。

① 按 MENU 菜单进入 ALARM 报警。

② 按 F3 履历，查看报警信息，如图 3-52(a) 所示，详细说明如图 3-52(b) 所示。

③ 用 COORD 键将坐标切换到关节坐标。

④ 用示教器将机器人各条轴都移动超过 20°（移动没有超过 20°则该轴不能消除 SRVO-075 报警）。

⑤ 按 RESET 键。

⑥ 消除 SRVO-075 报警，如图 3-52(c) 所示。

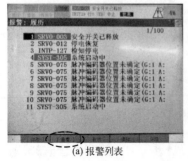

(a) 报警列表

(b) 某行详细信息

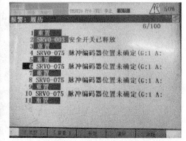

(c) 清除SRVO-075后的报警界面

图 3-52　解除 "SRVO-075 脉冲编码器位置未确定"

3.2.1.3 全轴零点位置标定

(1) 对合标记

全轴零点位置标定（对合标记零点标定）是在所有轴零度位置进行的零点标定。机器人的各轴，都赋予零位标记（对合标记）。通过这一标记，将机器人移动到所有轴零度位置后进行零点标定，如图 3-53 所示。全轴零点位置标定通过目测进行调节，所以不能期待零点标定的精度。应将零位零点标定作为一时应急的操作来对待。

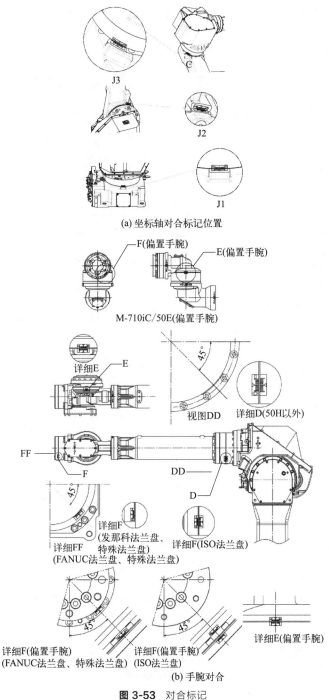

(a) 坐标轴对合标记位置

(b) 手腕对合

图 3-53 对合标记

（2）全轴零点位置标定步骤

① 按下"MENU"（菜单）键，显示出画面菜单。

② 按下"0 下页"，选择"6 系统"。

③ 按下 F1"类型"，显示出画面切换菜单。

④ 选择"零点标定/校准"。出现位置调整画面，如图 3-54 所示。

⑤ 在 JOG 方式下移动机器人，使其成为零点标定姿势（在解除制动器控制后进行操作）。其解除方法是设置 ＄PARAM_GROUP. ＄SV_OFF_ALL：FALSE，以及 ＄PARAM_GROUP. ＄SV_OFF_ENB［＊］：FALSE（所有轴），改变系统变量后，重新接通控制装置电源。

⑥ 选择"2 全轴零点位置标定"，按下 F4"是"，如图 3-55 所示。

图 3-54 零点标定/校准

图 3-55 全轴零点位置标定

⑦ 选择"7 更新零点标定结果"，按下 F4"是"，如图 3-56 所示，进行位置调整。或者重新接通电源，同样也可进行位置调整。

⑧ 在位置调整结束后，按下 F5"完成"。

⑨ 恢复制动器控制原先的设定，重新通电。

3.2.1.4 简易零点标定

简易零点标定是在用户设定的任意位置进行的零点标定。脉冲计数值，根据连接在电机上的脉冲编码器的转速和回转一周以内的转角计算。利用 1 转以内的转角绝对值不会丢失而进行简易零点标定。

由于后备脉冲计数器的电池电压下降等

原因而导致脉冲计数值丢失，可进行简易零点标定。但在更换脉冲编码器时以及机器人控制装置的零点标定数据丢失时，不能使用简易零点标定。

由于机械性拆解和维修而导致零点标定数据丢失时，不能执行此操作。这种情况下，为恢复零点标定数据而执行零位零点标定或夹具位置零点标定。

（1）设定简易零点标定参考点

工厂出货时，已被标定。如果没有什么问题，不要改变设定。可通过下列方法重新设定简易零点标定参考点以取代对合标记的符号，将会带来许多方便。

① 通过 MENU（菜单）选择"6 系统"。

② 通过画面切换选择"零点标定/校准"。出现位置调整画面，如图 3-54 所示。

③ 以点动方式移动机器人，使其移动到简易零点标定参考点。需在解除制动器控制后进行操作。

④ 选择"6 设置参考点"，按下 F4"是"。简易零点标定参考点即被存储起来，如图 3-57 所示。

（2）简易零点标定步骤

① 显示出位置调整画面，如图 3-54 所示。

② 以点动方式下移动机器人，使其移动到简易零点标定参考点。需在解除制动器控制后进行操作。

③ 选择"3 简易零点标定"，按下 F4"是"。简易零点标定数据即被存储起来，如图 3-58 所示。

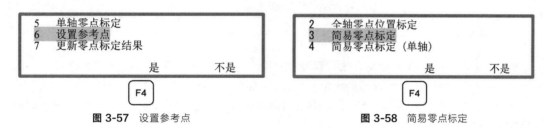

5	单轴零点标定
6	设置参考点
7	更新零点标定结果
是	不是

F4

图 3-57 设置参考点

2	全轴零点位置标定
3	简易零点标定
4	简易零点标定（单轴）
是	不是

F4

图 3-58 简易零点标定

④ 选择"7 更新零点标定结果"，按下 F4"是"，进行位置调整。或者重新接通电源，同样也进行位置调整。

⑤ 在位置调整结束后，按下 F5"完成"。

⑥ 恢复制动器控制原先的设定，重新通电。

3.2.1.5　简易零点标定（单轴）

简易零点标定（单轴）是在用户设定的任意位置对每一轴进行的零点标定。脉冲计数值根据连接在电机上的脉冲编码器的转速和回转一周以内的转角计算。利用 1 转以内的转角绝对值不会丢失而进行简易零点标定。工厂出货时零点已被设定，如果没有什么问题，不要改变设定。如果标上取代对合标记的符号，将会带来许多方便。

由于后备脉冲计数器的电池电压下降等原因而导致脉冲计数值丢失，可进行简易零点标定。在更换脉冲编码器时以及机器人控制装置的零点标定数据丢失时，不能使用简易零点标定。

由于机械性拆解和维修而导致零点标定数据丢失时，不能执行此操作。这种情况下，为恢复零点标定数据而执行零位零点标定或夹具位置零点标定。

（1）设定简易零点标定参考点

① 通过 MENU（菜单）选择"6 系统"。

② 通过画面切换选择"零点标定/校准"。出现位置调整画面，如图 3-52 所示。

③ 以点动（JOG）方式移动机器人，使其移动到简易零点标定参考点。在解除制动器控制后进行操作。

④ 选择"6 设置参考点"，按下 F4"是"。简易零点标定参考点即被存储起来，如图 3-53 所示。

（2）简易零点标定（单轴）步骤

① 显示出位置调整画面，如图 3-54 所示。

② 选择"4 简易零点标定（单轴）"。出现简易零点标定（单轴）画面，如图 3-59 所示。

③ 对于希望进行简易零点标定（单轴）的轴，将（SEL）设定为"1"。可以为每个轴单独指定（SEL），也可以为多个轴同时指定（SEL），如图 3-60 所示。

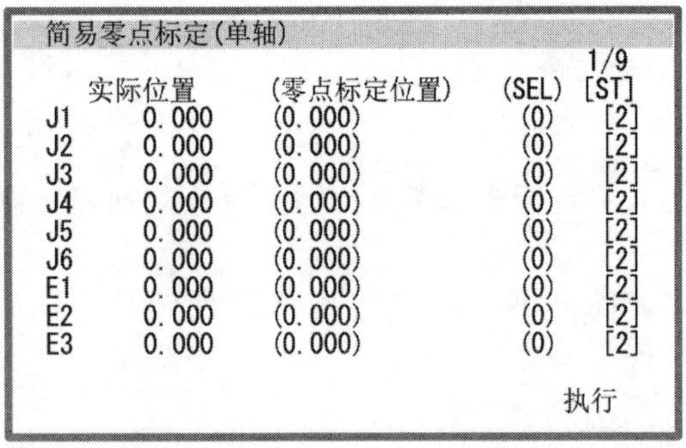

```
简易零点标定（单轴）
                                      1/9
    实际位置    （零点标定位置）   (SEL) [ST]
J1   0.000      (0.000)          (0)   [2]
J2   0.000      (0.000)          (0)   [2]
J3   0.000      (0.000)          (0)   [2]
J4   0.000      (0.000)          (0)   [2]
J5   0.000      (0.000)          (0)   [2]
J6   0.000      (0.000)          (0)   [2]
E1   0.000      (0.000)          (0)   [2]
E2   0.000      (0.000)          (0)   [2]
E3   0.000      (0.000)          (0)   [2]
                              执行
```

图 3-59 简易零点标定（单轴）

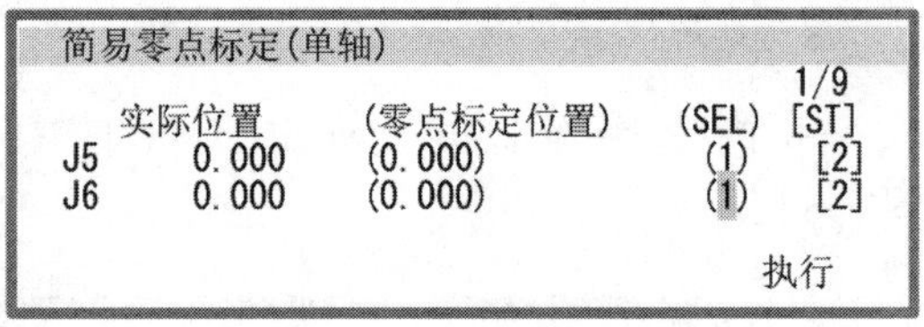

```
简易零点标定（单轴）
                                      1/9
    实际位置    （零点标定位置）   (SEL) [ST]
J5   0.000      (0.000)          (1)   [2]
J6   0.000      (0.000)          (1)   [2]
                              执行
```

图 3-60 将（SEL）设定为"1"

④ 以点动方式移动机器人，使其移动到简易零点标定参考点，断开制动器控制。

⑤ 按下 F5 "执行"，执行零点标定。由此，(SEL) 返回 "0" "ST" 变为 "2"（或者 1）。

⑥ 选择 "7 更新零点标定结果"，按下 F4 "是"，进行位置调整。或者重新接通电源，同样也进行位置调整。

⑦ 在位置调整结束后，按下 F5 "完成"。

⑧ 恢复制动器控制原先的设定，重新通电。

3.2.1.6 单轴零点标定

（1）单轴零点标定的设定项目

单轴零点标定，是对每个轴进行的零点标定。各轴的零点标定位置，可以在用户设定的任意位置进行。由于用来后备脉冲计数器的电池电压下降，或更换脉冲编码器而导致某一特定轴的零点标定数据丢失时，进行单轴零点标定，如图 3-61 所示。单轴零点标定的设定项目见表 3-2。

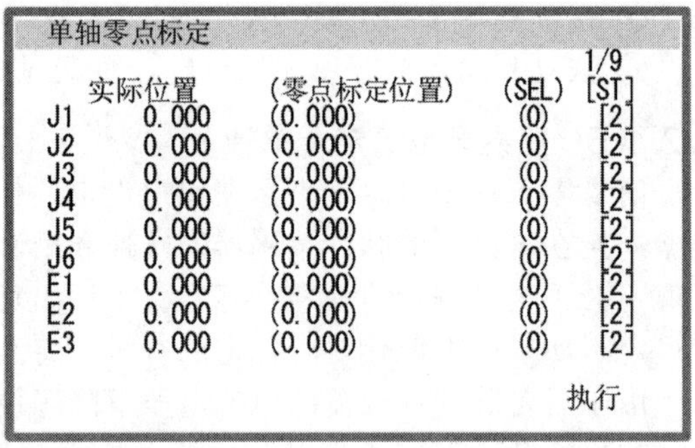

```
单轴零点标定
                                      1/9
    实际位置    （零点标定位置）   (SEL) [ST]
J1   0.000      (0.000)          (0)   [2]
J2   0.000      (0.000)          (0)   [2]
J3   0.000      (0.000)          (0)   [2]
J4   0.000      (0.000)          (0)   [2]
J5   0.000      (0.000)          (0)   [2]
J6   0.000      (0.000)          (0)   [2]
E1   0.000      (0.000)          (0)   [2]
E2   0.000      (0.000)          (0)   [2]
E3   0.000      (0.000)          (0)   [2]
                              执行
```

图 3-61 单轴零点标定

表 3-2 单轴零点标定的设定项目

项目	
ACTUAL POS(当前位置)	各轴以(deg)为单位显示机器人的当前位置
MSTR POS(零点标定位置)	对于进行单轴零点标定的轴,指定零点标定位置。为方便操作通常指定 0°位置
SEL	对于进行零点标定的轴,将此项目设定为 1。通常设定为 0
ST	表示各轴的零点标定结束状态。用户不能直接改写此项目。 该值反映 $EACHMST_DON[1~9]。 —0:零点标定数据已经丢失。需要进行 1 轴零点标定。 —1:零点标定数据已经丢失。只对其他联动转轴进行零点标定。需要进行 1 轴零点标定。 —2:零点标定已经结束

（2）单轴零点标定步骤

① 通过 MENU（菜单）选择 "6 系统"。

② 通过画面切换选择 "零点标定/校准"。出现位置调整画面，如图 3-54 所示。

③ 选择"5 单轴零点标定"。出现 1 轴零点标定画面，如图 3-61 所示。

④ 对于希望进行 1 轴零点标定的轴，将（SEL）设定为"1"。可以为每个轴单独指定（SEL），也可以为多个轴同时指定（SEL）。

⑤ 以点动方式移动机器人，使其移动到零点标定位置，断开制动器控制。

⑥ 输入零点标定位置的轴数据。

⑦ 按下 F5"执行"，执行零点标定。由此，（SEL）返回"0"，"ST"变为"2"（或者 1），如图 3-61 所示。

⑧ 等 1 轴零点标定结束后，按下 PREV（返回）键返回到原来的画面，如图 3-54 所示。

⑨ 选择"7 更新零点标定结果"，按下 F4"是"进行位置调整。或者重新接通电源，同样也进行位置调整。

⑩ 在位置调整结束后，按下 F5"完成"。

⑪ 恢复制动器控制原先的设定，重新通电。

3.2.1.7　输入零点标定数据

通过数据输入进行零点标定是指将零点标定数据值直接输入到系统变量中完成零点标定的方法。这一操作用于零点标定数据丢失而脉冲数据仍然保持的情形。零点标定数据的输入方法如下。

① 通过 MENU（菜单）选择"6 系统"。

② 通过画面切换选择"变量"，出现系统变量画面，如图 3-62 所示。

③ 改变零点标定数据。零点标定数据存储在系统变量 $DMR_GRP. $MASTER_COUN 中，如图 3-63 所示。

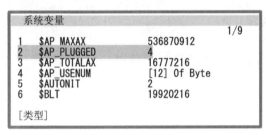

图 3-62　系统变量

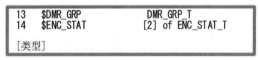

图 3-63　变量画面

④ 选择 $DMR_GRP，如图 3-64 所示。

⑤ 选择 $MASTER_COUNT，输入事先准备好的零点标定数据，如图 3-65 所示。

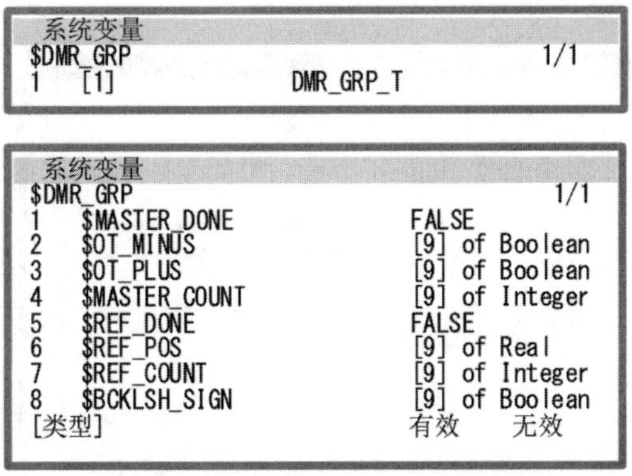

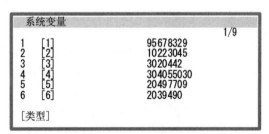

图 3-64　选择$ DMR_ GRP

图 3-65　选择$ MASTER_COUNT

⑥ 按下 PREV（返回）键。

⑦ 将 ＄MASTER_DONE 设定为 TRUE，如图 3-66 所示。

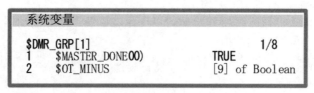

系统变量

$DMR_GRP[1]		1/8
1	$MASTER_DONE00)	TRUE
2	$OT_MINUS	[9] of Boolean

图 3-66 设定为 TRUE

⑧ 显示位置调整画面，选择"7 更新零点标定结果"，按下 F4"是"。

⑨ 在位置调整结束后，按下 F5"完成"。

3.2.1.8 确认零点标定结果

（1）确认零点标定是否正常进行

通常，在通电时自动进行位置调整。要确认零点标定是否已经正常结束，按如下方法检查当前位置显示和机器人的实际位置是否一致。

① 使程序内的特定点再现，确认与已经示教的位置一致。

② 使机器人动作到所有轴都成为 0°的位置，目视确认是否一致。

（2）零点标定时发生的报警及其对策

① BZAL 报警。在控制装置电源断开期间，当后备脉冲编码器的电池电压成为 0V 时，会发生此报警。此外，为更换电缆等而拔下脉冲编码器的连接器的情况下，电池的电压会成为 0V 而发生此报警。进行脉冲复位，切断电源后再通电，确认是否能够解除报警。无法解除报警时，有可能电池已经耗尽。在更换完电池后，进行脉冲复位，切断电源后再通电。发生该报警时，保存在脉冲编码器内的数据将会丢失，需要再次进行零点标定。

② BLAL 报警。该报警表示后备脉冲编码器的电池电压已经下降到不足以进行后备的程度。发生该报警时，应尽快在通电状态下更换后备用的电池。

3.2.2 协调控制系统的设定

3.2.2.1 校准形式

（1）设定

要进行协调控制，首先需要进行协调控制系统的设定。协调控制的设定按照如下顺序进行，双设定画面如图 3-67 所示。通过控制开机进行定位器的初期设定；设定双设定画面的各项目值；在校准画面上进行校准双设定。

各项目的含义如下所示：

① 协调双号码。这是即将进行设定的协调双（协调动作的群组的组合）号码。可以使用 1～4 号。

② 主导群组。这是定位器的群组号码（定位器主导机器人，因而被分配了这样的项目名）。

③ 从动群组。这是机器人的群组号码（机器人从动于定位器，因而被分配了这样的项目名）。

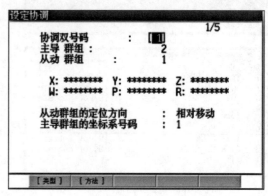

图 3-67 双设定画面

（2）校准种类

校准是为了对协调变换进行示教而进行的操作。校准的精度较差时，将会导致协调控制不正确，因而需要正确进行校准。校准有 3 种形式，即机器人形式、定位器形式、直接形式。在实际进行校准时，选择其中之一进行。校准形式的选择，如图 3-68 所示。按下 F2（方法）键，从 3 种形式（机器人形式、定位器形式、直接形式）中选择一个。

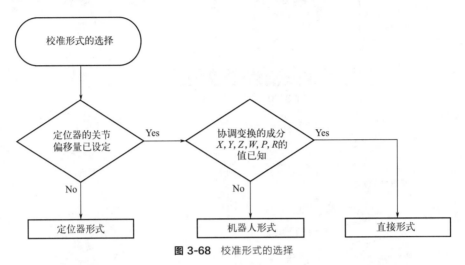

图 3-68 校准形式的选择

3.2.2.2 机器人形式

根据图样等已知定位器的结构尺寸，在开机时通过定位器的初期设定而设定定位器的关节偏移量，如图 3-69 所示。机器人形式校准画面如图 3-70 所示，其步骤如图 3-71 所示。

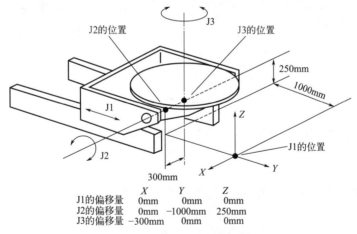

	X	Y	Z
J1的偏移量	0mm	0mm	0mm
J2的偏移量	0mm	−1000mm	250mm
J3的偏移量	−300mm	0mm	0mm

图 3-69 机器人形式校准偏移量

① 将光标指向"主导群组 TCP 位置"项目。
② 使得定位器和机器人点动，并使工具中心点一致。
③ 按下 SHIFT＋F5（记录）（由此，"未"转变为"记录完毕"）。
④ 将光标指向"方向基准点"项目。
⑤ 使得机器人向着定位器的全局坐标系＋X、＋Y 方向容易进行点动的位置点动。
⑥ 按下 SHIFT＋F5（记录）。
⑦ 将光标指向"X 轴方向"项目。

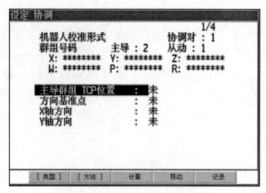

图 3-70 机器人形式校准画面

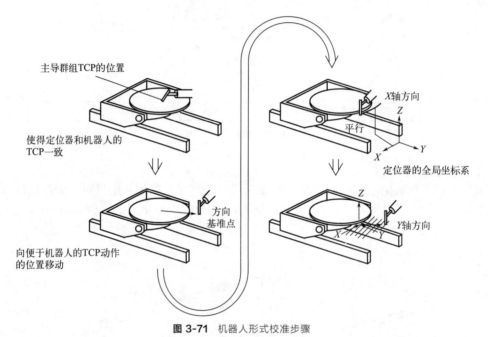

图 3-71 机器人形式校准步骤

⑧ 使得机器人向着定位器的全局坐标系＋X 方向点动。

⑨ 按下 SHIFT＋F5（记录）。

⑩ 将光标指向"Y 轴方向"项目。

⑪ 使得机器人向着与定位器的全局坐标系 XY 平面平行且靠向＋Y 的方向点动。

⑫ 按下 SHIFT＋F5（记录）。

⑬ 确认 4 点（"主导群组 TCP 位置"～"Y 轴方向"）全部处于"记录完毕"状态。

⑭ 按下 SHIFT＋F3（计算）（由此，"记录完毕"转变为"使用完毕"。同时，计算协调变换，并在画面上显示该结果）。

⑮ 执行冷开机。

3.2.2.3 定位器形式校准

定位器形式校准画面如图 3-72 所示，其步骤如图 3-73 所示。

1）将定位器的全轴置于 0 位置。

2）将光标指向"轴号码"项目，输入进行示教的定位器的轴号码。

3）将光标指向"轴方向"项目，按下 ENTER（输入）键（由此，会显示轴方向的菜单）。

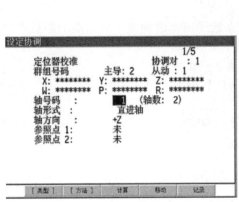
(a) 直线轴的校准画面

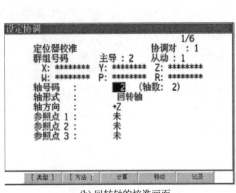
(b) 回转轴的校准画面

图 3-72　定位器形式校准画面

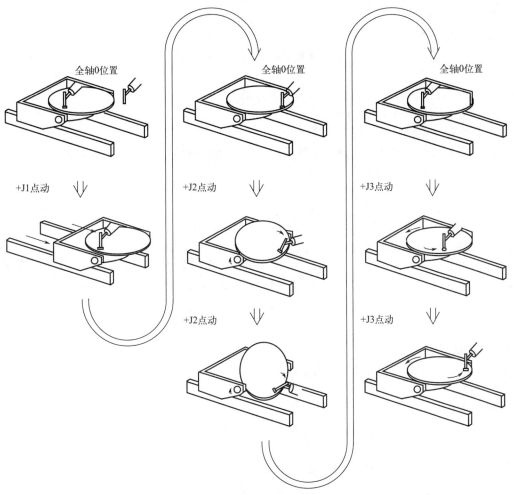

图 3-73　定位器形式校准步骤

4）选择要进行示教的轴的方向（$-Z$，$-Y$，$-X$，$+X$，$+Y$，$+Z$）。

5）直进轴的情形：

① 将光标指向"参照点 1"项目。

② 在定位器机构部上选定一个基准点（该点通过该直进轴的＋方向点动而直进，必须能接触到机器人的工具中心点）。

③ 使得机器人的工具中心点向着基准点点动。

④ 按下 SHIFT＋F5（记录）键（由此，"未"转变为"记录完毕"）。

⑤ 将光标指向"参照点 2"的项目。

⑥ 使得要进行示教的定位器的轴在某种程度（尽可能长的距离）向着"＋"方向点动。

⑦ 使得机器人的工具中心点向着基准点点动。

⑧ 按下 SHIFT＋F5（记录）。

6）回转轴的情形：

① 将光标指向"参照点 1"项目。

② 在定位器机构部上选定一个基准点（该点通过该回转轴的＋方向点动而回转，必须能接触到机器人的工具中心点）。

③ 使得机器人的工具中心点向着基准点点动。

④ 按下 SHIFT＋F5（记录）键（由此，"未"转变为"记录完毕"）。

⑤ 将光标指向"参照点 2"项目。

⑥ 使得要进行示教的定位器的轴在某种程度（如果可能以 30°～90°的角度）向着"＋"方向点动。

⑦ 使得机器人的工具中心点向着基准点点动。

⑧ 按下 SHIFT＋F5（记录）。

⑨ 将光标指向"参照点 3"的项目。

⑩ 使得要进行示教的轴，进一步在某种程度（如果可能以 30°～90°的角度）回转。

⑪ 使得机器人的工具中心点向着基准点点动。

⑫ 按下 SHIFT＋F5（记录）。

7）对于定位器的全轴执行如上操作。

8）确认定位器全轴的全部"参照点"都是"记录完毕"。

9）按下 SHIFT＋F3（计算）（由此，"记录完毕"转变为"使用完毕"。同时，计算协调变换，并在画面上显示该结果）。

10）执行冷开机。

3.2.2.4 直接形式校准

在设定了定位器的关节偏移量的基础上，根据图样等已知机器人和定位器之间的相对位置关系，X、Y、Z、W、P、R 已确定的情况下，从双设定画面调用校准画面，如图 3-72 所示，直接形式校准画面如图 3-74 所示，校准步骤如下。

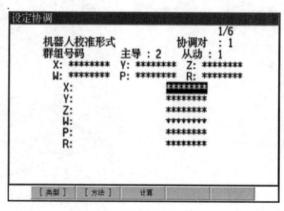

图 3-74　直接形式校准画面

① 输入画面中的 X、Y、Z、W、P、R 的值。

② 确认 X、Y、Z、W、P、R 的输入值正确。

③ 按下 SHIFT＋F3（计算）。（此时，画面上显示 X、Y、Z、W、P、R 的输入值。）

④ 执行冷开机。

3.3 工业机器人的维护

3.3.1 日常维护和定期维护

3.3.1.1 日常维护

（1）日常维护项目

在每天运转系统时，应就表3-3所示项目随时进行维护。

表3-3 日常维护

维护项目	维护要领和处置
渗油的确认	检查是否有油分从轴承中渗出来。有油分渗出时,应将其擦拭干净
空气3点套件,气压单元的确认	见表3-4
振动、异常声音的确认	确认是否发生振动、有异常声音
定位精度的确认	检查是否与上次再生位置偏离、停止位置是否出现离差等
外围设备的动作确认	确认是否基于机器人、外围设备发出的指令切实动作
控制装置通气口的清洁	确认断开电源末端执行器安装面的落下量是否在0.5mm以内。末端执行器(机械手)落下的时候,需按照以下对策进行应对
警告的确认	确认在示教器的警告画面上是否发生出乎意料的警告

表3-4 空气3点套件及气压单元的维护

项目	检修项目		检修要领
1	带有空气3点套件时	气压的确认	通过图3-75(a)所示的空气3点套件的压力表进行确认。若压力没有处在0.49~0.69MPa(5~7kgf/cm^2)这样的规定压力下,则通过调节器压力设定手轮进行调节
2		油雾量的确认	启动气压系统检查滴下量。在没有滴下规定量(1滴/10~20s)的情况下,通过润滑器调节旋钮进行调节。在正常运转下,油将会在10~20天内用尽
3		油量的确认	检查空气3点套件的油量是否在规定液面内
4		配管有无泄漏	检查接头、软管等是否泄漏。有故障时,拧紧接头,或更换部件
5		泄水的确认	检查泄水,并将其排出。泄水量显著的情况下,需研究在空气供应源一侧设置空气干燥器
6	带有气压单元时	确认供应压力	通过图3-75(b)所示的气压单元的压力表确认供应压力。若压力没有处在10kPa(0.1kgf/cm^2)这样的规定压力下,则通过调节器压力设定手轮进行调节
7		确认干燥器	确认露点检验器的颜色是否为蓝色。露点检验器的颜色发生变化时,应弄清原因并采取对策,同时更换干燥器。有关气压单元的维修,可参阅气压单元上随附的操作说明书
8		泄水的确认	检查泄水。泄水量显著的情况下,可研究在空气供应源一侧设置空气干燥器

（2）振动及异常响声的确认

① 螺栓松动时，使用防松胶，以适当的力矩切实拧紧。改变地装底板的平面度，使其落在公差范围内。确认是否夹杂异物，如有异物，将其去除掉。

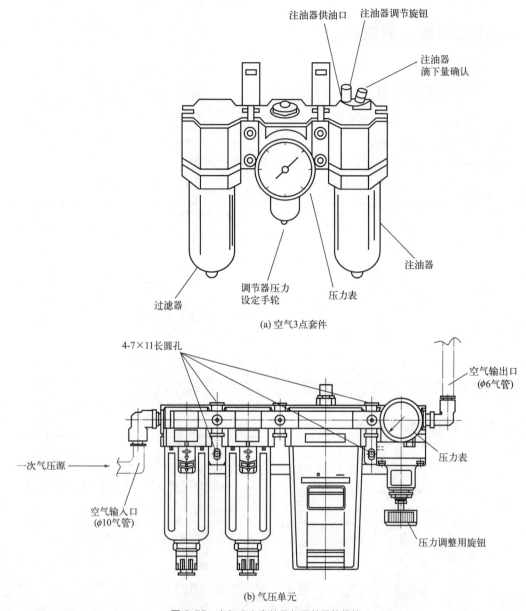

(a) 空气3点套件

(b) 气压单元

图 3-75　空气 3 点套件及气压单元的维护

② 加固架台、地板面，提高其刚性。难以加固架台、地板面时，可以通过改变动作程序缓和振动。

③ 确认机器人的负载允许值。超过允许值时，减少负载，或者改变动作程序。可通过降低速度、降低加速度等做法，将给总体循环时间带来的影响控制在最低限度，通过改变动作程序，来缓和特定部分的振动。

④ 使机器人每个轴单独动作，确认哪个轴产生振动。需要拆下电机，更换齿轮、轴承、减速器等部件。不在过载状态下使用，可以避免驱动系统的故障。按照规定的时间间隔补充指定的润滑脂，可以预防故障的发生。

⑤ 有关控制装置、放大器的常见问题处理方法，参阅控制装置维修说明书。更换振动轴的电机后，确认是否还振动。机器人仅在特定姿势下振动时，可能是因为机构内部电缆断

线。确认机构部和控制装置连接电缆上是否有外伤，有外伤时，更换连接电缆，确认是否还会振动。确认已经提供规定电压。确认输入正确的动作控制用变量，如果有错误，重新输入变量。

⑥ 切实连接地线，以避免接地碰撞，防止电气噪声从别处混入。

（3）控制柜日常维护

如图 3-76 所示，控制柜的日常维护如下。

① 检查示教器电缆有无破损，电缆与示教器的接头是否连接牢固，示教器电缆是否过度扭曲。

② 检查控制柜风口是否积聚大量灰尘，造成通风不良。

③ 检查控制柜内风扇是否正常转动。

④ 检查控制柜到本体连接电缆是否有损伤，行线槽中是否有杂物。

⑤ 检查急停按钮动作信号是否有效可靠。

⑥ 检查供电电压是否为 220V。

⑦ 检查确认控制柜现场环境整洁。

图 3-76 控制柜的日常维护

（4）日常安全检查

安全机构是保证人身安全的前提，安全机构检查应纳入日常点检范围。机器人安全使用要遵循的原则有：不随意短接、不随意改造控制柜、急停按钮不随意拆除、严格遵守操作规范。机器人急停按钮的检查包括控制柜急停按钮和手持示教盒急停按钮，如图 3-77 所示。

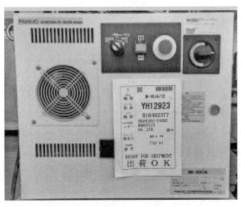

图 3-77 急停按钮

3.3.1.2 定期维护

(1) 维护项目

对于这些项目，以规定的期间或者运转累计时间中较短一方为大致标准，具体时间不同的工业机器人是不同的，应根据其规定时间进行如表 3-5 所示项目的维护。

表 3-5 维护项目

维护项目	维护要领
控制装置通气口的清洁	确认控制装置的通气口上是否黏附大量灰尘，如有需将其清除掉
外伤、油漆脱落的确认	确认机器人是否有由于跟外围设备发生干涉而产生的外伤或者油漆脱落。如果有发生干涉的情况，要排除原因。另外，如果由于干涉产生的外伤比较大以至于影响使用的时候，需要对相应部件进行更换
沾水的确认	检查机器人上是否溅上水或者切削油液体。溅上水或者切削油的时候，要排除原因，擦掉液体
示教器、操作箱连接电缆、机器人连接电缆有无损坏的确认	检查示教器、操作箱连接电缆、机器人连接电缆是否过度扭曲，有无损伤。有损坏的时候，对该电缆进行更换
机构内部电缆（可动部）的损坏的确认	观察机构内部电缆的可动部，检查电缆的包覆有无损伤，是否发生局部弯曲或扭曲
各轴电机的连接器，其他的外露连接器是否松动	检查各轴电机的连接器和其他的外露的连接器是否松动
末端执行器安装螺栓的紧固	拧紧末端执行器安装螺栓。按照螺栓的拧紧力矩，应用限力扳手拧紧末端执行器的安装螺栓
外部主要螺栓的紧固	紧固机器人安装螺栓、检修等松脱的螺栓和露出在机器人外部的螺栓。按照螺栓的拧紧力矩，应用限力扳手拧紧末端执行器的安装螺栓。有的螺栓上涂敷有防松接合剂，在用建议拧紧力矩以上的力矩紧固时，恐会导致防松接合剂剥落，所以务必使用建议拧紧力矩加以紧固
机械式固定制动器、机械式可变制动器的确认	确认机械式固定制动器、机械式可变制动器是否有外伤、变形等碰撞的痕迹，制动器固定螺栓是否有松动。
飞溅、切削屑、灰尘等的清洁	检查机器人本体是否有飞溅、切削屑、灰尘等的附着或者堆积。有堆积物的时候需清洁。机器人的可动部（各关节、焊炬周围、手腕法兰盘周围、导线管、手腕轴中空部周围、手腕部的氟树脂环、电缆保护套）特别注意清洁。 焊炬周围、手腕法兰盘周围积存飞溅物时，会发生绝缘不良，有可能会因焊接电流而损坏机器人机构部
末端执行器（机械手）电缆的损坏的确认	检查末端执行器电缆是否过度扭曲，有无损坏。有损坏的时候，对该电缆进行更换
冷却用风扇的动作确认	确认冷却用风扇是否正常工作。冷却用风扇不动作的时候进行更换
机构部电池的更换	对机构部电池进行更换
减速器及齿轮箱润滑脂及润滑油的更换	对各轴减速器的润滑脂和润滑油进行更换
机构部内电缆的更换	对机构部内电缆进行更换
控制装置电池的更换	对控制装置电池进行更换

(2) 控制柜定期维护

① 如图 3-78 所示，清理控制柜柜门风扇，清理风扇灰尘，清理再生电阻灰尘。

② 清理柜门外风扇灰尘。

③ 控制柜的清洁：控制柜的干净清洁有利于控制柜的稳定运行，能够保证控制柜的正

常散热。

④ 控制柜线缆的状态检查如图 3-79 所示，控制柜线缆的状态检查能够保证控制柜内各控制板间的通信和功能正常。

图 3-78　清理风扇

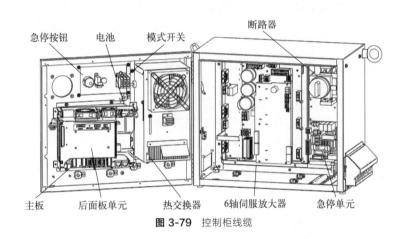

图 3-79　控制柜线缆

3.3.2　检查

3.3.2.1　开机检查

① 按下控制柜上的急停按钮，确认界面是否显示报警诊断信息。

② 旋出急停按钮，按下复位按键，检查报警信息是否清除。

③ 使用示教器操作机器人，观察机器人运行过程中各轴有无异常抖动现象。

④ 在机器人手动状态检查电动机温度是否异常。

⑤ 手动示教工业机器人位置，重复运行后查看其点位是否正确，并做好记录。

⑥ 观察每个运动关节的连接处是否有油渍渗出，并做好记录。

3.3.2.2　渗油的检查

① 把布块等插入到各关节部的间隙。检查是否有油分从密封各关节部的油封中渗出来，如图 3-80 所示。有油分渗出时，请将其擦拭干净。

② 根据动作条件和周围环境，油封的油唇外侧可能有油分渗出（微量附着）。该油分累积而成为水滴状时，根据动作情况恐会滴下。在运转前通过清扫油封部下侧的油分，就可以防止油分的累积。

③ 漏出大量油分时，更换润滑脂或者润滑油，有可能改善这种情况。

④ 如果驱动部变成高温，润滑脂槽内压可能会上升。在这种情况下，运转刚刚结束后

打开一次排脂口和排油口就可以恢复内压。打开排脂口的时候，高温的润滑脂有可能猛烈流出。事先用塑料袋等铺在排脂口下。另外，根据需要，需使用耐热手套、防护眼镜、面具、防护服。

⑤ 如果擦拭油分的频率很高，且开放排脂口来恢复润滑脂槽的内压也得不到改善，那么铸件上很可能发生了龟裂等情况，润滑脂疑似泄漏。作为应急措施，可用密封剂封住裂缝防止润滑脂泄漏。但是因为裂缝有可能进一步扩展，所以必须尽快更换部件。

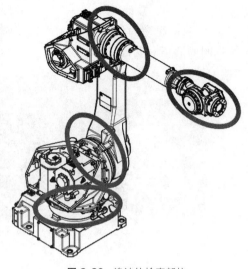

图 3-80 渗油的检查部位

3.3.2.3 机构部内电缆以及连接器的检查

机构部内电缆检修部位如图 3-81 所示，检查步骤如下。

（1）坐标轴检查

① J1 轴检查。自 J2 机座上方进行检修，并拆除 J1 机座侧面的金属板，从侧面对电缆进行检修。附带有 J2 机座盖板的情况下，需拆除盖板进行确认。

② J2 轴检查。应在拆除 J2 机座侧面的盖板后进行检修。

③ J3 轴检查。应在拆除 J3 外壳的盖板后进行检修。

另外，防尘防滴强化可选购项中，盖板上附带有垫圈。拆除盖板后，换上新的密封垫。附带有电缆盖板的电缆，应打开电缆盖板进行确认。检查包覆的龟裂、磨损的有无。若能看得见内部的线材，则予以更换。

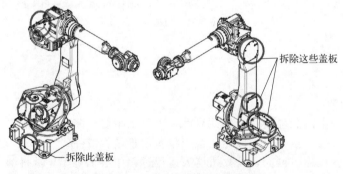

图 3-81 机构部内电缆的检修部位

（2）连接器检查部位

如图 3-82 所示，检查露出在外部的电机动力和制动连接器、机器人连接电缆、接地端子、用户电缆。

① 圆形连接器：用手转动看看，确认是否松动。

② 方形连接器：确认控制杆是否脱落。

③ 接地端子：确认其是否松脱。

3.3.2.4 机械式制动器的检查

① 如图 3-83 所示，确认各制动器是否有碰撞的痕迹。如果有碰撞的痕迹的话，应更换该部件。

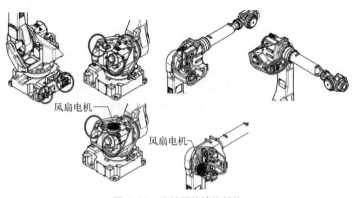

图 3-82 连接器的检修部位

② 有关 J1 轴，确认制动器的旋转是否顺畅。

③ 检查制动器固定螺栓是否松动，如果松动则予以紧固。

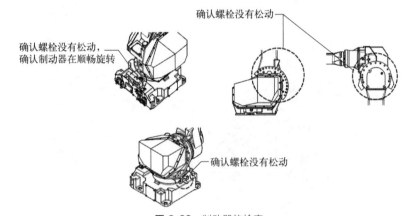

图 3-83 制动器的检查

3.3.3 更换

3.3.3.1 更换电池

机器人电池的失电会导致零点数据、脉冲编码器数据的丢失、系统报错，此时机器人只能在关节坐标下移动，不能执行程序和在世界坐标下移动。机器人的电池包括机柜电池和机座电池，机柜（主板）电池两年换一次，工业机器人本体电池一年换一次。

（1）机器人本体电池的更换

机器人各轴的位置数据，通过后备电池保存。电池每过一年半应进行定期更换。此外，后备用电池的电压下降报警显示时，也应更换电池，电池更换步骤如下。

① 为预防危险，需按下急停按钮，且将电源置于 ON 状态。若在电源 OFF 状态下更换电池，将会导致当前位置信息丢失，这样就需要进行调校。

② 拆下电池盒的盖子，如图 3-84 所示。

③ 从电池盒中取出用旧的电池。

④ 将新电池装入电池盒中。注意不要弄错电池的正负极性。

⑤ 安装电池盒盖。

若是带有防尘防液强化可选购项的机器人，如图 3-85 所示，需打开覆盖电池盒的盖罩更换电池。电池更换完后，装回电池盒盖板。此时，电池盖板的密封垫出于防尘防液性保护目的，应更换上新的密封垫。

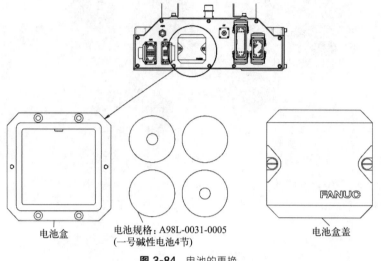

电池盒   电池规格：A98L-0031-0005   电池盒盖
(一号碱性电池4节)

图 3-84   电池的更换

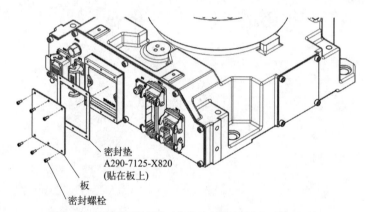

密封垫
A290-7125-X820
(贴在板上)

板

密封螺栓

图 3-85   电池盖板的拆除（指定防尘防液强化可选购项时）

（2）更换控制器主板上的电池

程序和系统变量存储在主板上的 SRAM 中，由一节位于主板上的锂电池供电，以保存数据。当这节电池的电压不足时，则会在 TP 上显示报警（SYST-035 Low or No Battery Power in PSU）。当电压变得更低时，SRAM 中的内容将不能备份，这时需要更换电池，并将原先备份的数据重新加载。因此，平时注意用 Memory Card 或软盘定期备份数据，如图 3-86 所示，具体步骤如下。

① 准备一节新的 3V 锂电池，推荐使用 FANUC 原装电池，如图 3-87 所示。

② 机器人通电开机正常后，等待 30s。

③ 机器人关电，打开控制器柜子，拔下接头取下主板上的旧电池。

④ 装上新电池，插好接头。

3.3.3.2 保险丝更换

保险丝熔断必定是发生了电路故障或更换保险丝时使用了比原额定值小的熔芯。常见的保险丝销毁有：输入 CRMA15/CRMA16 端子的 17（0V）-49（24V）短接，EE 端子 24V-

120   FANUC 工业机器人
装调与维修

0V 短接，安全门链信号串联。

图 3-86　控制器主板上的电池

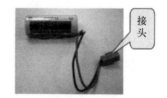

图 3-87　3V 锂电池

　　各类保险熔断的情况，TP 会有相应的报警代码，如图 3-88 所示，此时更换相应位置的保险丝，解除系统报警即可。但更换保险丝前必须看清原来熔断器的电流大小，排除问题所在才能更换。

(a) 输入信号短路

(b) 门链回路短路

(c) EE端子短路

图 3-88　相应的报警代码

（1）更换伺服放大器的保险丝

伺服放大器内有如图 3-89 所示的保险丝。

① FS1：用于生成放大器控制电路的电源。

② FS2：用于对末端执行器 XROT、XHBK 的 24V 输出保护。

③ FS3：用于对再生电阻、附加轴放大器的 24V 输出保护。

（2）更换电源单元的保险丝

电源单元内有如图 3-90 所示的保险丝。

① F1：AC 输入用。

② F3：24E 输出保护用。

③ F4：+24V 输出保护用。

（3）更换主板的保险丝

主板的保险丝如图 3-91 的保险丝。

FU1：用于视觉用+12V 输出保护。

（4）更换 I/O 板的保险丝

I/O 板上备有如图 3-92 所示的保险丝。

FUSE1：用于保护外围设备接口+24V 输出。

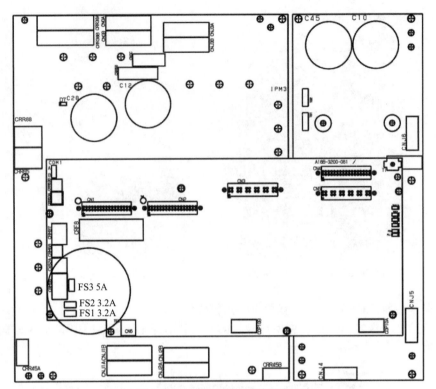

FS3 5A
FS2 3.2A
FS1 3.2A

图 3-89 更换伺服放大器的保险丝

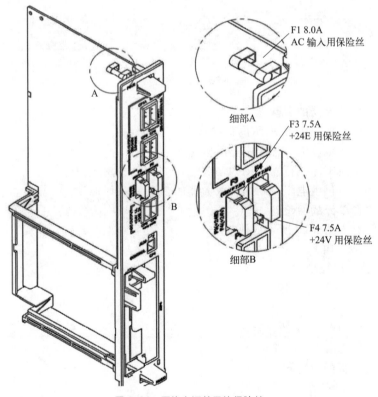

F1 8.0A
AC 输入用保险丝

细部A

F3 7.5A
+24E 用保险丝

F4 7.5A
+24V 用保险丝

细部B

图 3-90 更换电源单元的保险丝

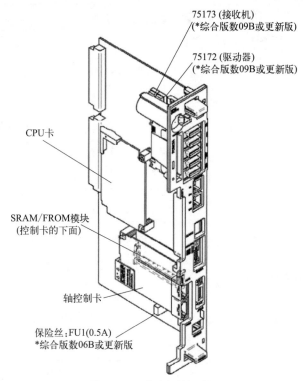

75173 (接收机)
(*综合版数09B或更新版)

75172 (驱动器)
(*综合版数09B或更新版)

CPU卡

SRAM/FROM模块
(控制卡的下面)

轴控制卡

保险丝：FU1(0.5A)
*综合版数06B或更新版

图 3-91 更换主板的保险丝

（5） 更换配电盘的保险丝

配电盘内有如图 3-93 的保险丝。

① FUSE1：用于＋24EXT 线路（急停线路）的保护；

② FUSE2：用于示教操作盘急停线路保护。

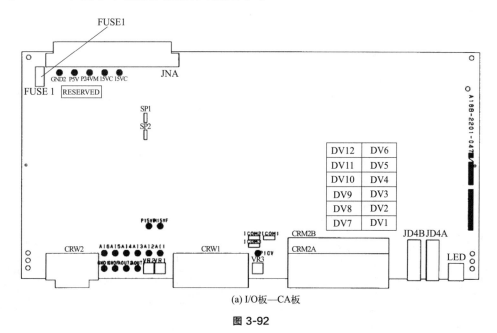

(a) I/O板—CA板

图 3-92

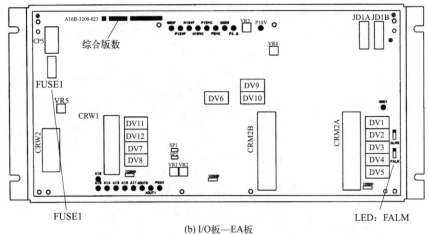

(b) I/O板—EA板

图中表示I/O EA布局，EA、EB保险丝的安装位置都相同

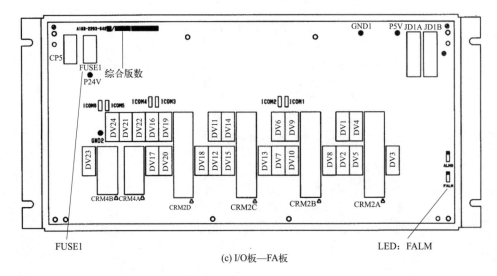

(c) I/O板—FA板

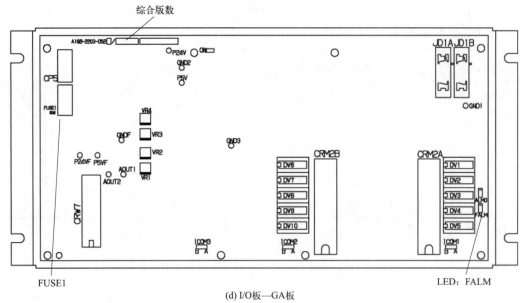

(d) I/O板—GA板

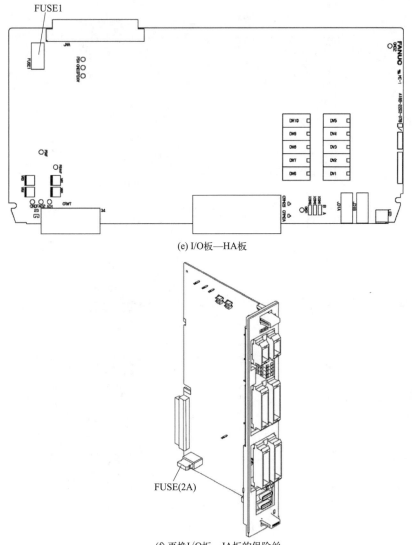

(e) I/O板—HA板

(f) 更换I/O板—JA板的保险丝

图中表示处理I/O JA保险更换情况，JA、JB情况相同

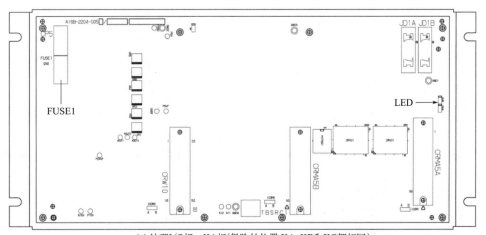

(g) 处理I/O板—KA板(保险丝位置 KA, KB和KC都相同)

图 3-92

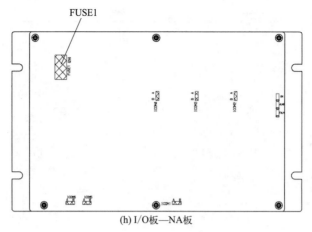

(h) I/O板—NA板

图 3-92 I/O 板保险丝

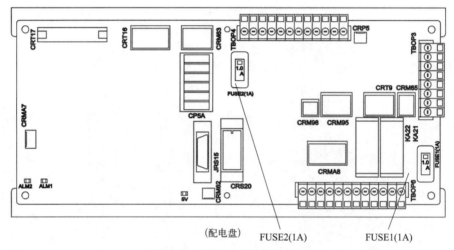

(配电盘) FUSE2(1A) FUSE1(1A)

图 3-93 更换配电盘上的保险丝

3.3.3.3 更换润滑脂

（1）注意事项

J1/J2/J3 轴的减速器、J4/J5/J6 轴齿轮箱（J4/J5 轴齿轮箱）、手腕的润滑脂，应以 3 年或者运转累计时间达 11520h 中较短一方为大致标准进行更换。用手按压泵供脂时，以每 2s 按压泵 1 次作为大致标准，更换润滑脂时的姿态见表 3-6。如果供脂作业操作错误，会因为润滑脂室内的压力急剧上升等原因造成油封破损，进而有可能导致润滑脂泄漏或机器人动作不良。进行供脂作业时，务必遵守下列注意事项。

①供脂前，为了排出陈旧的润滑脂，务必拆下封住排脂口的密封螺栓。

②有的可选购项，已在供脂口安装有嵌入栓。这种情况下，应将其换装到随附的滑脂枪喷嘴上后再进行供脂。

③使用手动泵缓慢供脂。

④尽量不要使用工厂压缩空气的空气泵。在某些情况下不得不使用空气泵供脂时，务必保持注油枪前端压在要求之下。

⑤务必使用指定的润滑脂。如使用指定外的润滑脂，恐会导致减速器的损坏等故障。

⑥ 供脂后，先释放润滑脂室内的残余压力后再用孔塞塞好排脂口。

⑦ 彻底擦掉沾在地面和机器人上的润滑脂，以避免滑倒和引火。

表 3-6　供脂时的姿势

供脂部位	位姿					
	J1	J2	J3	J4	J5	J6
J1 轴减速器	任意	任意	任意	任意	任意	任意
J2 轴减速器		0°				
J3 轴减速器		0°	0°			
J4/J5/J6 轴齿轮箱 （J4/J5　轴齿轮箱）		任意	0°			
手腕			0°	0°	0°	0°

（2）J1 /J2/J3 轴减速器的润滑脂更换

① 移动机器人，使其成为表 3-6 所示的供脂姿势。

② 切断控制装置的电源。

③ 如图 3-94 所示，卸下排脂口的密封螺栓。

④ 从供脂口供脂，直到新的润滑脂也从排脂口排出为止。

⑤ 释放残留压力。

（3）更换 J4/J5/J6 轴齿轮箱（J4/J5 轴齿轮箱）润滑脂

① 移动机器人，使其成为表 3-6 所示的供脂姿势。

② 切断控制装置的电源。

③ 如图 3-95 所示，拆除排脂口的密封螺栓或者锥形螺塞。

④ 从供脂口供脂，直到新的润滑脂也从排脂口排出为止。

⑤ 释放残留压力。

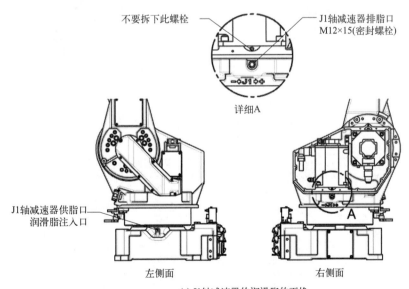

不要拆下此螺栓　　　　J1轴减速器排脂口
　　　　　　　　　　　M12×15(密封螺栓)

详细A

J1轴减速器供脂口
润滑脂注入口

左侧面　　　　　　　右侧面

(a) J1轴减速器的润滑脂的更换

图 3-94

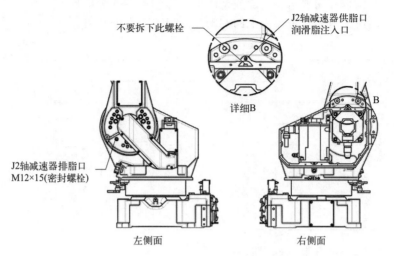

不要拆下此螺栓

J2轴减速器供脂口
润滑脂注入口

详细B

J2轴减速器排脂口
M12×15(密封螺栓)

左侧面　　　　　　　右侧面

(b) J2轴减速器的润滑脂的更换

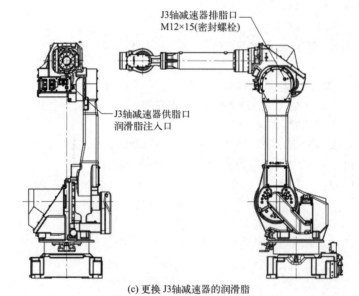

J3轴减速器排脂口
M12×15(密封螺栓)

J3轴减速器供脂口
润滑脂注入口

(c) 更换 J3轴减速器的润滑脂

图 3-94　更换 J1/J2/J3 润滑脂

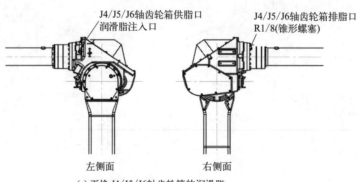

J4/J5/J6轴齿轮箱供脂口
润滑脂注入口

J4/J5/J6轴齿轮箱排脂口
R1/8(锥形螺塞)

左侧面　　　　　　　右侧面

(a) 更换 J4/J5/J6轴齿轮箱的润滑脂

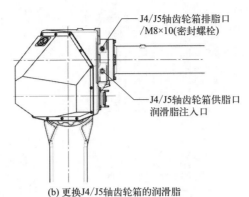

J4/J5轴齿轮箱排脂口
/M8×10(密封螺栓)

J4/J5轴齿轮箱供脂口
润滑脂注入口

(b) 更换J4/J5轴齿轮箱的润滑脂

图 3-95 更换 J4/J5/J6 轴齿轮箱（J4/J5 轴齿轮箱）润滑脂

（4）手腕的润滑脂更换（M-710iC/50/70/50H/50S/45M）

① 将机器人移动到表 3-6 所示的供脂姿势。

② 切断控制装置的电源。

③ 如图 3-96 所示，拧下手腕供脂口，以及排脂口的密封螺栓或者锥形螺塞，在供脂口上安装机器人随附的润滑脂注入口。

④ 从手腕供脂口供脂，直到新的润滑脂也从手腕排脂口排出为止。

⑤ 供脂后，释放残留压力。

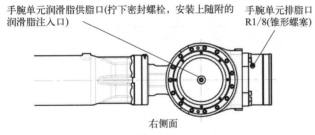

手腕单元润滑脂供脂口(拧下密封螺栓，安装上随附的
润滑脂注入口)

手腕单元排脂口
R1/8(锥形螺塞)

右侧面

图 3-96 更换手腕的润滑脂

（5）手腕的润滑脂更换步骤（M-710iC/50E）

① 将机器人移动到表 3-6 的供脂姿势。

② 切断控制装置的电源。

③ 如图 3-97 所示，取下手腕排脂口 1 的密封螺栓。

④ 从手腕单元供脂口供脂，直到新的润滑脂也从手腕排脂口 1 排出为止。

⑤ 把密封螺栓装到手腕排脂口 1 上。

⑥ 接着，取下手腕排脂口 2 的密封螺栓。

⑦ 从手腕单元供脂口供脂，直到新的润滑脂也从手腕排脂口 2 排出为止。

⑧ 供脂后，释放残留压力。

（6）释放润滑脂槽内残留压力

供脂后，为释放润滑脂槽内的残留压力，在拆下供脂口的润滑脂注入口和排脂口的密封螺栓的状态下，按照表 3-7 使机器人运转 20min 以上。此时，在供脂口、排脂口下安装回收袋，以避免流出来的润滑脂飞散。

由于周围的情况而不能执行上述动作时，应使机器人运转同等次数。轴角度只能取 30° 的情况下，应使机器人运转 40min 以上（原来的 2 倍）。同时向多个轴供脂时，可以使多个

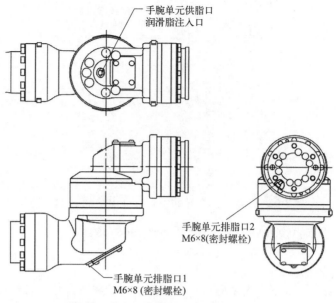

手腕单元供脂口
润滑脂注入口

手腕单元排脂口2
M6×8(密封螺栓)

手腕单元排脂口1
M6×8 (密封螺栓)

图 3-97 更换手腕的润滑脂（M-710iC/50E）

轴同时运行。结束后应在供脂口和排脂口上分别安装润滑脂注入口和密封螺栓。重新利用密封螺栓和润滑脂注入口时，应用密封胶带予以密封。

表 3-7 释放润滑脂槽内残留压力位姿

动作轴	J1	J2	J3	J4	J5	J6
J1 轴减速器	轴角度 60°以上且 OVR80％					
J2 轴减速器		轴角度 60°以上且 OVR100％				
J3 轴减速器	任意		轴角度 60°以上且 OVR100％	任意		
J4/J5/J6 轴齿轮箱 (J4/J5 轴齿轮箱)	任意			轴角度 60°或以上 OVR100		
手腕轴	任意			轴角度 60°或以上 OVR100		

3.3.3.4 更换平衡块轴承润滑油

某些型号机器人如 S-430、R-2000 等每半年或工作 1920h 还需更换平衡块轴承的润滑油。直接从加油嘴处加入润滑油，每次无须太多（约 10ml），如图 3-98 所示。

3.3.4 手腕的绝缘

对于有些工业机器人，比如弧焊工业机器人，应注意手腕的绝缘。

如图 3-99 所示，应在末端执行器安装面进行切实的绝缘。对于夹在末端执行器安装面和焊炬支架之间的绝缘构件，焊炬支架与绝缘构件之间的紧固螺栓和绝缘构件与机器人手腕之间的紧固螺栓不能共用，勿一起紧固。在焊炬和焊炬支架之间也插入绝缘构件，将其设计为双重绝缘结构。此时，应错开焊炬保持器和绝缘构件的缝隙部进行安装。考虑到飞溅物的堆积，充分确保绝缘所需的距离（5mm 以上）。即使加强绝缘措施，也可能会由于飞溅物的大量堆积而失去绝缘性能。需定期进行飞溅物的清除作业。

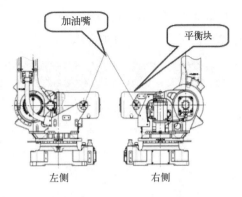

图 3-98 更换平衡块轴承润滑油

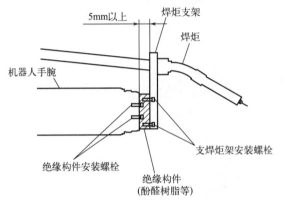

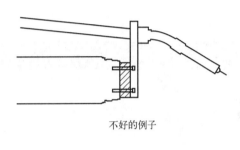

图 3-99 手腕的绝缘

3.3.5 工业机器人调试

3.3.5.1 调整

（1）功能部件的运行调整

功能部件的运行调整在安装完工业机器人之后，需要对工业机器人整体功能部件的性能做一个初步的试运行测试，首先在低速（25％的运行速度）状态下手动操纵工业机器人做单轴运动，测试工业机器人 6 个关节轴，如图 3-100 所示。观察工业机器人各个关节轴的运行是否顺畅、运行过程中是否有异响、各个轴是否能够达到工业机器人工作范围的极限位置附近，为后续工业机器人编程示教的过程做好预检和准备。

（2）工业机器人运行参数调整

机器人的速度一般分为低速、中速、高速，机器人速度的大小一般由速度的百分比（1％～100％）决定。在机器人手动运行模式下，一般运行速度设定为 10％，第一次自动运行自动程序，一般速度设定为 30％，待自动运行两遍程序确认无误后，方可增加机器人运行速度，如图 3-101 所示。

3.3.5.2 查看

（1）工业机器人常见运行参数

① 工业机器人运行电流：工业机器人的控制面板一般可检测工业机器人的运行电流，运行电流的变化可反映出机器人运行状态的变化，如图 3-102 所示。

② 电机扭矩百分比：工业机器人的控制面板一般可检测每个轴电机的扭矩百分比，通

过扭矩的变化可观察每个轴的负载，合理分配每个轴的扭矩负载，可使得机器人的运行更加地流畅，如图 3-100 所示。

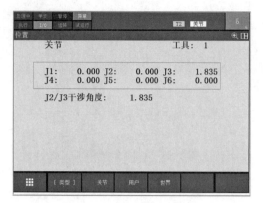

图 3-100 功能部件的运行调整

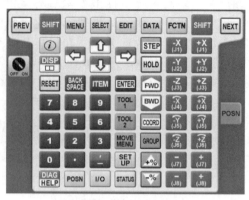

图 3-101 自动运行

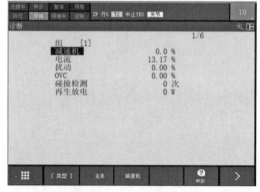

图 3-102 工业机器人运行电流

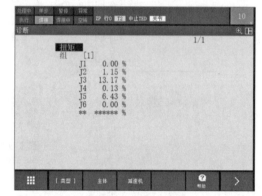

图 3-103 电机扭矩百分比

③ 碰撞检测信息：每次机器人意外碰撞停止后，控制面板都将留下报警记录，这些报警记录将会及时提醒我们进行相关的维护工作，如图 3-104 所示。

（2）机器人维护周期设定及查看

FANUC 机器人具有机器人常规维护提醒功能，根据常规维护周期进行时间设定，既可以提醒用户按时维护，也可以查看机器人当前状态，如图 3-105 所示。

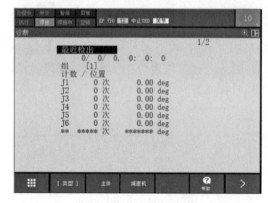

图 3-104 碰撞检测信息

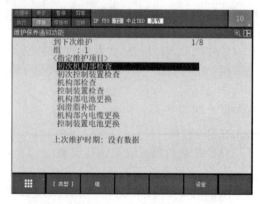

图 3-105 机器人维护周期设定及查看

（3）机器人运行参数及状态检测查看

① 依次按键"MENU"—"状态"，选择"轴"，进入轴状态显示界面，如图 3-106 所示。

② 在轴状态界面，按下"诊断"，进入轴诊断界面，如图 3-107 所示。

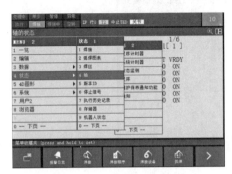

图 3-106　轴状态显示界面

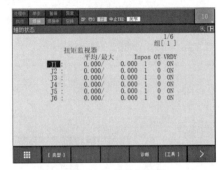

图 3-107　轴诊断界面

③ 在诊断界面，可以选择"减速机""主体"运行信息，如图 3-108 所示。

④ 选择减速器，查看机器人减速器扭矩、碰撞检测等运行信息，并做好记录，如图 3-109 所示。

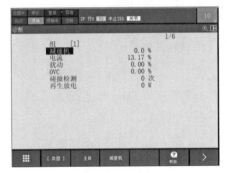

图 3-108　选择"减速机"

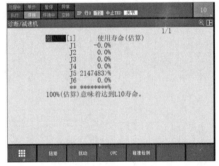

图 3-109　查看机器人运行信息

（4）机器人维护周期设定及查看

① 依次按键"MENU"—"状态"，选择"维护保养通知功能"，进入维护保养显示界面，如图 3-110 所示。

② 在示教器的维护保养界面下，查看机器人维护保养项目，如图 3-111 所示。

图 3-110　维护保养显示界面

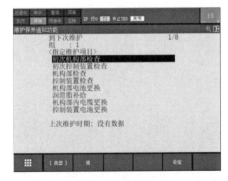

图 3-111　维护保养项目

③ 在示教器的维护保养界面下，查看机器人"机构部电池更换"信息，并做好记录，如图 3-112 所示。

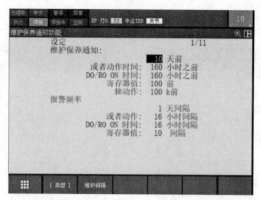

图 3-112 查看机器人"电池更换"信息

第4章 FANUC工业机器人的通信

4.1 PMC 功能与 FSSB 的设置

4.1.1 PMC 监控功能

内置 PMC 属于选项。PMC 监控功能可以将内置 PMC 的程序显示在示教操作盘上。

(1) PMC 梯形程序显示

可按照如下步骤显示 PMC 梯形程序。

① 按下 MENUS（画面选择）。

② 选择"设定输出·入信号"。

③ 按下 F1〔类型〕。

④ 选择 PMC 显示，按下 ENTER（输入）键，出现如图 4-1 所示的画面。

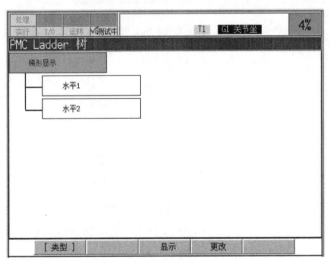

图 4-1 PMC 显示

⑤ 通过↑或↓键将光标移动到希望显示的级别或子程序，按下 F3〔显示〕或 ENTER 键，出现如图 4-2 所示内容。

注意：选择特定的级别或子程序时，显示所选的程序后，通过卷动滚动条可以显示所有程序。

(2) 切换地址和符号的显示

按下 F2〔符号〕，从下列①～④中任选其一，即可进行地址和符号的显示切换。

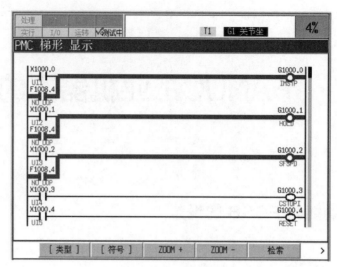

图 4-2 PMC 子程序

① 地址：在继电器或线圈上只显示地址（例：X1000.2）。

② 符号：在继电器或线圈上只显示符号（例：U13）。

③ 地址符号：在继电器或线圈上边显示地址，在其下边显示符号。

④ 符号地址：在继电器或线圈上边显示符号，在其下边显示地址。

（3）地址以及功能指令检索

① 按下 F5 [检索]，出现图 4-3 所示检索画面。

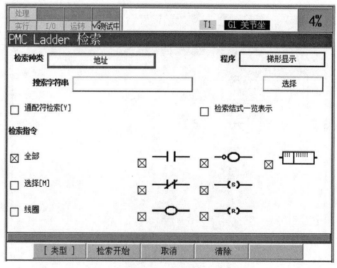

图 4-3 检索画面

② 选择"检索种类"，按下 ENTER 键，显示弹出窗口。选择检索哪个地址或功用指令。

③ 将光标指向"搜索字符串"，按下 ENTER 键，显示弹出键盘。输入要检索的字符。

④ 选择按钮用来指定检索开始位置。从所选的级别或子程序开始检索。

⑤ 选择"通配符检索"（勾选该选项），即在要检索的字符串处标上通配符（＊）进行通配符检索（例如 ＊R.0）。可以使用的通配符字符为一个。

⑥ 选择"检索结式一览表示"（勾选该选项）进行检索时，创建含有检索字符串的所有栅网（Nets）。没有勾选的情况下，显示含有检索字符串的栅网。按下 F5 [检索]，即可检索其他字符串。

⑦ 将光标指向指定检索范围的位置，即可使用如下选择：

全部：所有继电器、线圈、功能指令。

选择：所选的继电器、线圈、功能指令。

线圈：只限线圈。

⑧ 按下 F3 [取消] 或 [PREV] 键，返回 PMC 梯形程序显示画面。

⑨ F4 [清除]，删除检索字符串。

⑩ 按下 F2 [检索开始]，开始检索，并显示检索结果。

4.1.2 PMC 编辑功能

PMC 编辑功能是在 i Pendant 上编辑 PMC 梯形程序的一种功能。可以编辑存在于控制装置的 PMC 梯形程序的所有级别和所有子程序的继电器、线圈、功能指令。

可以更改梯形程序内的地址、符号以及全部栅网。编辑画面可从 i Pendant 的 3 个窗口边框使用，也可通过访问 CGTP. HTM 或 ECHO. HTM，经由遥控通信使用。编辑功能可通过密码来加以保护，以使其不能进行遥控通信。与 PMC 显示一样，该功能可以检索地址和符号。

(1) PMC 编辑功能的使用方法

① 按下 MENUS（画面选择）。

② 选择设定输出/入信号。

③ 按下 F1 [类型]。

④ 选择 PMC 显示时，出现图 4-4 所示的画面。在选择如水平 1 或水平 2 等梯形程序时，画面会显示梯形程序构成要素。

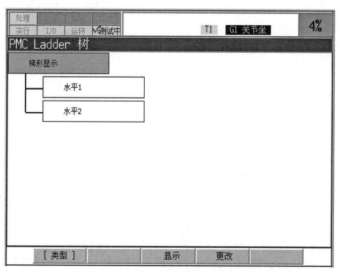

图 4-4 PMC 梯形程序树结构图

⑤ 用 ↑ 或 ↓ 键将光标指向希望显示的级别或子程序，按下 F4 [更改] 或 ENTER（输入）键，显示如图 4-5 所示的画面。选择特定的级别或子程序时，即可从该位置开始，但是光标在通过梯形程序后下移。

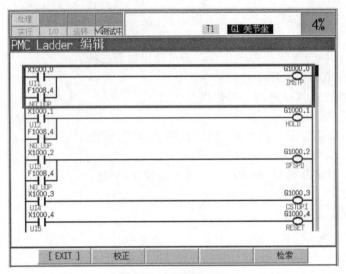

图 4-5 PMC 编辑画面

⑥ 光标成为蓝色，具有 2 个像素宽，包围栅网。可通过箭头键来移动光标。使用检索地址或功能指令时，参阅地址以及功能指令检索。要编辑栅网，将光标指向栅网，按下 F2〔校正〕或 ENTER 键，出现如图 4-6 所示的画面。

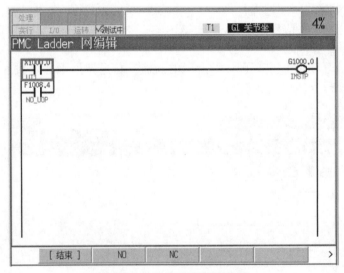

图 4-6 PMC 梯形程序栅网编辑

⑦ 要将要素设定在 A 接点中时，按下 F2〔NO〕（A 接点）。

⑧ 要将要素设定在 B 接点中时，按下 F3〔NC〕（B 接点）。

⑨ 要修改功能指令参数时，将光标指向功能指令的左上角，按下 ENTER 键。出现功能指令的参数画面。通过箭头键调节光标，按下 ENTER 键，即可更改参数。

⑩ 光标处在最右端时，可以进行如下更改。

a. 按下 F2〔WRT〕时，写入线圈。

b. 按下 F3〔WRTNT〕时，写入反转线圈。

c. 按下 F3〔SET〕（设定）时，设定线圈。

d. 按下 F4［RESET］（复位）时，复位线圈。

⑪ 要更改特定的地址或符号，将光标指向继电器，按下 ENTER 键。出现 PMC 连接设定画面，由此便可以进行地址和符号的编辑。

⑫ 编辑结束后，按下 F1［结束］，选择完成（将更改内容传送到编辑缓冲器中）。要取消编辑时，按下 F1［结束］，选择取消。继续编辑时，可选择继续。

⑬ 所有栅网的编辑都结束后，在 PMC 梯形程序编辑画面上按下 F1［EXIT］（结束），选择完成。返回 PMC 梯形程序树结构画面，将 PMC 梯形程序的修改内容保存。

（2）PMC 编辑功能不能执行

① 追加和删除栅网。

② 追加和删除继电器、线圈、连接线。

③ 更改功能指令 COD 的参数♯1。

④ 更改功能指令 CODB 的参数♯1 和♯2。

⑤ 更改功能指令 COM 的参数♯1。

⑥ 更改功能指令 SP、SPE、JMP、JMPE、JMPB、LBL、JMPC、COME、CALL、CALLU 的参数。

4.1.3　FSSB 的设置

（1）FANUC 工业机器人控制柜的主要组成

FANUC 机器人控制柜由主板（Main Board）、主板电池（Main Board Battery）、输入输出印制电路板（FANUCI/O Board）、紧急停止单元（E-Stop Unit）、电源供给单元（PSU）、示教器（Teach Pendant）、伺服放大器（Servo Amplifier）、操作面板（Operation Panel）、变压器（Transformer）、风扇单元（Fan Unit）、断路器（Breaker）、再生电阻（Discharge Resistor）等组成。控制柜 R-30iB 的 B 柜内部安装结构如图 4-7 所示，控制柜 R-30iB Mate 内部安装结构如图 3-79 所示。

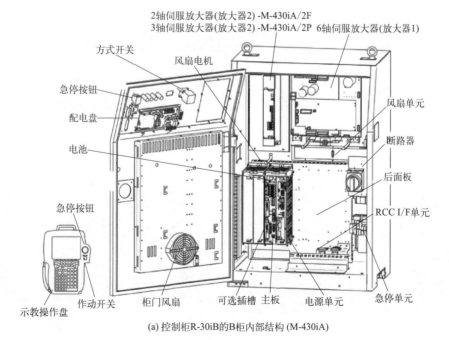

(a) 控制柜 R-30iB 的 B 柜内部结构 (M-430iA)

图 4-7

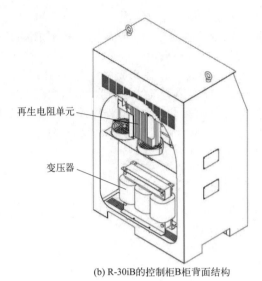

再生电阻单元

变压器

(b) R-30iB的控制柜B柜背面结构

图 4-7　R-30iB 控制柜 B 柜结构

1）FANUC 机器人控制柜的主板（MAIN BOARD）

　　主板安装有 CPU 及其外围电路、FROM/SRAM 存储器、操作面板控制电路，主板还进行伺服系统位置控制。FANUC 机器人控制柜的主板如图 4-8 所示。CPU 卡运算系统数据，伺服轴卡通过光纤控制六轴放大器驱动伺服电动机。CPU 卡如图 4-9 所示，伺服轴卡如图 4-10 所示。FROM/SRAM 存储器存储系统文件、I/O 配置文件以及程序文件，SRAM 中的文件在主机断电后需要 3V 的电池供电以保存数据。所以 FROM/SRAM 卡更换前需要备份保存数据，FROM/SRAM 存储器位于图 4-11 所示的位置。

(a) R-30iB的主板　　　　　(b) R-30iB Mate的主板　　　　　(c) 主板的结构

图 4-8　FANUC 机器人控制柜的主板

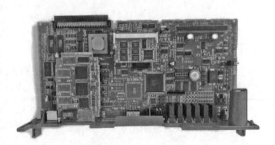

图 4-9　CPU 卡　　　　　图 4-10　伺服轴卡　　　　　图 4-11　FROM/SRAM 卡

2）FANUC 输入输出印制电路板（FANUC I/O BOARD）

FANUC 输入输出印制电路板可以选择多种不同的输入输出类型，通过 I/Olink 总线进行通信，由主板的 JD1A 接到输入输出印制电路板的 JD1B。FANUC 控制柜 R-30iB 的 I/O 板如图 4-12 所示，在主板上的位置如图 4-13 所示。FANUC 控制柜 R-30iB Mate 的 I/O 板如图 4-14 所示，R-30iB Mate 的 I/O 板的接线端子 CRMA15、CRMA16 如图 4-15 所示。

图 4-12　R-30iB 的 I/O 板

图 4-13　I/O 板在主板上的位置

图 4-14　R-30iB Mate 的 I/O 板

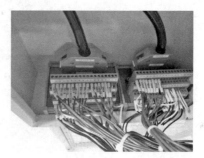

图 4-15　R-30iB MateI/O 板的接线端子

3）电源供给单元（PSU）

将 AC 电源转换为各类 DC 电源。电源经变压器从 CP1 引入，经过 F1 送入 PSU 内部。CP1A、CP2、CP3 是带熔丝的交流输出。其中 CP2 是 200V 交流输出，供给控制柜风扇、急停单元。CP5 是 +24V 直流输出。CP6 是 +24E 直流（24V）的输出，主要给紧急停止单元供电。电源供给单元（PSU）另外通过背板给主板和 I/O 板（I/O BOARD）供电，如图 4-16、图 4-17 所示。

4）伺服放大器（SERVO AMPLIFIER）

FANUC 伺服放大器集成了六轴控制，伺服放大器控制伺服电动机运行，接收脉冲编码器的信号，同时控制制动器、超程、机械手断裂等方面，如图 4-18 所示。三相 220V 交流电从 CRR38A 端子接入，如图 4-19 所示，整流成直流电，再逆变成交流电，驱动 6 个伺服电动机运动，如图 4-20 所示。主板通过光缆 FSSB 总线控制六轴驱动器，如图 4-21 所示。FANUC 机器人使用是绝对位置编码器，需要 6V 电池供电，每年定期更换。按急停按钮后，在控制器带电时更换，如图 4-22 所示。

图 4-16　电源供给单元（PSU）　　　　图 4-17　给主板和 I/O 板（I/O BOARD）供电

图 4-18　伺服放大器　　　　　　　　图 4-19　三相 220V 交流电接入端子

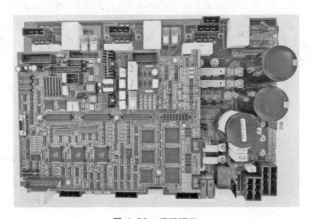

图 4-20　伺服驱动　　　　　　　　　图 4-21　FSSB 总线控制

5）FANUC 工业机器人控制柜其他组成

操作面板通过按钮和 LED 进行机器人的状态显示、启动等操作，如图 4-23 所示。变压器将输入的电源转换成控制器的各种 AC 电源。风扇单元和热交换器用来冷却控制装置内部。输入电源连接断路器，是在控制装置内部的电气系统异常或者输入电源异常导致高电流时保护设备。再生电阻用于释放伺服电动机的反电动势，如图 4-24 所示。

图 4-22 位置编码器电池

（2）FSSB（FANUC Serial Servo Bus）的设定

在主板的轴卡上有两个光纤口，COP10A-1 和 COP10A-2，光纤以轴卡的两个光纤口为起点，依次连入机器人六轴放大器、外部轴放大器。在连接过程中，遵循"B 进 A 出"的规则，即光纤从放大器的 COP10B 进，从放大器的 COP10A 出。连接在 A-1 上的机器人及附加轴其 FSSB 为 1，连接在 A-2 上的机器人及附加轴其 FSSB 为 2，图 4-25 是 FSSB 常用的形式。

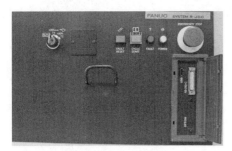

图 4-23 操作面板

图 4-24 再生电阻

附加轴板安装在主板的插槽 JGP1 或 JGP2 上。附加轴板是 1 枚的系统，即可将附加轴板插入 JGP1、JGP2 的任一个插槽。附加轴板是 2 枚的系统，将 JGP2 的插槽作为附加轴板 1 使用，将 JGP1 的插槽作为附加轴板 2 使用。

FSSB 中存有有 1～3、5 四个路径，只要不是轴数较多的系统和多手臂系统（有 2 台以上机器人的系统），通常使用 FSSB 第 1 路径，如图 4-26 所示。

（3）放大器编号的设置

放大器的编号按照光纤连接顺序依次进行编号，图 4-27 是一种应用实例。按照图 4-27 的连接顺序，放大器编号的设置如表 4-1 所示。

表 4-1 放大器编号的设置

运动组	放大器编号（AMP number）	放大器种类（AMP type）
1	1	2 beta series
2	2	2 beta series
3	3	2 beta series
4	4	2 beta series
5	5	2 beta series
6	6	2 beta series

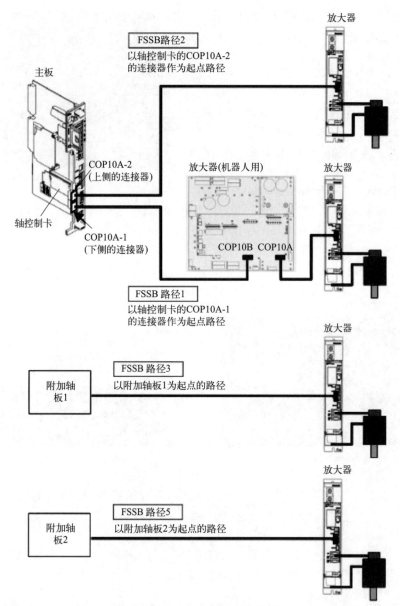

图 4-25　FSSB 常用的形式

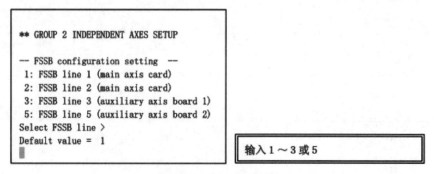

```
** GROUP 2 INDEPENDENT AXES SETUP

-- FSSB configuration setting --
 1: FSSB line 1 (main axis card)
 2: FSSB line 2 (main axis card)
 3: FSSB line 3 (auxiliary axis board 1)
 5: FSSB line 5 (auxiliary axis board 2)
Select FSSB line >
Default value = 1
```

输入 1～3 或 5

图 4-26　FSSB 第 1 路径

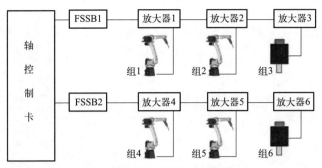

图 4-27 放大器编号应用实例

（4）起始轴号的设置

起始轴的轴号设定与光纤连接顺序密切相关，同时需要遵循表 4-2 所示的原则。图 4-28 是一种应用实例；按照图 4-28 的连接顺序，起始轴号设置如表 4-3 所示。

表 4-2　附加轴连接于 FSSB 路径

序号	FSSB 路径	有效的硬件开始轴号码
1	1	7~16[①]
2	2	*~24[②]
3	3	25~40[③]
4	4	41~56[④]

[①] 机器人的轴数不到 6 轴时，也可以使用 6 以下的值。

[②] FSSB 第 2 路径的硬件开始轴号码的下限，根据连接在 FSSB 第 1 路径的轴数而不同。

连接于 FSSB 第 1 路径的轴数为 4 的倍数时：

＊＝连接于 FSSB 第 1 路径的轴数＋1

连接于 FSSB 第 1 路径的轴数不是 4 的倍数时：

＊＝比连接于 FSSB 第 1 路径的轴数大，且最靠近的 4 的倍数＋1

[③] 与连接于 FSSB 第 1、第 2 路径的轴数无关，FSSB 第 3 路径的硬件开始轴号的下限为 25。

[④] 与连接于 FSSB 第 1、2、3 路径的轴数无关，FSSB 第 5 路径的硬件开始轴号码的下限为 41。

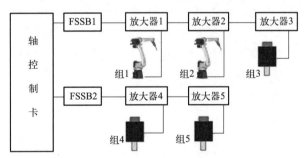

图 4-28 起始轴号设置应用实例

表 4-3　起始轴号设置

运动组	FSSB 路径	硬件起始轴编号	FSSB1 总轴数
1	1	1	无需设定
2	1	7	无需设定
3	1	13	无需设定
4	2	17	13
5	2	18	13

（5）抱闸号（Break Unit）的设置

第一台机器人六轴放大器的抱闸号为 1，其外加的抱闸单元分别为 2 号、3 号，如图 4-29 所示。第二台机器人六轴放大器的抱闸号为 5，其外加的抱闸单元分别为 6 号、7号，如图 4-30 所示。

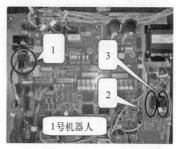

图 4-29 第一台工业机器人

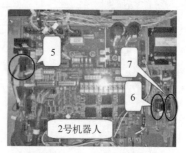

图 4-30 第二台工业机器人

（6）设置实例

以图 4-31 所示的，双工业机器人＋一轴定位＋两轴变位机的实现为例来介绍之。硬件设定及组分配见图 4-32 与表 4-4。需要增加的软件见表 4-5。设定步骤如下。

图 4-31 双工业机器人+ 一轴定位+ 两轴变位机的实现

表 4-4　组分配

运动组	FSSB 路径	FSSB1 路径总轴数	硬件开始号（Start Axis）	放大器号（AMP Number）	抱闸号（Break Number）
Group1	1	无须设定	1	1	1
Group2	1	无须设定	7	4	5
Group3	2	12	13	3	2
Group4	2	12	14	4	3
Group5	2	12	15	4	3

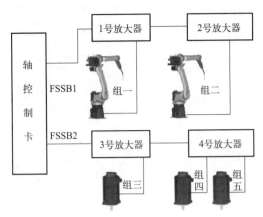

图 4-32 硬件设定

表 4-5 增加的软件

Basic Positioner	A05B-2500-H896 两个[1]
Independent Auxiliary Axis	A05B-2500-H895
Multi-Group Motion	A05B-2500-J601
M-10iA	A05B-2500-H863[2]

[1] 在此案例中，两个旋转的变位机是独立的，所以添加两个的代码。

[2] 在此案例中，共有两个机器人组，所以需要增加一个机器人软件代码。

① 执行控制启动操作；在按住 PREV（返回）和 NEXT 键的同时接通电源，接着，选择 "3. Controlled start"，按确定进入控制启动。

② 按下示教操作盘的 MENUS（画面选择）键，选择 "9. MAINTENANCE"（机器人设定），按 ENTER，出现如图 4-33 画面。

③ 移动光标到 "2M-10iA" 上，按下 F4 "MANUAL"，进入如图 4-34 画面；其中，1 为时间优先，2 为路径优先，一般情况下选择时间优先。

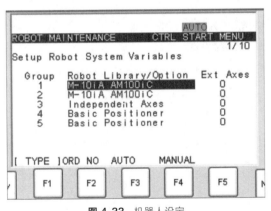

图 4-33 机器人设定

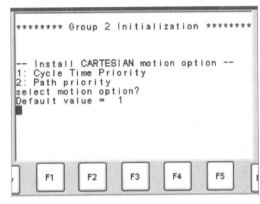

图 4-34 优先选择

④ 选择 "1 Cycle Time Priority"，按 ENTER 进入如图 4-35 所示画面。

⑤ 选择 "1 Normal Flange"，按 ENTER 进入图 4-36 安装角度设置画面。0°：地面安装。90°墙上侧挂安装。180°倒装。

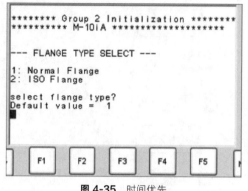

图 4-35　时间优先

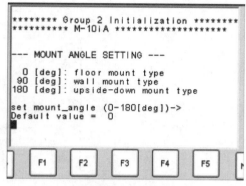

图 4-36　安装角度

⑥ 选择"0 floor mount type"，按 ENTER 进入图 4-37 所示负载设定界面弧焊应用中，一般设为 3kg。

⑦ 输入 3，按 ENTER 进入图 4-38 所示的路径设定界面，按照组分配的设置，ROBOT2 FSSB 路径设定为 1。

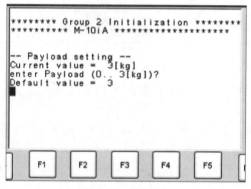

图 4-37　负载设定

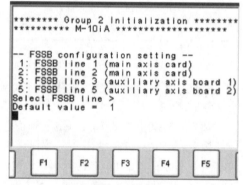

图 4-38　路径设定

⑧ 输入 1，按 ENTER 进入图 4-39 所示的 group2 开始轴设定画面。

⑨ 输入 7，按 ENTER 进入图 4-40 所示抱闸号设置界面。

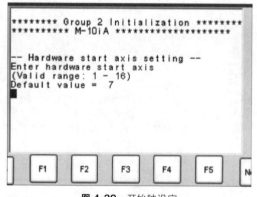

图 4-39　开始轴设定

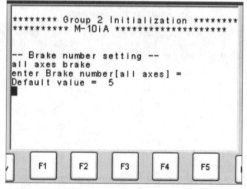

图 4-40　抱闸号设置界面

⑩ 输入 5，按 ENTER 进入图 4-41 所示的放大器号码设定画面。

⑪ 输入 4，按 ENTER 进入图 4-42 所示的机器人类型选择画面。

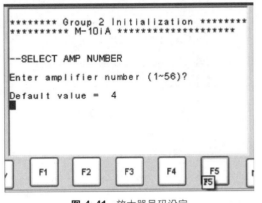

图 4-41 放大器号码设定

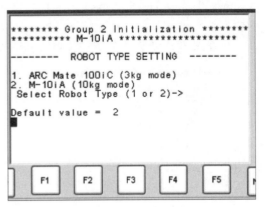

图 4-42 机器人类型选择

⑫ 输入 2,按 ENTER 进入图 4-43 所示的各关节限位设定画面。

⑬ 输入 1,按 ENTER 进入图 4-44 所示的 J1 轴运动范围设定画面。

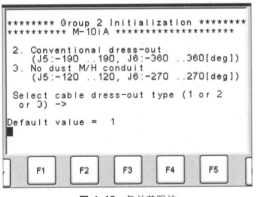

图 4-43 各关节限位

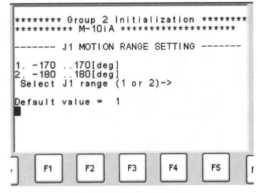

图 4-44 J1 轴运动范围

⑭ 输入 1:-170···170,按 ENTER 进入图 4-45 所示的画面,Robot 2 设定完毕,下面进行 G3 组定位轴的设定。

⑮ 移动光标到图 4-45 的 "3 Independent Axis",按下 F4 "MANUAL",进入图 4-46 的 FSSB 画面。

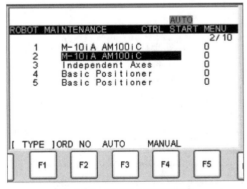

图 4-45 G3 组定位轴的设定

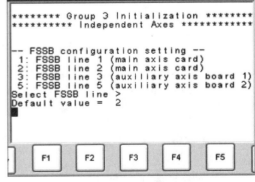

图 4-46 FSSB 画面

⑯ 在图 4-46 输入 2，按 ENTER 进入图 4-47 所示设置 FSSB1 通道上安装的总轴数画面。

⑰ 在图 4-47 输入 12，按 ENTER 进入图 4-48 所示的 G3 组开始轴的设定画面。

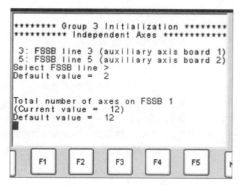

图 4-47 FSSB1 通道上安装的总轴数

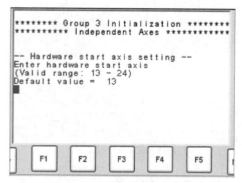

图 4-48 G3 组开始轴的设定画面

⑱ 在图 4-48 中输入 13，按 ENTER 进入图 4-49 所示的轴选择设定画面。其中 1 为显示或者修改轴的参数，2 为增加轴，3 为删除轴，4 为退出。

⑲ 图 4-49 输入 "2 Add Axis"，按 Enter 进入图 4-50 的电机设定画面。一般情况下，选择 "1 Standard Method"，按 Enter 进入电机设定界面（如果当前没有匹配的电机型号，选择 "0. Next page"，继续选择），这里以 aiF22/3000 为例介绍。

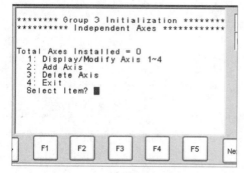

图 4-49 轴选择

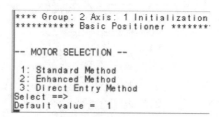

图 4-50 电机设定画面

⑳ 选择 "0. Next page"，如图 4-51 所示，按 Enter 进入图 4-52 所示的界面。

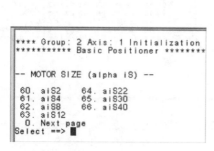

图 4-51 输入 0. Next page

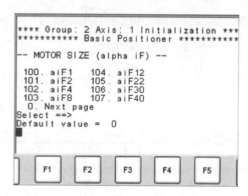

图 4-52 输入界面

㉑ 在图 4-52 中选择 "105.aiF 22"，按 Enter 进入电机转速选择界面，如图 4-53 所示，选择 "2./3000"，按 Enter 进入图 4-54 所示的放大器电流选择界面。

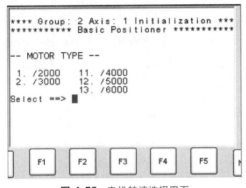

图 4-53 电机转速选择界面

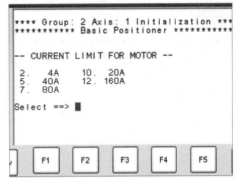

图 4-54 放大器电流选择界面

㉒ 在图 4-54 中选择 "7.80A"，按 Enter 进入图 4-55 所示的放大器编号设定界面。

㉓ 在图 4-55 中输入 2，按 Enter 进入图 4-56 所示的放大器种类设定界面；其中 1 为机器人六轴放大器，2 为外部轴的放大器。

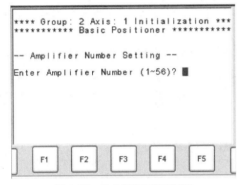

图 4-55 放大器编号设定界面

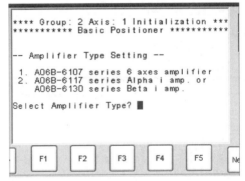

图 4-56 放大器种类设定界面

㉔ 在图 4-56 中输入 2，按 Enter 进入图 4-57 所示的轴运动类型设定界面；1 为直线运动，2 为旋转运动。

㉕ 在图 4-57 中选择 "2：Rotary Axis"，按 Enter 进入图 4-58 所示的轴运动方向设定界面；旋转轴的运动方向是绕一根轴旋转，这里以＋Y 为例说明。

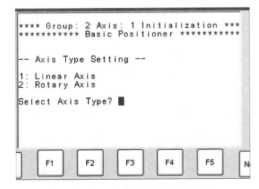

图 4-57 轴运动类型设定界面

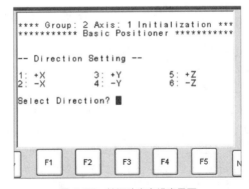

图 4-58 轴运动方向设定界面

㉖ 在图 4-58 中选择 "3：＋Y"，按 Enter 进入图 4-59 所示的轴减速比设定界面；减速比的大小取决于减速器，这里的减速比以 141 为例说明。

㉗ 在图 4-59 中输入 141，按 Enter 进入图 4-60 所示的轴最大速度设定界面。一般情况下，不改变它的最大速度。

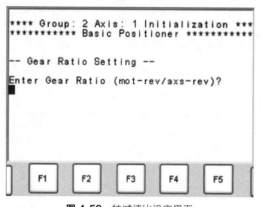

图 4-59　轴减速比设定界面

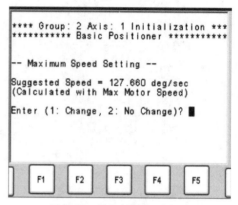

图 4-60　轴最大速度设定界面

㉘ 在图 4-60 中选择 "2：No Change"，按 Enter 进入图 4-61 所示的界面。

㉙ 在图 4-61 选择 "1：TRUE"，按 Enter 进入图 4-62 所示的轴上限设定界面，以 360°为例。

㉚ 在图 4-62 输入 360，按 Enter 进入图 4-63 所示的轴下限设定界面，以 −360°为例。

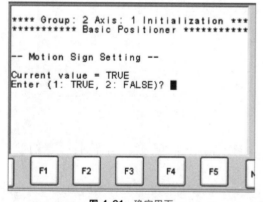

图 4-61　确定界面

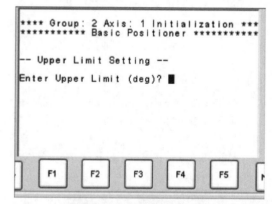

图 4-62　所示的轴上限设定界面

㉛ 在图 4-63 输入 −360，按 Enter 进入图 4-64 所示的零点设定界面。一般情况下，都以 0°作为外部轴的零点。

㉜ 在图 4-64 输入 0，按 Enter 进入图 4-65 所示的 Accel Time 1 界面；要改变的 Accel Time 1 的时间，则输入 1，否则输入 2。为了使电机平稳地加速或者减速，一般增加 Accel Time 1 的时间。

㉝ 在图 4-65 输入 1 按 Enter 进入图 4-66 所示的 Accel Time 1 设定界面，这里以 800ms 为例。

㉞ 在图 4-66 输入 800，按 Enter，进入图 4-67 所示的 Accel Time 2 界面，然后输入 1 按 Enter 进入 Accel Time 2 设定界面；为了使电机平稳地加速或者减速，一般增加 Accel Time 2 的时间，这里以 400ms 为例。

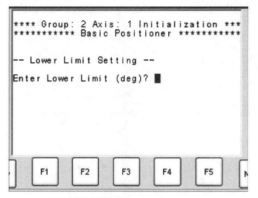

图 4-63 轴下限设定界面

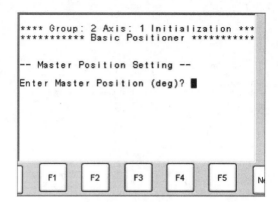

图 4-64 零点设定界面

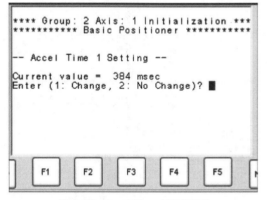

图 4-65 Accel Time 1 设定界面

图 4-66 Accel Time 1 设定界面

㉟ 在图 4-67 输入 400ms，按 Enter 进入图 4-68 设定界面。一般情况下，选择"2：FALSE"。

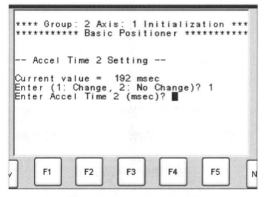

图 4-67 Accel Time 2 界面

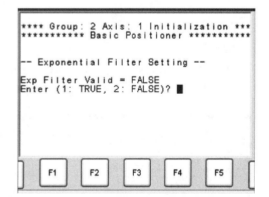

图 4-68 设定界面

㊱ 在图 4-68 输入 2，按 Enter 进入图 4-69 所示的 Minimum Accel Time 设定界面。一般情况下，选择"2：No Change"。

㊲ 在图 4-69 选择"2：No Change"，按 Enter 进入图 4-70 所示的电机负载率设定界面。负载率的范围为 1 到 5，一般情况下设为 3。

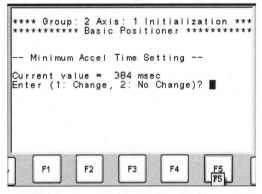

图 4-69 Minimum Accel Time 界面

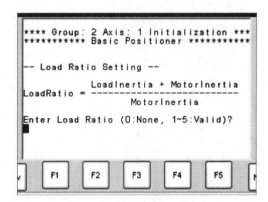

图 4-70 电机负载率设定界面

㊳ 在图 4-70 输入 3，按 Enter 进入图 4-71 所示的抱闸号设定界面；按照硬件连接图，该抱闸号设为 3。

㊴ 在图 4-71 输入 3，按 Enter 进入图 4-72 所示的 Servo Off 设定界面，一般情况下选择"1：TRUE"。

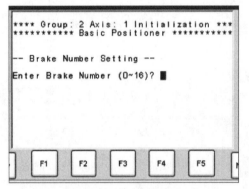

图 4-71 抱闸号设定界面

图 4-72 Servo Off 设定界面

㊵ 在图 4-72 中输入 1，按 Enter 进入图 4-73 所示的 Servo Off Time 设定界面，一般情况下设定为 10s。

㊶ 在图 4-73 输入 10，按 Enter 进入图 4-49 所示的设定界面，进行下一轴的添加。

㊷ 添加完成后，进入图 4-74 所示的组分配和硬件号的设定界面。

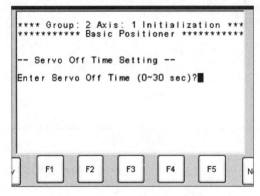

图 4-73 Servo Off Time 设定界面

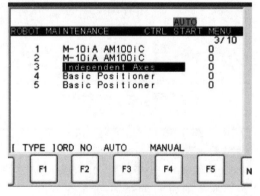

图 4-74 组分配和硬件号的设定界面

㊸ 添加完成后，按 FCTN，进入 COLD START。

㊹ 进入 COLD START 后，再进行 Group3、Group4、Group5 的脉冲复位、零点调整和校准，重启后可以示教和编程操作。

4.2 FANUC 工业机器人与 PLC 的通信

4.2.1 FANUC 工业机器人与 SIEMENS PLC 的 Profibus 通信

FANUC 机器人作为从站时，Profibus 通信的波特率最大为 12Mb/s，输入输出信号数量最多各 1024 个，支持信号类型有数字输入输出（DI/DO）信号、外围设备输入输出（UI/UO）信号、组输入输出（GI/GO）信号。下面以 SIEMENS S7-300 的 PLC 作主站、FANUC 机器人作从站为例介绍 Profibus 通信，如图 4-75、图 4-76 所示。其操作过程见表 4-6。

图 4-75 工业机器人侧

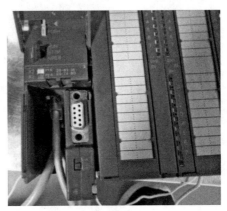

图 4-76 PLC 侧

表 4-6 操作过程

步骤		图示
FANUC 机器人 Profibus 配置	1. 选择"MENU"，选择"6 设置"，选择"7 PROFIBUS"	

步骤	图示
FANUC 机器人 Profibus 配置	2. 选择"其他",选择"1 从站",设置输入字节数 8,即设置了 64 个输入信号。设置输出字节数 8,即设置了 64 个输出信号。 站地址为 3,即设置了 FANUC 机器人的地址为 3 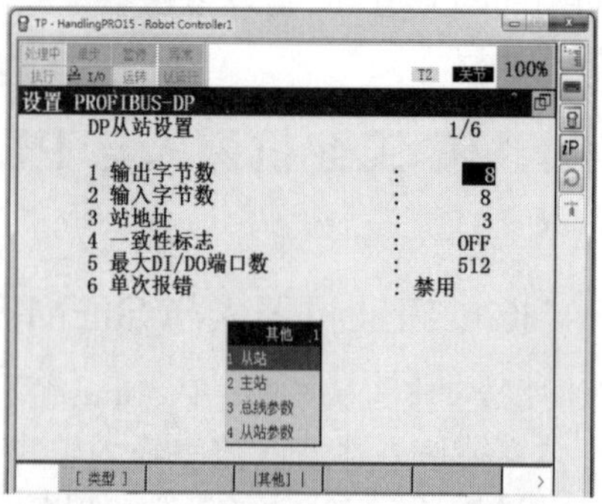
创建 Profibus 的 I/O 信号	1. 选择"MENU",选择"5 I/O",选择"3 数字" 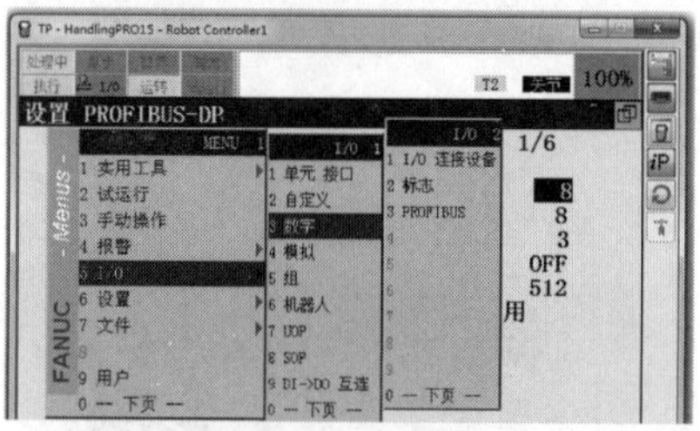
	2."分配" 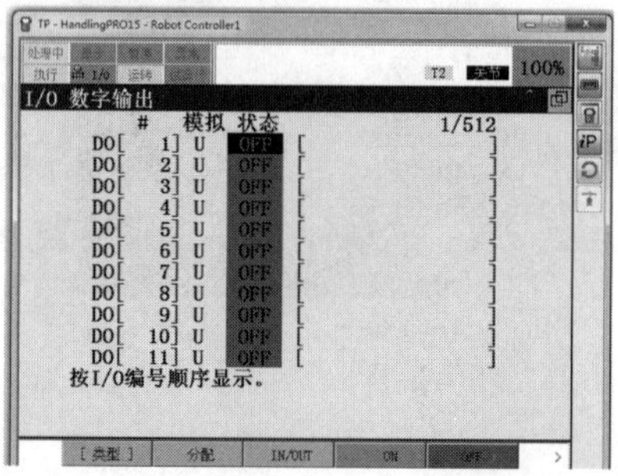
	3. 设置输入信号 DI[1]-DI[64],一共 64 个输入信号,机架号为 67 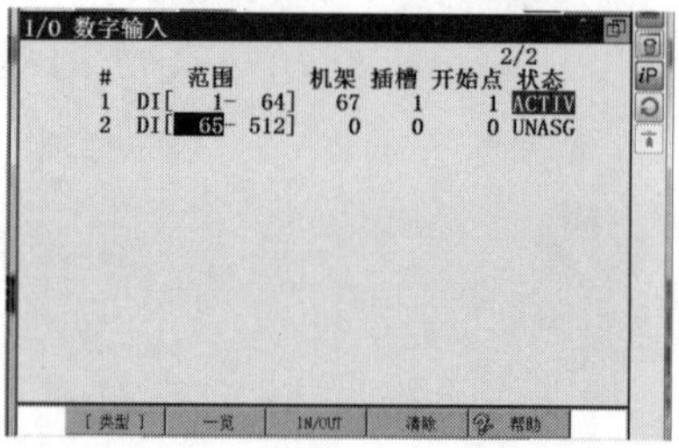
	4. 设置输出信号 DO[1]-DO[64],机架号为 67,一共 64 个输出信号 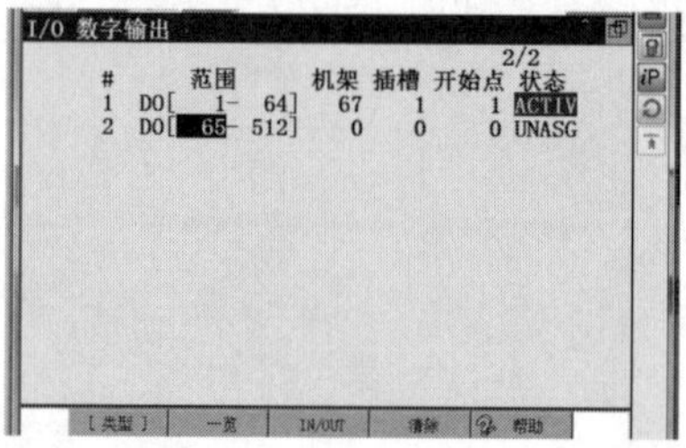

步骤	图示
PLC 配置	
1. 创建项目。打开 TIA 博途软件,选择"启动",单击"创建新项目",在"项目名称"输入创建的项目名称(本例为"项目 3"),单击"创建"按钮	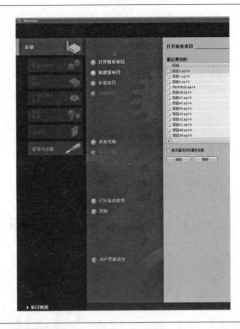 
2. 安装 GSD 文件。 当博途软件需要配置第三方设备进行 Profibus 通信时(例如和 FANUC 机器人通信),需要安装第三方设备的 GSD 文件。项目视图中单击"选项",选择"管理通用站描述文件(GSD)"命令,选中 30ib io. gsd,单击"安装",将 FANUC 机器人的 GSD 文件安装到博途软件中	 

步骤		图示
PLC 配置	3. 添加 PLC。单击"添加新设备",选择"控制器",本例选择 SIMATIC S7-300 中的 CPU314C-2 PN/DP,选择订货号 6ES7 314-6EH04-0AB0,版本 V3.3 注意订货号和版本号要与实际的 PLC 一致。单击"确定",打开设备视图	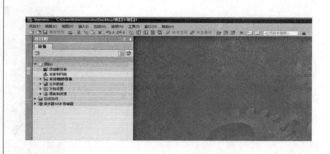  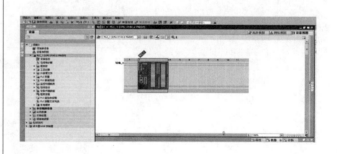
	4.PLC 的 IP 地址和设备名称的设置	单击 PLC 绿色的 PROFINET 接口,在"属性"选项卡中设置"IP 地址"为"192.168.0.1","子网掩码"为"255.255.255.0","PROFINET 设备名称"为"plc_1"

步骤	图示
PLC 配置 5. 添加 FANUC 工业机器人。"网络视图"中,选择"其它现场设备",选择"PROFIBUS DP""NC/RC""FANUC""FANUC ROBOT-2",将图标"FANUC ROBOT-2"拖入"网络视图"中。"属性"设置"PROFIBUS 地址"设为"3",注意与 FANUC 机器人示教器设置的站地址相同	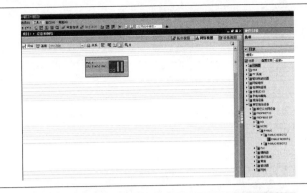 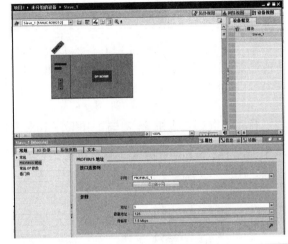
6. 建立 PLC 与 FANUC 机器人 Profibus 通信。用鼠标点住 PLC 的粉色 Profibus DP 通信口,拖至"FANUC ROBOT-2"粉色 Profibus DP 通信口上,即建立起 PLC 和 FANUC 机器人之间的 Profibus 通信连接	
7. 设置 FANUC 工业机器人通信输入信号。选择"设备视图",选择"目录"下的"8 Byte Out,8 Byte In"。输入 8 个字节,包含 64 个输入信号,地址 IB0~IB7,与 FANUC 机器人示教器设置的输出信号 DO[1]~DO[64]相对应,信号数量相同。输出 8 个字节,包含 64 个输出信号,地址 QB0~QB7,与 FANUC 机器人示教器设置的输出信号 DI[1]~DI[64]相对应,信号数量相同。机器人输出信号和 PLC 输入信号地址见表 4-7	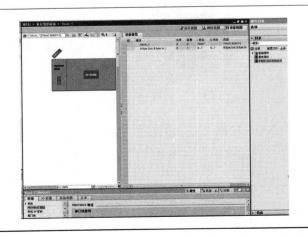

表 4-7　机器人输出信号和 PLC 输入信号地址

机器人输出信号地址	PLC 输入信号地址	机器人输入信号地址	PLC 输出信号地址
DO[1…8]	PIB0	DI[1…8]	PQB0
DO[9…16]	PIB1	DI[9…16]	PQB1
DO[17…24]	PIB2	DI[17…24]	PQB2
DO[25…32]	PIB3	DI[25…32]	PQB3
DO[33…40]	PIB4	DI[33…40]	PQB4
DO[41…48]	PIB5	DI[41…48]	PQB5
DO[49…56]	PIB6	DI[49…56]	PQB6
DOI[57…64]	PIB7	DI[57…64]	PQB7

表 4-7 中机器人输出信号和 PLC 输入信号地址等效，机器人输入信号地址和 PLC 输出信号地址等效。例如 FANUC 机器人中的输出信号 DO[1] 和 PLC 中的 I0.0 信号等效，输入信号 DI[0] 和 PLC 中的 Q0.0 信号等效，所谓信号等效是指它们同时通断。

4.2.2　FANUC 工业机器人与 SIEMENS PLC 的 Profinet 通信

以 SIEMENS S7-300 的 PLC 作主站、FANUC 机器人作从站为例介绍 Profinet 通信，如图 4-77、图 4-78 所示。

图 4-77　机器人侧

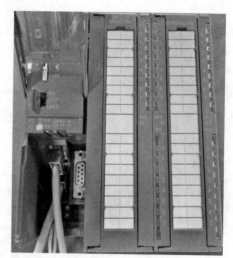

图 4-78　PLC 侧

FANUC 机器人采用双通道（Dual Chanel）Profinet 板卡进行通信，Profinet 板卡货号为 A20B-8101-0930，ProfinetI/O 软件订货号为 A05B-2600-R834。双通道 Profinet 板卡有四个网口，上面两个网口为主站接口，称为"1 频道"，机架号为 101。两个网口为从站接口，称为"2 频道"，机架号为 102。接在下面两个网口中的一个是从站接口，机架号为 102。其操作步骤见表 4-8。

表 4-8　FANUC 机器人与 SIEMENS PLC 的 Profinet 通信操作步骤

步骤	图示
FANUC机器人的配置 1. 选择"MENU",选择"5I/O",选择"3 PROFINET(M)"	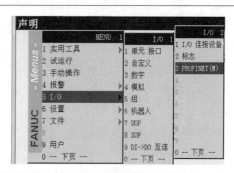
2. 将光标移至"1 频道",选择"无效",禁用主站功能,否则示教器会报警。显示的是 FANUC 机器人作主站的 IP 地址"192.168.1.10"。主站的 IP 地址也可以修改	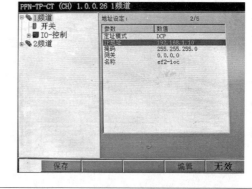 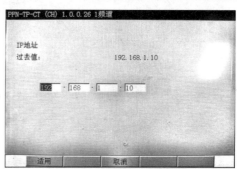
3. 将光标移至"2 频道",2 频道是从站。单击"DISP"按键切换到右侧画面,设定与 PLC 相对应 IP 地址、子网掩码、设备名称 　本例中作为从站的 FANUC 机器人的 IP 地址是"192.168.0.5",PLC 应和 FANUC 机器人在同一个网段,PLC 的 IP 地址前三位和 FANUC 机器人的 IP 地址的前三位相同,设为"192.168.0",最后一位必须不同,例如 PLC 的 IP 地址可以为 192.168.0.1。机器人的名称为"r30ib-iodevice",选择"编辑"键可以修改	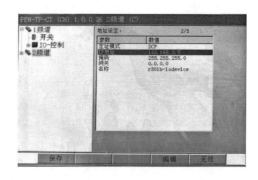

步骤	图示
FANUC 机器人的配置	

<table>
<tr><td rowspan="6">FANUC
机器人的
配置</td><td>4. 单击"DISP"键切换到左侧界面,将"2 频道"展开,其中"开关"中的设定不需要修改。光标下移到"IO-设备",单击"DISP"键切换到右侧画面,将光标移至第一行</td><td>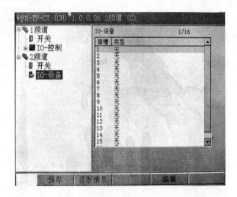</td></tr>
<tr><td rowspan="2">5. 选择"编辑",打开插槽 1 的设定画面,选择"输入输出插槽",选择输入输出各 8 个字节的模块"DI/DO 8 字节"单击"保存"</td><td>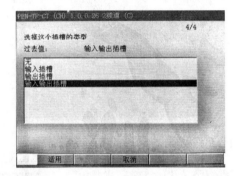</td></tr>
<tr><td>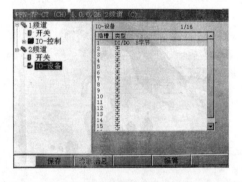</td></tr>
<tr><td>6. 单击"保存"以保存所有设置,并提示重启机器人使设置生效</td><td></td></tr>
</table>

步骤	图示
创建 Profinet 的 I/O 信号	
1. 选择"MENU",选择"5I/O",选择"5 数字"	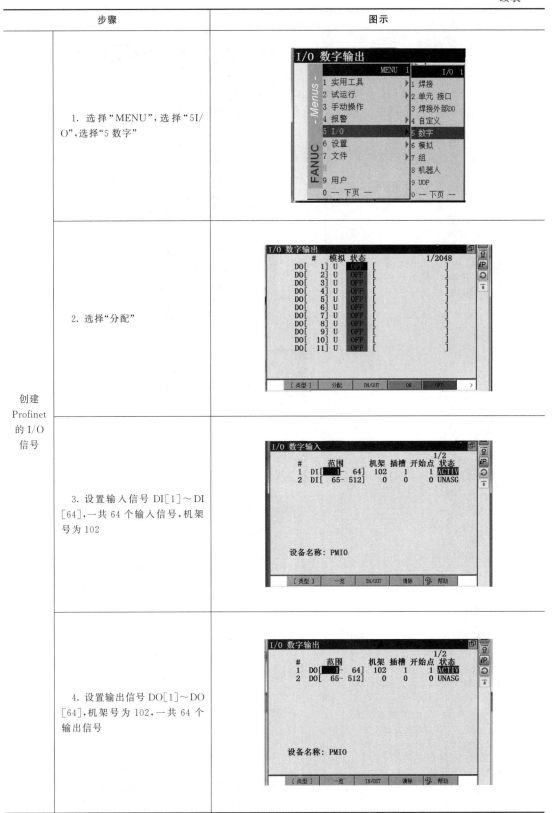
2. 选择"分配"	
3. 设置输入信号 DI[1]~DI[64],一共 64 个输入信号,机架号为 102	
4. 设置输出信号 DO[1]~DO[64],机架号为 102,一共 64 个输出信号	

步骤	图示
PLC 配置	1. 创建项目：打开 TIA 博途软件，选择"启动"，单击"创建新项目"，在"项目名称"输入创建的项目名称（本例为"项目 3"），单击"创建"按钮 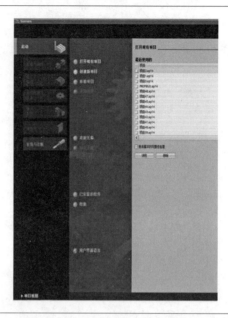 
	2. 安装 GSD 文件。当博途软件需要配置第三方设备进行 Profinet 通信时（例如和 FANUC 机器人通信），需要安装第三方设备的 GSDML 文件。项目视图中单击"选项"，选择"管理通用站描述文件（GSD）"命令，选中 GSDML-V2.3-Fanuc-A05B2600 R834V830-20140601.xml，单击"安装"，将 FANUC 机器人的 GSDML 文件安装到博途软件中  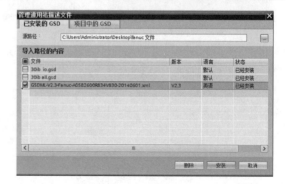

步骤	图示
PLC 配置 3. 添加 PLC。单击"添加新设备",选择"控制器",本例选择 SIMATIC S7-300 中的 CPU314C-2 PN/DP,选择订货号 6ES7 314-6EH04-0AB0,版本 V3.3。注意订货号和版本号要与实际的 PLC 一致。单击"确定",打开设备视图	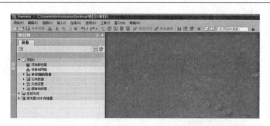  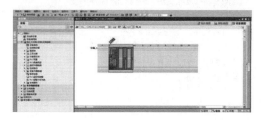
4. PLC 的 IP 地址、设备名称的设置。单击 PLC 绿色的 PROFINET 接口,在"属性"中设置以太网地址"192.168.0.1"、子网掩码"255.255.255.0"、PROFINET 设备名称"plc_1"	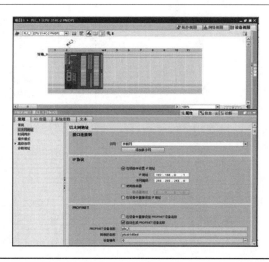

步骤	图示
PLC 配置	 5. 添加 FANUC 工业机器人。"网络视图"中,选择"其它现场设备",选择"PROFIBUS IO""I/O""FANUC""R-30IB EF2",将图标"A05B-2600-R834:FANUC Robot Controller(1.0)"拖入"网络视图"中。"属性"中设置"以太网地址"中的"IP 地址"设为"192.168.0.5",PROFINET 设备名称设为"r30ib-iodevice"。 注意与 FANUC 机器人示教器设置的 IP 地址和 PROFINET 设备名称"r30ib-iodevice"相同  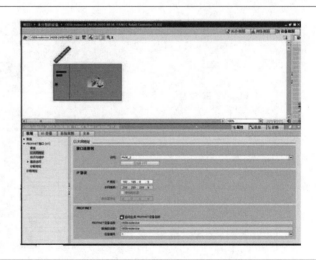

步骤	图示
	6. 建立 PLC 与 FANUC 机器人 PROFINET 通信。用鼠标点住 PLC 的绿色 PROFINET 通信口，拖至"r30ib-iodevice"绿色 PROFINET 通信口上，即建立起 PLC 和 FANUC 机器人之间的 PROFINET 通信连接 
PLC 配置	7. 设置 FANUC 工业机器人通信输入信号。选择"设备视图"，选择"目录"下的"8 Input bytes, 8 Output bytes"。输入 8 个字节，包含 64 个输入信号，地址 IB0～IB7，与 FANUC 机器人示教器设置的输出信号 DO[1]～DO[64] 相对应，信号数量相同。 输出 8 个字节，包含 64 个输出信号，地址 QB0～QB7，与 FANUC 机器人示教器设置的输出信号 DI[1]～DI[64] 相对应，信号数量相同。机器人输出信号地址、PLC 输入信号地址见表 4-9 

表 4-9　机器人输出信号地址与 PLC 输入信号地址

机器人输出信号地址	PLC 输入信号地址	机器人输入信号地址	PLC 输出信号地址
DO[1…8]	PIB0	DI[1…8]	PQB0
DO[9…16]	PIB1	DI[9…16]	PQB1
DO[17…24]	PIB2	DI[17…24]	PQB2
DO[25…32]	PIB3	DI[25…32]	PQB3
DO[33…40]	PIB4	DI[33…40]	PQB4
DO[41…48]	PIB5	DI[4…48]	PQB5
DO[49…56]	PIB6	DI[49…56]	PQB6
DO[57…64]	PIB7	DI[57…64]	PQB7

4.2.3　FANUC 工业机器人与三菱 PLC 的 CCLink 通信

FANUC 工业机器人与三菱 PLC 的 CCLink 通信的硬件连接如图 4-79 所示。FANUC 机器人 CCLink 通信模块 A20B-8101-0550 适用于控制柜 R-30iA、R-30iB、R-30iB Mate，CCLink 通信模块 A05B-2500-J061 适用于控制柜 R-30iA、R-30iB，CCLink 通信模块 A05B-2500-J062 适用于控制柜 R-30iA。CCLink 通信软件订货号 A20B-8101-0550 适用于控制柜 R-30iB，通信软件订货号 A05B-2500-J786 适用于控制柜 R-30iA、R-30iA Mate。其操作步骤见表 4-10。

(a) 通信模块A20B-8101-0550　　　(b) 已经接线通信模块A20B-8101-0550

(c) 通信

图 4-79　FANUC 工业机器人与三菱 PLC 的 CCLink 通信的硬件连接

表 4-10　FANUC 工业机器人与三菱 PLC 的 CCLink 通信操作步骤

步骤		图示
FANUC 机器人 CCLink 配置	1. 选择"MENU",选择"6 设置",选择"1 CC-Link"	

続表

步骤	图示
FANUC 机器人 CCLink 配置	2. 工业机器人选择站数 2
创建 CCLink 的 I/O 信号	1. 选择"MENU",选择"5I/O",选择"3 数字"
	2. 选择"分配"
	3. 设置输入信号 DI[1]～DI[64],一共 64 个输入信号,机架号为 92

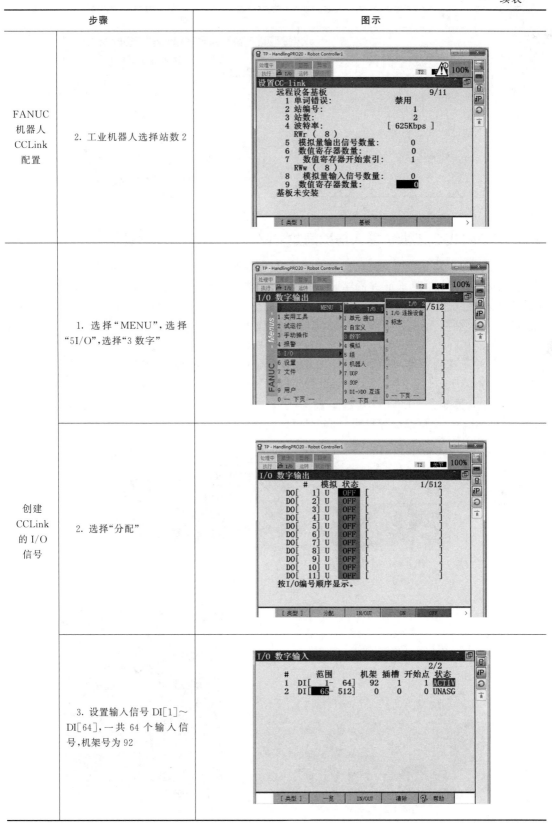

步骤	图示
创建 CCLink 的 I/O 信号	4. 设置输出信号 DO[1]～ DO[64]，机架号为 92，一共 64 个输出信号	

画面内容：

I/O 数字输出 2/2
范围 机架 插槽 开始点 状态
1 DO[1- 64] 92 1 1 ACTIV
2 DO[65- 512] 0 0 0 UNASG
[类型] 一览 IN/OUT 清除 帮助

4.2.4 FANUC 工业机器人与欧姆龙 PLC 的 EtherNet/IP 通信

EtherNet/IP 是一种基于以太网的开放式现场总线，实质是以太网 TCP/IP 在工业上的应用，设备按照不同的 IP 地址进行寻址。FANUC 机器人支持通信速度 10Mb/s 和 100Mb/s、全双工和半双工方式，如图 4-80、图 4-81 所示。FANUC 机器人作为 EtherNet/IP Adapter（适配器）的软件订货号为 1A05B-2500-R538，作为 EtherNet/IP Scanner（扫描仪）的软件订货号为 1A05B-2500-R540。图 4-82 中欧姆龙 PLC 的 CPU 型号为 CP1H-XA40DT-A，通过 USB 接口的编程电缆（左侧）与 PC 的编程软件上传下载程序、硬件配置。图 4-83 的通信模块的规格为 CJ1W-EIP21，通过网线可与 PC、FANUC 机器人网口进行 EtherNet/IP 通信。本例中，欧姆龙 PLC 的 IP 地址设为 192.168.250.1，FANUC 机器人的 IP 地址设为 192.168.250.2。其操作步骤见表 4-11。

图 4-80 全双工

图 4-81 半双工

图 4-82 欧姆龙 PLC

图 4-83 CJ1W-EIP21 通信模块

表 4-11 FANUC 机器人与欧姆龙 PLC 的 EtherNet/IP 通信操作步骤

步骤	图示
FANUC 机器人的 EtherNet/IP 配置	
1. 选择"MENU",选择"6 设置",选择"2 主机通讯"	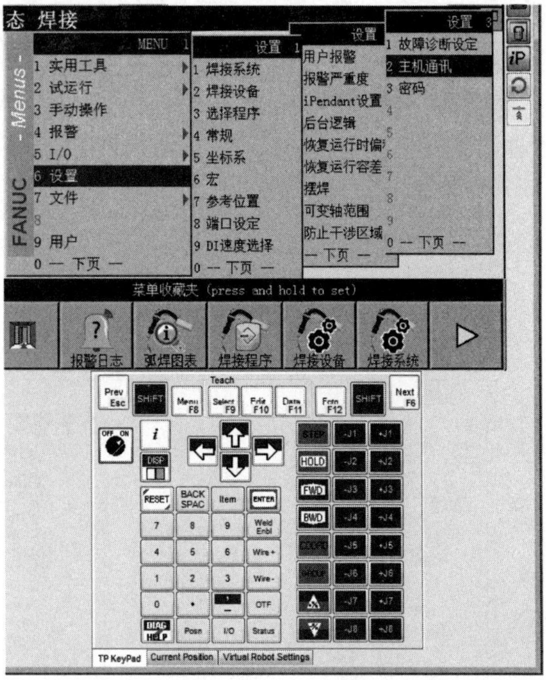
2. 选择"TCP/IP"	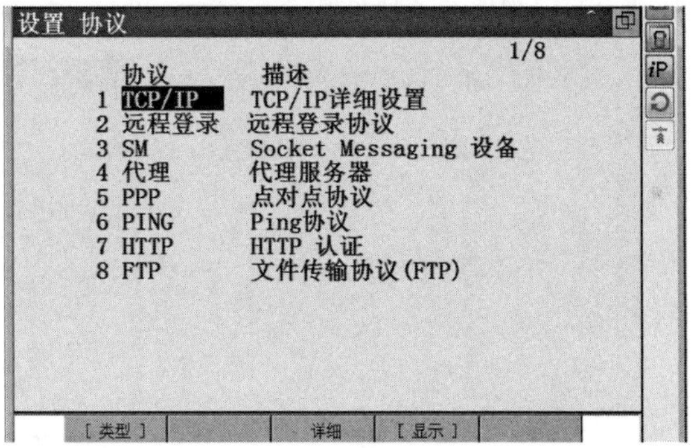
3. 在"端口♯1 IP 地址"输入 FANUC 机器人的 IP 地址,本例设为 192. 168. 250. 2	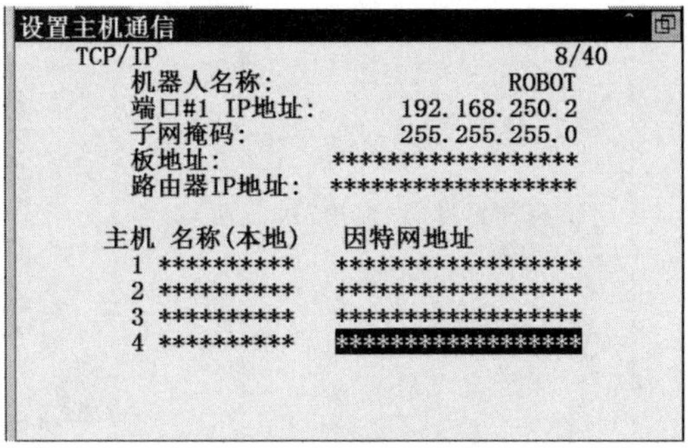

步骤		图示
创建 EtherNet/IP 的 I/O 信号	1. 选择"MENU",选择"5 I/O",选择"EtherNet/IP"	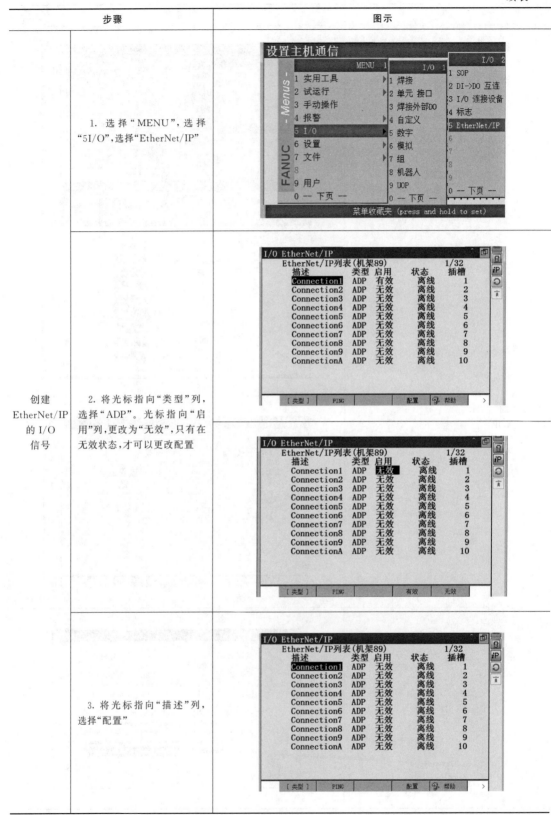
	2. 将光标指向"类型"列,选择"ADP"。光标指向"启用"列,更改为"无效",只有在无效状态,才可以更改配置	
	3. 将光标指向"描述"列,选择"配置"	

步骤	图示
创建 EtherNet/IP 的 I/O 信号	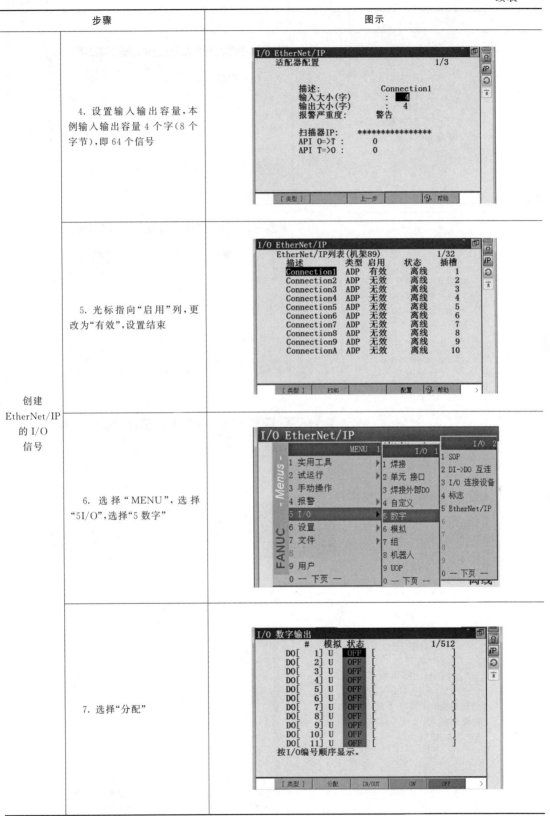
4. 设置输入输出容量,本例输入输出容量 4 个字(8 个字节),即 64 个信号	
5. 光标指向"启用"列,更改为"有效",设置结束	
6. 选择" MENU ",选择"5I/O",选择"5 数字"	
7. 选择"分配"	

步骤	图示
创建 EtherNet/IP 的 I/O 信号 8. 设置输入信号 DI[1]～DI[64]，一共 64 个输入信号，机架号为 89	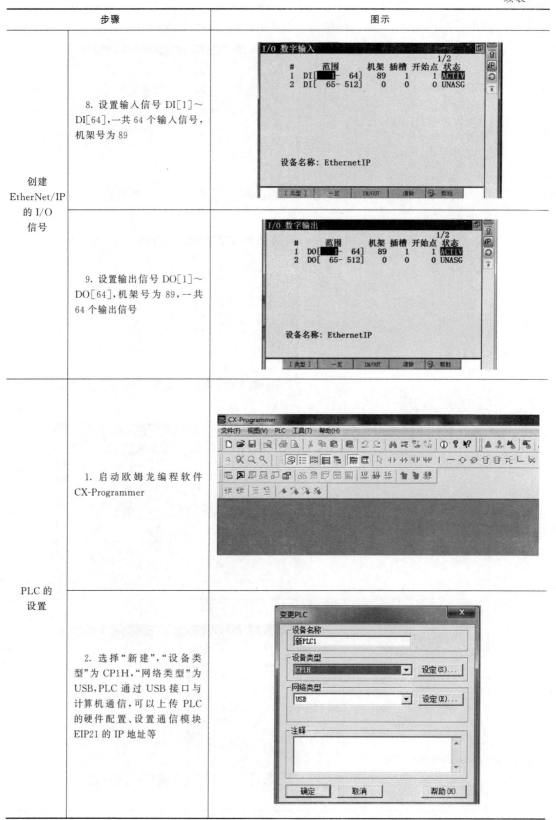
9. 设置输出信号 DO[1]～DO[64]，机架号为 89，一共 64 个输出信号	
PLC 的设置 1. 启动欧姆龙编程软件 CX-Programmer	
2. 选择"新建"，"设备类型"为 CP1H，"网络类型"为 USB，PLC 通过 USB 接口与计算机通信，可以上传 PLC 的硬件配置、设置通信模块 EIP21 的 IP 地址等	

步骤	图示
3. 选择"PLC",选择"在线工作",使 PC 通过编程电缆与 PLC 在线连接	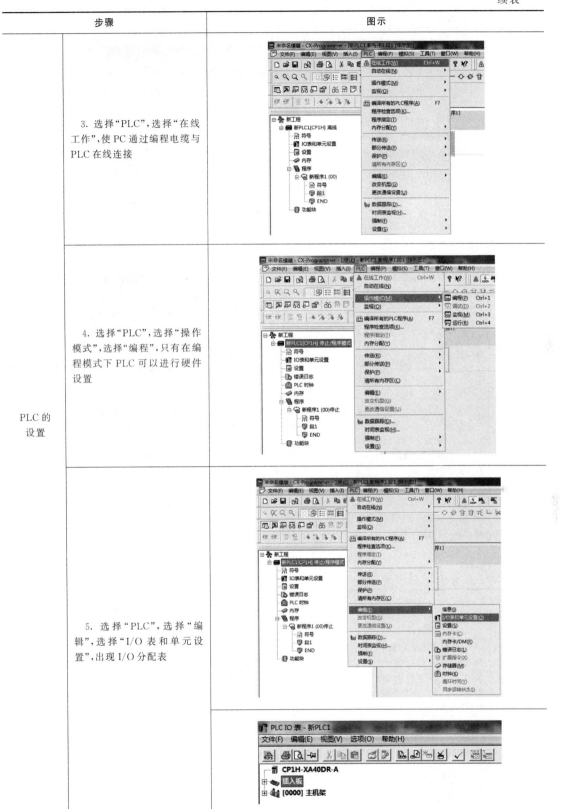
4. 选择"PLC",选择"操作模式",选择"编程",只有在编程模式下 PLC 可以进行硬件设置	
5. 选择"PLC",选择"编辑",选择"I/O 表和单元设置",出现 I/O 分配表	

PLC 的设置

步骤		图示
PLC 的设置	6. 选择“选项”，选择“创建(r)”，将 PLC 的实际硬件组态上传到 PC，只有在编辑模式才可以上传	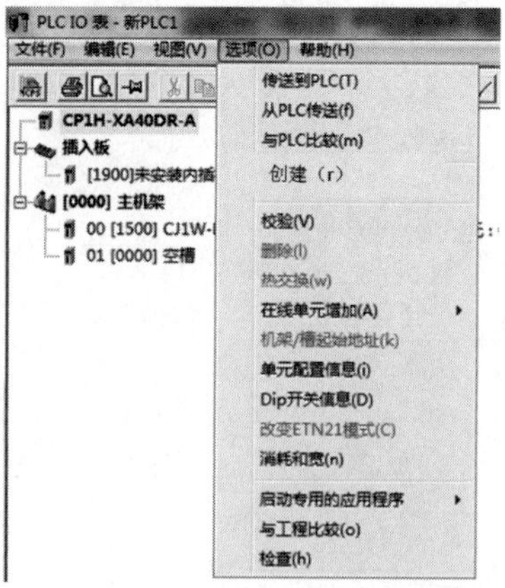
	7. 双击“CJ1W-EIP21”	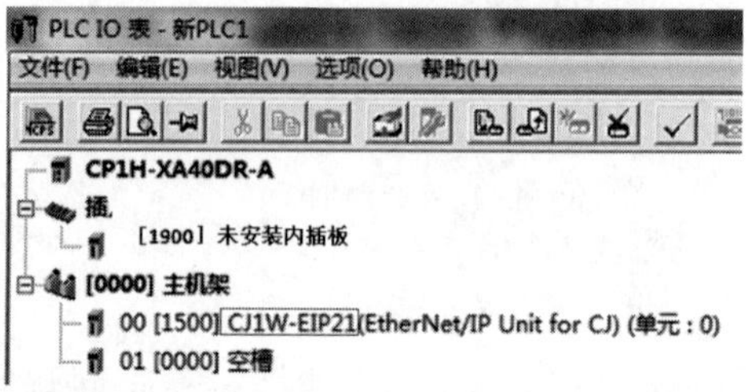
	8. 设置 PLC 的通信模块 CJ1W-EIP21 的 IP 地址 192.168.250.1，子网掩码 255.255.255.0，同时通信模块 CJ1W-EIP21 的开关要一致，最后将设置下载到 PLC 中	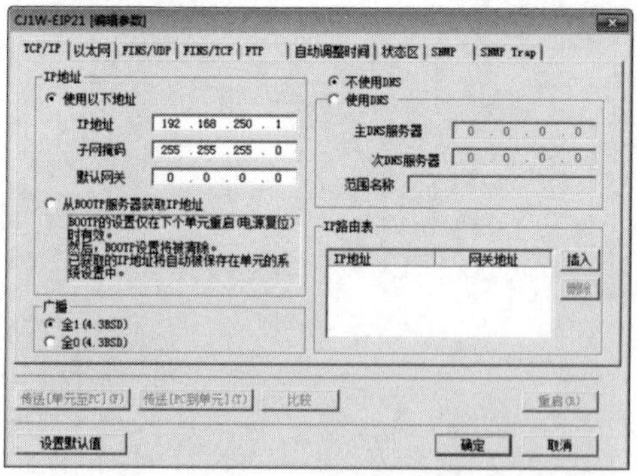
	9. 设置 CJ1W-EIP21 通信，使得欧姆龙 PLC 和 FANUC 机器人可以进行网络通信。右击“CJ1W-EIP21”模块，选择“启动专用的应用程序”，选择“继承设定启动”，选择“Network Configurator”，启动网络配置	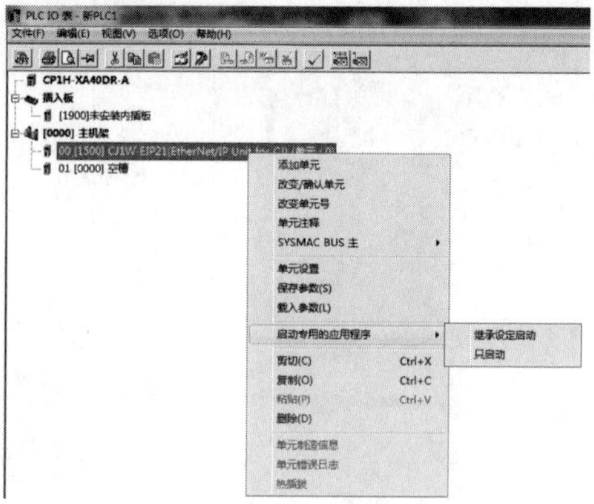

步骤	图示
<td rowspan="3">PLC 的 设置</td> 9. 设置 CJ1W-EIP21 通信，使得欧姆龙 PLC 和 FANUC 机器人可以进行网络通信。右击"CJ1W-EIP21"模块，选择"启动专用的应用程序"，选择"继承设定启动"，选择"Network Configurator"，启动网络配置	
10. 拖拽左侧的 CJ1W-EIP21 模块添加到 EIP 网络上，右键模块可以修改模块的 IP 地址	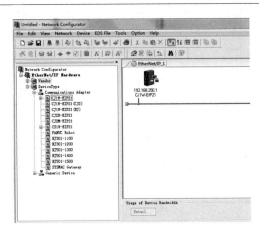
11. 双击"CJ1W-EIP21"模块，选择"Tag Sets"，单击"New"，新建标签以及设置标签的大小并注册（Regist）。新建输入标签 D100，长度 8 个字节。也可新建输出标签 D200，长度 8 个字节	

步骤	图示
11. 双击"CJ1W-EIP21"模块,选择"Tag Sets",单击"New",新建标签以及设置标签的大小并注册(Regist)。新建输入标签 D100,长度 8 个字节。也可新建输出标签 D200,长度 8 个字节	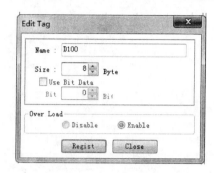 
PLC 的设置 12. 安装 FANUC 机器人的 EDS 文件。只有安装了 EDS 文件,欧姆龙 PLC 才能与 FANUC 机器人进行 EtherNet/IP 通信。 如图 4-90 所示,选择"EDS File",选择"Install"	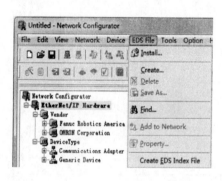
13. 选择"fanucrobot0202. eds"安装	

步骤	图示
PLC 的设置 14. 将 FANUC 机器人的"FANUC Robot"拖拽到 EIP 网络上	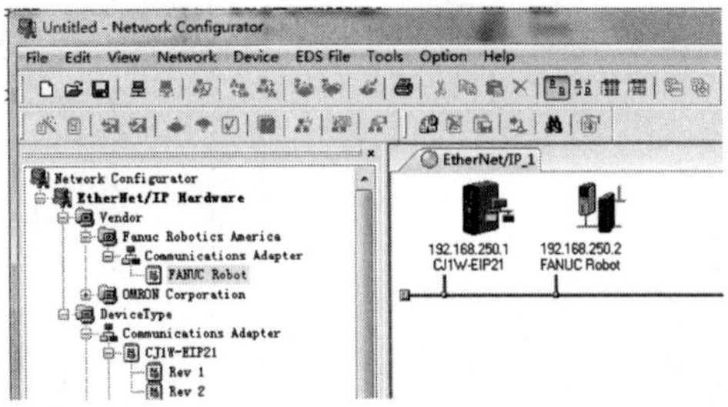
15. 右击"FANUC Robot"模块,选择"Change Node Address",可以修改 IP 地址	
16. 双击"FANUC Robot"机器人设备,确认输出/输入 8 个字节,"0001 Output 8bytes"输出 8 个字节,"0002 Input 8bytes"输入 8 个字节,与机器人设置输入输出点数相同	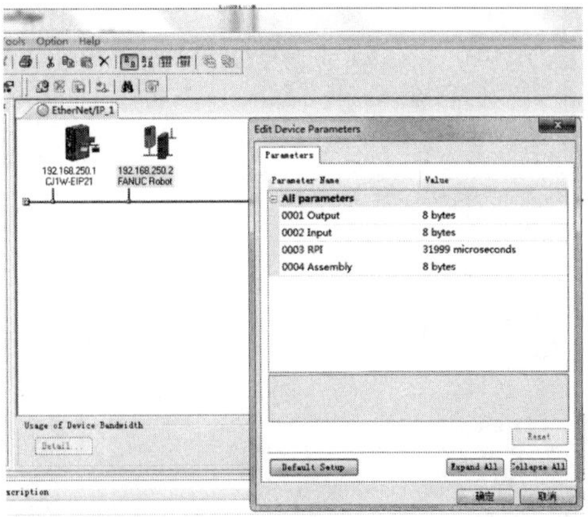

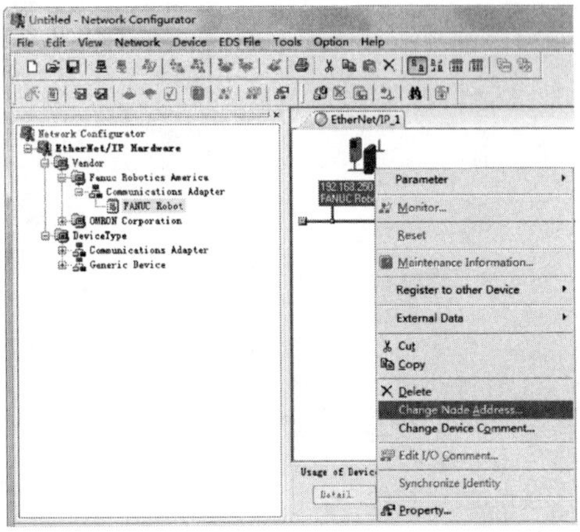

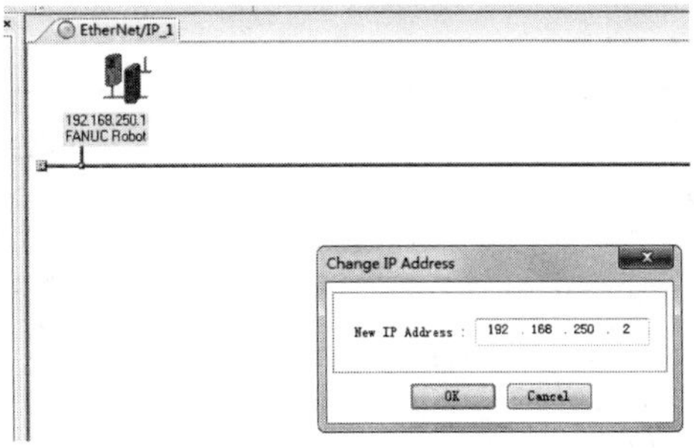

步骤	图示
17. 双击"CJ1W-EIP21"	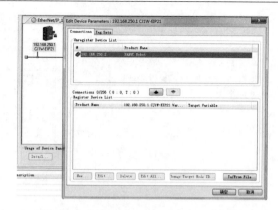
PLC 的 设置 18. 选择"Connections",选择"192.168.250.2 FANUC Robot",选择向下黑色箭头,"192.168.250.2 FANUC Robot"FANUC 机器人注册到下方,表示将 FANUC 机器人连接到 CJ1W-EIP21 上	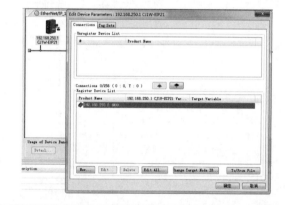
19. 给 FANUC 机器人分配输入/输出信号并注册(Regist)。单击 18 步的"New"。 "Input Tag Set"选择"D00100"作为 PLC 分配给机器人的虚拟输入信号。"Output Tag Set"选择"D00200"作为 PLC 分配给机器人的虚拟输出信号。"D00100-[8 Byte]"对应"Input_101-[8 Byte]",D00100-[8 Byte]被设定为 PLC 的输入信号	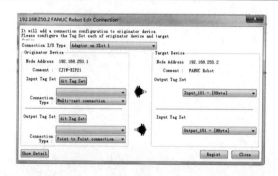 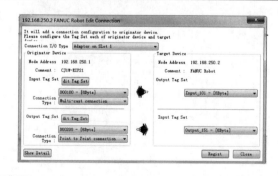

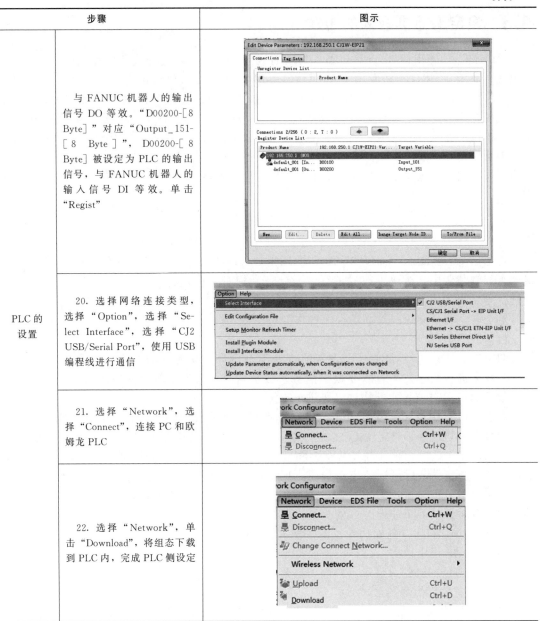

步骤	图示
PLC 的设置	与 FANUC 机器人的输出信号 DO 等效。"D00200-[8 Byte]"对应"Output_151-[8 Byte]",D00200-[8 Byte]被设定为 PLC 的输出信号,与 FANUC 机器人的输入信号 DI 等效。单击"Regist"
	20. 选择网络连接类型,选择"Option",选择"Select Interface",选择"CJ2 USB/Serial Port",使用 USB 编程线进行通信
	21. 选择"Network",选择"Connect",连接 PC 和欧姆龙 PLC
	22. 选择"Network",单击"Download",将组态下载到 PLC 内,完成 PLC 侧设定

在表 4-12 中,机器人输出信号地址 DO[1]与 PLC 输入信号地址 D100.00 等效,机器人输入信号地址 DI[1]与 PLC 输出信号地址 D200.00 等效,以此类推。

表 4-12 地址

机器人输出信号地址	PLC 输入信号地址	机器人输入信号地址	PLC 输出信号地址
DO[1…16]	D100.00~D100.15	DI[1…16]	D200.00~D200.15
DO[17…32]	D101.00~D101.15	DI[17…32]	D201.00~D201.15
DO[33…48]	D102.00~D102.15	DI[33…48]	D202.00~D202.15
DO[49…64]	D103.00~D103.15	DI[49…64]	D203.00~D203.15

4.3 设定工业机器人的 I/O

I/O（输入/输出信号），是机器人与末端执行器、外部装置等系统的外围设备进行通信的电信号；有通用 I/O 和专用 I/O 两种。通用 I/O 可由用户自由定义；通用 I/O 有数字 I/O DI[i]/DO[i]、群组 I/O GI[i]/GO[i]、模拟 I/O AI[i]/AO[i] 三类。专用 I/O 是用途已经确定的 I/O；专用 I/O 有外围设备（UOP）I/O UI[i]/UO[i]、操作面板（SOP）I/O SI[i]/SO[i]、机器人 I/O RI[i]/RO[i]。这里 I/O 的 [i] 表示信号号码和组号码的逻辑号码。对数字 I/O、群组 I/O、模拟 I/O、外围设备 I/O，可以将物理号码分配给逻辑号码进行再定义。对机器人 I/O、操作面板 I/O，其物理号码被固定为逻辑号码，因而不能进行再定义。

4.3.1 I/O

将通用 I/O（DI/O、GI/O 等）和专用 I/O（UI/O、RI/O 等）的信号称作逻辑信号。机器人控制装置中，对逻辑信号进行信号处理。相对于此，将实际的 I/O 装置的信号称作物理信号。为了用机器人控制装置对 I/O 装置的信号进行控制，必须建立物理信号和逻辑信号的关联。将建立这一关联的操作称作 I/O 分配。

(1) 数字 I/O

数字 I/O(DI/DO) 是从外围设备通过处理 I/O 印刷电路板（或 I/O 单元）的输入/输出信号线来进行数据交换的标准数字信号。数字信号的值有 ON（通）和 OFF（断）共两类。数字 I/O 可对信号线的物理号码进行再定义。

数字 I/O 开始点为信号线的映射，应将物理号码分配给逻辑号码。指定该分配的最初的物理号码。物理号码指定 I/O 模块上的输入/输出端子。逻辑号码被分配给该物理号码，所以可以以 1 个信号为单元改变分配。物理号码的开始点从几号开始都不成问题。没被分配的信号，将被自动映射给别的逻辑号码。I/O 的分配在 I/O 分配画面及 I/O 详细画面中进行。在改变 I/O 的分配或设定后需重新通电。此外，将使用的 I/O 印刷电路板改变为其他种类时，有时必须重新进行 I/O 的分配。分配数字 I/O 的步骤如下。

① 按下 MENUS（画面选择）键，显示出画面菜单。

② 选择"5 设定输出/入信号"，如图 4-84 所示。

③ 按下 F1"类型"，显示出画面切换菜单。

④ 选择"数字信号"。

⑤ 要进行输入画面和输出画面的切换，按下 F3"IN/OUT"，如图 4-85 所示。

⑥ 要进行 I/O 的分配，按下 F2"定义"。要返回到一览画面，按下 F2"状态一览"。

⑦ I/O 分配画面的操作

a. 将光标指向范围，输入进行分配的信号范围。

b. 根据所输入的范围，自动分配行。

c. 在 RACK、SLOT、开始点中输入适当的值。

d. 输入正确的值时，状态中显示出 PEND。

设定有误的情况下，状态中显示出 INVAL。存在不需要的行的情况时，按下 F4（设定清除）删除行。

⑧ 按下 F2"状态一览"键，返回到图 4-86 所示的一览画面。

⑨ 要进行 I/O 属性的设定，按下 NEXT（下页），再按下一页上的 F4"细节"，如

图 4-87 所示；要返回一览画面，按下 PREV 键。

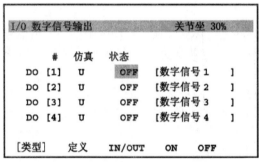

图 4-84 数字 I/O 一览画面

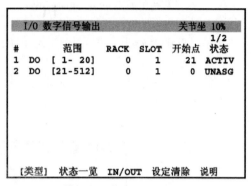

图 4-85 数字 I/O 分配画面

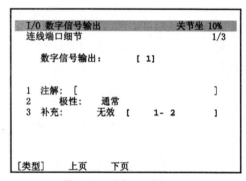

图 4-86 状态一览

图 4-87 数字 I/O 详细画面

⑩ 要输入注解：

a. 将光标移动到注解行，按下 ENTER（输入）键。

b. 选择使用单词、英文字母。

c. 按下适当的功能键，输入注解。

d. 注解输入完后，按下 ENTER 键。

⑪ 要设定条目，将光标指向设定栏，选择功能键菜单。

⑫ 要进行下一个数字 I/O 组的设定，按下 F3 "下页"，如图 4-88 所示。

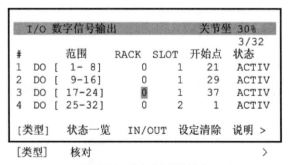

图 4-88 数字 I/O 组的设定

⑬ 设定结束后，按下 PREV 键，返回一览画面。

⑭ 要使设定有效，须重新通电。在改变了 I/O 的分配后的首次通电中，即使停电处理

有效，输出信号的值也全都成为 OFF（断）。等 I/O 的全部设定结束后，将信息存储在外部存储装置中，以便在需要时重新加载设定信息。否则，在改变了设定时，以前的设定信息将会丢失。

⑮ 信号的强制输出、仿真输入/输出的执行，在将光标指向 ON/OFF 后选择功能键，如图 4-89 所示。

控制装置通过信号进行外围设备的控制。在确认系统中的信号使用方法之前，勿执行强制输出或仿真输入/输出。

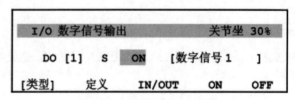

图 4-89 将光标指向 ON 位置

（2）群组 I/O

群组 I/O(GI/GO)，是用来汇总多条信号线并进行数据交换的通用数字信号。组信号的值用数值（十进制数或十六进制数）来表达，转变或逆转变为二进制数后通过信号线交换数据。

群组 I/O 可以将信号号码作为 1 个组进行定义。可以将 2～16 条信号线作为 1 组进行定义。该定义即使与数字 I/O 重复也无妨，但不要与补充中所设定的数字 I/O 重复。分配群组 I/O 的步骤如下。

① 按下 MENUS（画面选择）键，显示出画面菜单。

② 选择 "5 设定输出·入信号"。

③ 按下 F1 "类型"，显示出画面切换菜单。

④ 选择 "群组"，出现群组 I/O 一览画面，如图 4-90 所示。

⑤ 要进行输入画面和输出画面的切换，按下 F3 "IN/OUT"，如图 4-91 所示。

I/O 群组信号输出			关节坐 30%	
#	仿真	值		
GO [1]	*	*	[	]
GO [2]	*	*	[	]
GO [3]	*	*	[	]
GO [4]	*	*	[	]
GO [5]	*	*	[	]
GO [6]	*	*	[	]
GO [7]	*	*	[	]
GO [8]	*	*	[	]
GO [9]	*	*	[	]
[类型]	定义	IN/OUT	仿真	解除

图 4-90 群组 I/O 一览画面

I/O 群组信号输出				关节坐 30%
GO#	RACK	SLOT	开始点	点数
1	0	0	0	0
2	0	0	0	0
3	0	0	0	0
4	0	0	0	0
5	0	0	0	0
6	0	0	0	0
7	0	0	0	0
8	0	0	0	0
9	0	0	0	0
[类型]	监控器	IN/OUT		说明 >

图 4-91 群组 I/O 分配画面

⑥ 要进行 I/O 的分配，按下 F2 "定义"。要返回到一览画面，按下 F2 "监控器"。

⑦ 要分配信号，将光标指向各条目处，输入数值。群组 I/O 的定义与数字 I/O 重复也可。

⑧ 要进行 I/O 属性的设定，在一览画面上按下 NEXT，再按下页上的 F4 "细节"，如图 4-92 所示。要返回一览画面，按下 PREV 键。

⑨ 输入注解的步骤

a. 将光标移动到注解行，按下 ENTER 键。

b. 选择使用单词、英文字母。

c. 按下适当的功能键，输入注解。

d. 注解输入完后，按下 ENTER 键。

⑩ 要设定条目，将光标指向设定栏，按下功能键菜单。

⑪ 设定结束后，按下 PREV 键，返回一览画面。

⑫ 要使所更改的设定有效，须重新通电。

在改变了 I/O 的分配后的首次通电中，即使停电处理有效，输出信号的值也全都成为

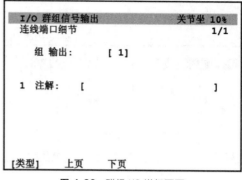

图 4-92　群组 I/O 详细画面

OFF（断）。等 I/O 的全部设定结束后，将信息存储在外部存储装置中，以便在需要时重新加载设定信息。否则，在改变了设定时，以前的设定信息将会丢失。

(3) 模拟 I/O

模拟 I/O（AI/AO），由外围设备通过输入/输出信号线传输模拟输入/输出电压的值。进行读写时，将模拟输入/输出电压转换为数字值。分配模拟 I/O 步骤如下。

① 按下 MENUS 键，显示出画面菜单。

② 选择 "5 设定输出/入信号"。

③ 按下 F1 "类型"，显示出画面切换菜单。

④ 选择 "模拟信号"，出现模拟 I/O 一览画面，如图 4-93 所示。

⑤ 要进行输入画面和输出画面的切换，按下 F3 "IN/OUT"，如图 4-94 所示。

⑥ 要进行 I/O 的分配，按下 F2 "定义"。要返回到一览画面，再按下 F2 "状态一览"。

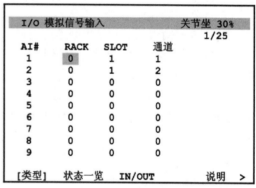

图 4-93　模拟 I/O 一览画面　　　　　　　图 4-94　模拟 I/O　分配画面

⑦ 要分配信号，将光标指向各条目处，输入数值，如图 4-95 所示。

⑧ 按下 F2 "状态一览" 键，返回到一览画面。

⑨ 在一览画面上按下 NEXT，按下页上的 F4 "细节"，出现模拟 I/O 详细画面，如图 4-96 所示。要返回一览画面，按下 PREV 键。

⑩ 输入注解的步骤

a. 将光标移动到注解行，按下 ENTER 键。

b. 选择使用单词、英文字母。

c. 按下适当的功能键，输入注解。

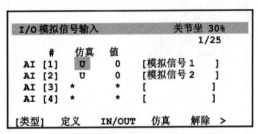

图 4-95　输入数值

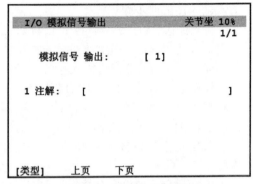

图 4-96　模拟 I/O 详细画面

d. 注解输入完后，按下 ENTER 键。

⑪ 要设定信号的属性，将光标指向设定栏，选择功能键。

⑫ 设定结束后，按下 PREV 键，返回一览画面。

⑬ 要使设定有效，重新通电。

在改变了 I/O 的分配后的首次通电中，即使停电处理有效，输出信号的值也全都成为 OFF（断）。等 I/O 的全部设定结束后，将信息存储在外部存储装置中，以便在需要时重新加载设定信息。否则，在改变了设定时，以前的设定信息将会丢失。

（4）机器人 I/O

末端执行器信号（RI[1~8] 和 RO[1~8]）分别为通用输入/输出信号。设定机器人 I/O 步骤如下。

① 按下 MENUS 键，显示出画面菜单。

② 选择"5 设定输出/人信号"，如图 4-97 所示。

③ 按下 F1"类型"，显示出画面切换菜单。

④ 选择"RI/O：设置"。

⑤ 要进行输入画面和输出画面的切换，按图 4-97 中的 F3"IN/OUT"。

⑥ 要进行 I/O 属性的设定，按下 NEXT，再按下页上的 F4"细节"，如图 4-98 所示。要返回一览画面，按下 PREV 键。

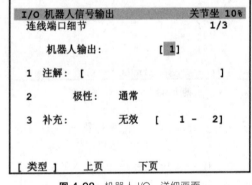

图 4-97　机器人 I/O 一览画面　　　　　图 4-98　机器人 I/O 详细画面

⑦ 输入注解的步骤

a. 将光标移动到注解行，按下 ENTER 键。

b. 选择使用单词、英文字母。

c. 按下适当的功能键，输入注解。

d. 注解输入完后，按下 ENTER 键。

⑧ 要设定条目，将光标指向设定栏，选择功能键菜单，如图 4-99 所示。

⑨ 设定结束后，按下 PREV 键，返回一览画面。

⑩ 要使设定有效，须重新通电。等 I/O 的全部设定结束后，将信息存储在外部存储装置中，以便在需要时重新加载设定信息。否则，在改变设定时，以前的设定信息将会丢失。

⑪ 要强制输出信号，将光标指向 ON/OFF 后选择功能键，如图 4-100 所示。

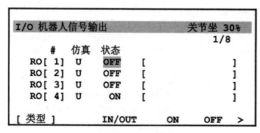

图 4-99　设定条目

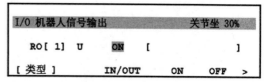

图 4-100　强制输出

(5) 操作面板 I/O

操作面板 I/O 是传输操作面板/操作箱的按钮等状态数据的数字专用信号。操作面板 I/O 不能对信号号码进行映射（再定义）。标准情况下已经定义了 16 个输入信号、16 个输出信号。操作面板 I/O 不能对信号号码进行再定义，显示操作面板 I/O 的步骤如下。

① 按下 MENUS（画面选择）键，显示出画面菜单。

② 选择"5 设定输出/入信号"。

③ 按下 F1 "类型"，显示出画面切换菜单。

④ 选择"SOP：操作面板"。

⑤ 要进行输入画面和输出画面的切换，按下 F3 "IN/OUT"。

4.3.2　外围设备 I/O

外围设备 I/O(UI/UO) 是在系统中已经确定了其用途的专用信号。这些信号与遥控装置、外围设备连接，从外部进行机器人控制。系统外围设备信号是机器人发送和接收自远端控制器或周边设备的信号，可以实现选择程序、开始和停止程序、从报警状态中恢复系统等功能，如图 4-101、图 4-102 所示。系统输入信号（UI）、系统输出信号（UO）具体说明见表 4-13、表 4-14。

表 4-13　系统输入信号（UI）

地址	输入信号	信号含义与状态
UI[1]	IMSTP	紧急停机信号(正常状态：ON)
UI[2]	Hold	暂停信号(正常状态：ON)
UI[3]	SFSPD	安全速度信号(正常状态：ON)
UI[4]	Cycle Stop	周期停止信号
UI[5]	Fault Reset	报警复位信号

地址	输入信号	信号含义与状态
UI[6]	Start	启动信号(信号下降沿有效)
UI[7]	Home	回 HOME 信号(需要设置宏程序)
UI[8]	Enable	使能信号
UI[9-16]	RSR1-RSR8	机器人服务请求信号
UI[9-16]	PNS1-PNS8	程序号选择信号
UI[17]	PNSTROBE	程序号选通信号
UI[18]	PROD_START	自动操作开始(生产开始)信号,信号下降沿有效

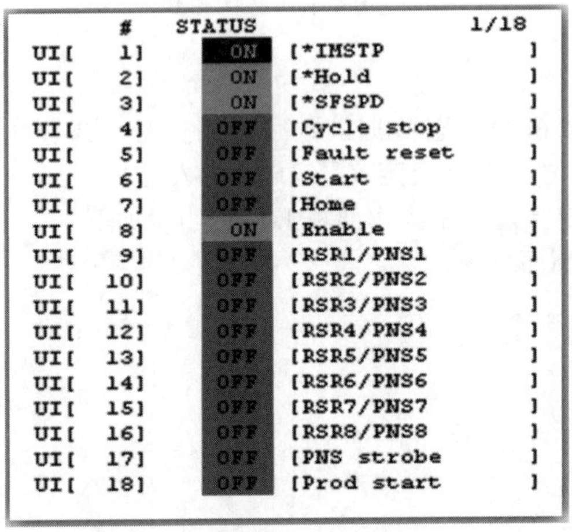

```
     #    STATUS          1/18
UI[  1]    ON   [*IMSTP        ]
UI[  2]    ON   [*Hold         ]
UI[  3]    ON   [*SFSPD        ]
UI[  4]    OFF  [Cycle stop    ]
UI[  5]    OFF  [Fault reset   ]
UI[  6]    OFF  [Start         ]
UI[  7]    OFF  [Home          ]
UI[  8]    ON   [Enable        ]
UI[  9]    OFF  [RSR1/PNS1     ]
UI[ 10]    OFF  [RSR2/PNS2     ]
UI[ 11]    OFF  [RSR3/PNS3     ]
UI[ 12]    OFF  [RSR4/PNS4     ]
UI[ 13]    OFF  [RSR5/PNS5     ]
UI[ 14]    OFF  [RSR6/PNS6     ]
UI[ 15]    OFF  [RSR7/PNS7     ]
UI[ 16]    OFF  [RSR8/PNS8     ]
UI[ 17]    OFF  [PNS strobe    ]
UI[ 18]    OFF  [Prod start    ]
```

图 4-101　恢复输入信号系统功能

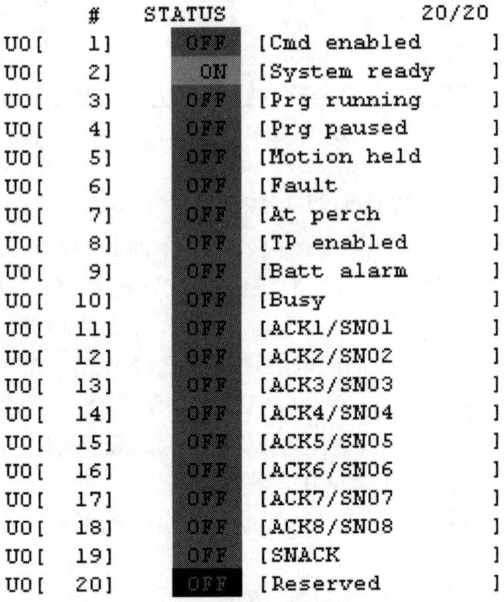

```
     #    STATUS          20/20
UO[  1]    OFF  [Cmd enabled   ]
UO[  2]    ON   [System ready  ]
UO[  3]    OFF  [Prg running   ]
UO[  4]    OFF  [Prg paused    ]
UO[  5]    OFF  [Motion held   ]
UO[  6]    OFF  [Fault         ]
UO[  7]    OFF  [At perch      ]
UO[  8]    OFF  [TP enabled    ]
UO[  9]    OFF  [Batt alarm    ]
UO[ 10]    OFF  [Busy          ]
UO[ 11]    OFF  [ACK1/SN01     ]
UO[ 12]    OFF  [ACK2/SN02     ]
UO[ 13]    OFF  [ACK3/SN03     ]
UO[ 14]    OFF  [ACK4/SN04     ]
UO[ 15]    OFF  [ACK5/SN05     ]
UO[ 16]    OFF  [ACK6/SN06     ]
UO[ 17]    OFF  [ACK7/SN07     ]
UO[ 18]    OFF  [ACK8/SN08     ]
UO[ 19]    OFF  [SNACK         ]
UO[ 20]    OFF  [Reserved      ]
```

图 4-102　恢复输出信号系统功能

表 4-14　系统输出信号（UO）

地址	输出信号	信号含义
UO[1]	CMDENBL	命令使能信号输出
UO[2]	SYSRDY	系统准备完毕输出
UO[3]	PROGRUN	程序执行状态输出
UO[4]	PAUSED	程序暂停状态输出
UO[5]	HELD	暂停输出
UO[6]	FAULT	错误输出
UO[7]	ATPERCH	机器人就位输出
UO[8]	TPENBL	示教盒使能输出
UO[9]	BATALM	电池报警输出(控制柜电池电量不足,输出为 ON)
UO[10]	BUSY	处理器忙输出

地址	输出信号	信号含义
UO[11-18]	ACK1-ACK8	证实信号,当 RSR 输入信号被接收时,能输出一个相应的脉冲信号
UO[11-18]	SNO1-SNO8	该信号组以 8 位二进制码表示相应的当前选中的 PNS 程序号
UO[19]	SNACK	信号数确认输出
UO[20]	Reserved	预留信号

(1) I/O 的分配

外围设备 I/O 的分配有"全部分配"和"简略分配"2 种类型。全部分配可使用全部的外围设备 I/O,输入 18 点、输出 20 点的物理信号被分配在外围设备 I/O 上。简略分配可使用信号点数少的外围设备 I/O,输入 8 点、输出 4 点的物理信号被分配给外围设备 I/O。操作步骤如下。

① 按下 MENUS(画面选择)键,显示画面菜单。

② 选择 "0--" → "6 系统设定"。

③ 按下 F1 "类型",显示画面切换菜单。

④ 选择 "系统设定"。

⑤ 将光标指向 "UOP(控制信号)自动定义"行,如图 4-103 所示。

⑥ 按下 F4 "选择",显示选项如图 4-104 所示。

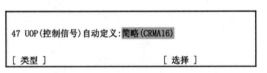

图 4-103 选择 UOP(控制信号)

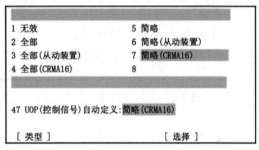

图 4-104 显示选项

⑦ 选择标准 I/O 分配的种类。此时,选择"全部(从动装置)"或者"简略(从动装置)"时,I/OLINK 被设定为从动装置模式($IOMASTER=0)。此外,选择除此以外的选项时,被设定主导装置模式($IOMASTER=1)。

⑧ 屏幕显示"为改变适用,所有 I/O 定义可以删除吗?",按下 F4 "是"。

⑨ 屏幕显示"要做 UOP 定义时,请重新接通电源开机",重新接通机器人控制装置的电源。

(2) 分配外围设备 I/O

① 按下 MENUS(画面选择)键,显示出画面菜单。

② 选择 "5 设定输出/入信号"。

③ 按下 F1 "类型",显示出画面切换菜单。

④ 选择 "UOP:控制信号",如图 4-105 所示。

⑤ 要进行输入画面和输出画面的切换,按下 F3 "IN/OUT"。

⑥ 要进行 I/O 的分配,按下 F2 "定义",如图 4-106 所示。要返回到一览画面,按下 F2 "状态一览"。

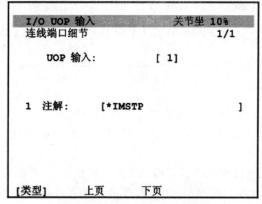

I/O UOP 输入			关节坐 30%

```
         #      状态
   UI [1]      ON      [*IMSTP      ]
   UI [2]      OFF     [*Hold       ]
   UI [3]      OFF     [*SFSPD      ]
   UI [4]      ON      [Cycle stop  ]
   UI [5]      ON      [Fault reset ]
   UI [6]      OFF     [Start       ]
   UI [7]      OFF     [Home        ]
   UI [8]      ON      [Enable      ]
   UI [9]      OFF     [SR1/PNS1    ]

 [类型]     定义    IN/OUT
```

图 4-105 UOP: 控制信号

I/O UOP 输入				关节坐 10%
				1/3

```
  #       范围     RACK  SLOT  开始点   状态
  1  UI  [ 1- 8]     0    1      1    ACTIV
  2  UI  [ 9-16]     0    1      9    ACTIV
  3  UI  [17-18]     0    1     17    ACTIV

 [类型]   状态一览   IN/OUT   设定清除   说明
```

图 4-106 外围设备 I/O 分配画面

⑦ I/O 分配画面的操作

a. 将光标指向范围，输入进行分配的信号范围。

b. 根据所输入的范围，自动分配行。

c. 在 RACK（机架）、SLOT（插槽）、开始点中输入适当的值。

d. 输入正确的值时，状态中显示 PEND。设定有误的情况下，状态中显示 INVAL。存在不需要的行的情况下，按下 F4（设定清除）就删除行；ACTIV 表示当前正使用该分配，PEND 表示已正确分配。重新通电时显示为 ACTIV；INVAL 表示设定有误，UNASG 表示尚未被分配。

⑧ 要进行 I/O 属性的设定，在一览画面上按下 NEXT（下一页），再按下页上的 F4 "细节"，如图 4-107 所示；要返回分配画面，按下 PREV（返回）键。

I/O UOP 输入	关节坐 10%
连线端口细节	1/1

```
    UOP 输入:        [ 1]



  1  注解:       [*IMSTP          ]




 [类型]     上页      下页
```

图 4-107 外围设备 I/O 详细画面

⑨ 输入注解步骤：

a. 将光标移动到注解行，按下 ENTER（输入）键。

b. 选择使用单词、英文字母。

c. 按下适当的功能键，输入注解。

d. 注解输入完后，按下 ENTER 键。

外围设备 I/O 的注解，已被事先写入，但是可以进行更改。即使改写注解，其功能也不会发生变化。

⑩ 要设定条目，将光标指向设定栏，选择功能键菜单。

⑪ 设定结束后，按下 PREV 键，返回一览画面。

⑫ 要使所更改的设定有效，重新通电。

在改变了 I/O 分配后的首次通电中，即使停电处理有效，输出信号的值也全都成为 OFF（断）。等 I/O 的全部设定结束后，将信息存储在外部存储装置中，以便在需要时重新加载设定信息。否则，在改变了设定时，以前的设定信息将会丢失。

(3) 设定 I/O 连接功能

① 按下 MENUS（画面选择）键，显示出画面菜单。

② 选择 "5 设定输出/入信号"。

③ 按下 F1 "类型"，显示出画面切换菜单。

④ 选择"DI→DO 接续"。出现 DI→DO 连接设定画面，如图 4-108 所示。

⑤ 按下 F3"选择"。

⑥ 将光标指向希望移动的画面条目后按下"ENTER"（输入）键，或者通过数值键选择希望移动的画面条目号码，如图 4-109 所示。

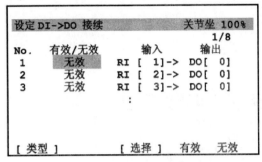

图 4-108 DI→DO 连接设定画面（RI→DO）

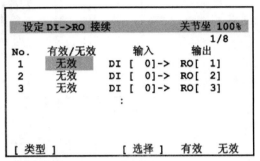

图 4-109 DI→RO 连接设定画面（DI→RO）

对不设定"I/O Link 连接单元""90－30PLC"等信号数就无法使用的 I/O 装置，在该画面上进行信号数的设定。

在 I/O 连接设备一览画面上，当光标指向"90－30 PLC"项时，按下 F3（细节）键，出现如图 4-110 所示的"信号数设定画面"。在非标准设定下使用时，若执行该操作，分配信息将会消失。

4.3.3 系统外围设备信号的启动

机器人程序可以使用外部控制设备（如 PLC 等）通过信号的输入、输出来选择和执行。

系统信号是机器人发送和接收外部控制设备 UI/UO 的信号，以此实现机器人程序运行。

FANUC 机器人自动执行程序有机器人服务请求方式 RSR 和机器人程序编号选择启动方式 PNS 两种方式。

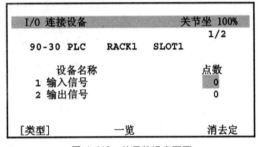

图 4-110 信号数设定画面

① 设置自动运行的启动条件：控制柜模式开关置为 AUTO 挡，非单步执行状态，UI[1]、UI[2]、UI[3]、UI[8] 为 ON，TP 示教器为 OFF，如图 4-111 所示。

② UI 信号设置为有效，如图 4-112 所示，选择"7 Enable UI signals：TRUE"。

③ 自动模式为 REMOTE，如图 4-113 所示，选择"43 Remote/Local setup：Remote"。

④ 系统变量 $RMT_MASTER 为 0（默认值为 0），如图 4-114 所示，选择"465 $RMT_MASTER 0"。

4.3.4 机器人服务请求方式 RSR

(1) 特点

机器人服务请求 RSR（Robot Service Request）从外部装置启动程序。该功能使用 8 个机器人启动请求信号（RSR1～8）输入信号。控制装置根据 RSR1～8 输入 RSR 信号判断是否有效。处在无效的情况下，信号将被忽略。RSR 的有效/无效，被设定在系统变量

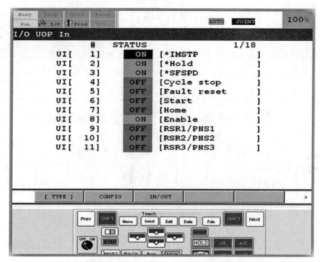

图 4-111 设置自动运行的启动条件

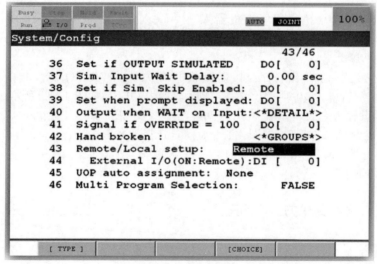

图 4-112 UI 信号设置为有效

图 4-113 自动模式为 REMOTE

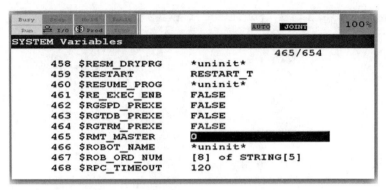

图 4-114　系统变量

$RSR1～8 中，可通过 RSR 设定画面或程序的 RSR 指令进行更改。外围设备输入信号（UI）无效时，将系统设定画面的"UOP：外部控制信号"项设定为有效。

RSR 中可以记录 8 个 RSR 记录号码，在这些记录号码上加上基本号码后的值就是程序号码（4 位数）。譬如，在输入了 RSR 2 的情况下，程序号码＝RSR2 记录号码＋基本号码。所选程序就成为以"RSR＋程序号码"为名称的程序。用于自动运转的程序名称，应选取"RSR＋程序号码"这样的格式。号码不应是 RSR121，而应输入 RSR0121 之类的 4 位数。否则，机器人就不会操作。基本号码被设定在 $SHELL_CFG. $JOB_BASE 中，可通过 RSR 设定画面的"基准号码"或者程序的参数指令进行更改。对应 RSR1～8 输入的 RSR 确认输出（ACK1～8）采用脉冲方式输出。在输出 ACK1～8 信号期间，还接收其他的 RSR 输入。程序处在结束状态的情况下，直接启动所选程序。其他程序处在执行中或暂停中的情况下，将该请求（工作）记录在等待列，待执行中的程序结束后启动。RSR 程序从先记录在工作等待行列中的程序起按顺序执行。处在等待状态的程序，通过循环停止信号（CSTOPI 输入）和程序强制结束来解除（清除）。

（2）RSR0121 程序的自动执行过程

如图 4-115 所示，"10 Base number［100］"表示基数＝100，"2　RSR2 program number［ENABLE］［21］"中"ENABLE"表示 RSR2 有效，"21"表示对应的值为 21。RSR0121 程序号由基数的 100 和 RSR2 的 21 组成，如图 4-116 所示。

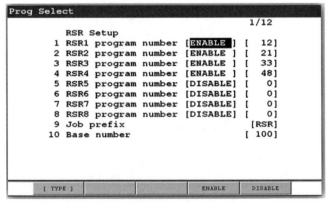

图 4-115　程序

RSR0121 程序的自动执行过程时序如图 4-117 所示，CMDENBI(O)（命令使能信号）对应的外围信号 UO［1］必须导通，作为自动运行的前提条件。外部如 PLC 等控制装置发

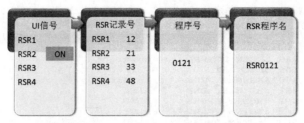

图 4-116　RSR0121 程序号的组成

送给 FANUC 机器人的 UI[10] 一个脉冲信号，UI[10] 对应 FANUC 机器人的 RSR2 信号（服务请求信号），RSR0121 程序开始自动执行。当 RSR2 对应的 UI[10] 输入信号被接收时，机器人的 ACK2（O）（对应的外围信号为 UO[12]）输出一个脉冲信号，表示 RSR0121 程序被执行。

程序执行状态输出 PROGRUN（对应的外围信号 UO[3]）同时也为高电平，表示正在执行程序。总之，PLC 给机器人 UI[10] 一个脉冲信号就开始执行程序 RSR0121。

当 RSR0121 正在执行时，被选择的程序 RSR1 对应的 RSR0112 处于等待状态，一旦 RSR0121 停止，就开始运行 RSR0112，ACK1（O）输出一个相应的脉冲信号（对应外围信号 UO[11]），表示 RSR0112 程序被执行。

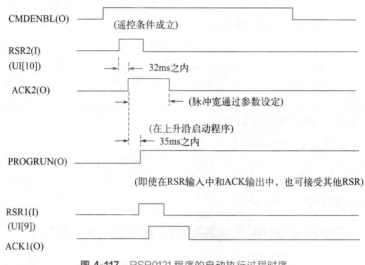

图 4-117　RSR0121 程序的自动执行过程时序

（3）设定 RSR

RSR 设定条目见表 4-15，其操作步骤如下。

表 4-15　RSR 设定条目

序号	条目	说明
1	RSR1～8 程序号码	RSR1～8 指定 RSR 的有效/无效和 RSR 的记录号码。在 RSR 处在无效的情况下，即使输入指定的 RSR 信号，也不会启动程序。有效/无效的设定存储在系统变量 $RSR 1～8 中
2	开始文字列	这是所启动的程序名的开头字符串。标准情况下设定为"RSR"
3	基准号码	基准号码加算 RSR 记录号码后求取 RSR 程序号码

序号	条目	说明
4	确认信号（ACK）功能	确认信号设定是否输出 RSR 确认信号（ACK 1～8）
5	确认信号（ACK）脉冲宽度	确认信号脉冲宽在 RSR 确认信号（ACK 1～8）的输出有效的情况下，设定该脉冲输出时间（单位 ms）

① 按下 MENUS（画面选择）键，显示出画面菜单。

② 选择"6 设定"。

③ 按下 F1 "类型"，显示出画面切换菜单。

④ 选择"选择程序"。出现程序选择画面，如图 4-118 所示。

⑤ 将光标指向"选择程序方式"条目，按下 F4 "选择"，选择"RSR"，如图 4-119 所示。按下 F3 "细节"进入设定界面，如图 4-120 所示。

⑥ 将光标指向目标条目，输入值。

⑦ 在改变了程序选择方式的情况下，要使设定有效，需要暂时断开电源，然后再接通电源。

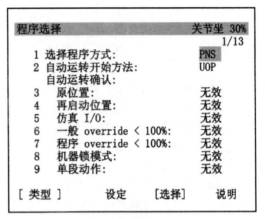

图 4-118 程序选择画面

在改变了自动运转功能种类的情况下，为使新的设定有效，需要再次接通控制装置的电源。否则，系统不会接受新的设定。

图 4-119 光标指向"选择程序方式"

图 4-120 选择程序方式设定界面

4.3.5 机器人程序编号选择启动方式 PNS

（1）机器人程序编号选择启动方式 PNS（Program NO. Select）的特点

外围设备输入信号（UI）无效时，将系统设定画面的"UOP：外部控制信号"项设定为有效。

程序号码选择（PNS）是从遥控装置选择程序的一种功能。PNS 程序号码通过 8 个

PNS1~8 输入信号来指定。控制装置通过 PNSTROBE 脉冲输入将 PNS1~8 输入信号作为二进制数读出。程序处在暂停中或执行中的情况时，信号被忽略。PNSTROBE 脉冲输入处在 ON 期间，不能通过示教操作盘选择程序。

将所读出的 PNS1~8 信号变换为十进制数后的值就是 PNS 号码。在该号码上加上基本号码后的值，就是程序号码（4 位数），即程序号码＝PNS 号码＋基本号码。所选程序就成为以 "PNS＋程序号码" 为名称的程序。

用于自动运转的程序名称，应选取 "PNS＋程序号码" 这样的格式。号码不应是 PNS138，而应输入 PNS0138 之类的 4 位数。否则，机器人就不会操作。

PNS1~8 输入为零，或者被设定为不存在的编号并输入了 PNSTROBE 信号时，不会进行任何操作。在该状态下输入 START 信号时，在尚未选择程序时也不会进行任何操作，在已经选择了程序时，启动所选的程序（输入针对不存在的编号的 PNSTROBE 信号时，以及在尚未选择程序下输入 START 信号时，分别会显示警告）。

PNS1~8 输入为零下输入了 PNSTROBE 信号时的动作，随 UOP 的分配类型而不同。如果 UOP 的分配类型为 "全部"，则在 PNS1~8 输入中输入了零时，系统就进入没有在示教操作盘上选择任何程序的状态。基本号码被设定在 $ SHELL_CFG. $JOB_BASE 中，可通过 PNS 设定画面的 "基准号码" 或者程序的参数指令进行更改。

作为确认而输出 SNO1~8，其将 PNS 号码以二进制代码方式输出，同时输出 SNACK 脉冲。在不能用 8 位数值来表示的情况下，SNO1~8 输出零。输出 SNACK 时，遥控装置在确认 SNO1~8 输出值与 PNS1~8 输入值相同的事实后，送出自动运转启动输入（PROD_START）。控制装置接收 PROD_START 输入并启动程序。基于 PNS 方式启动程序，即使处在遥控状态时有效。

（2）PNS0138 程序的自动执行过程

如图 4-121 所示，"2 Base number［100］" 表示基数＝100，PNS0138 程序号由基数的 100 和 38 组成。38 由 PNS1~PNS8 组成的二进制数换算的十进制数形成，如图 4-122 所示，对应的 PNS2、PNS3、PNS6 为高电平。

图 4-121 基础数

PNS0138 程序的自动执行过程时序如图 4-123 所示，CMDENBI（O）（命令使能信号）对应的 UO［1］必须导通，作为自动运行的前提条件。程序号选择信号 PNS1~PNS8 开始选择程序号，PNS0138 程序需要 PNS2（对应的外围信号 UI［10］）、PNS3（对应的外围信号 UI［11］）、PNS6（对应的外围信号 UI［14］）为高电平，通常需要外部如 PLC 等控制装置发送给 FANUC 机器人的外围信号 UI［10］、UI［11］、UI［14］高电平。

控制 PNSTROBE（对应的外围信号 UI［17］）为高电平，确认程序号有效。控制 PROD_START（对应的外围信号 UI［18］）下降沿启动所选择程序 PNS0138，程序开始自动执行。同时程序执行状态输出 PROGRUN（对应的外围信号 UO［3］）为高电平。

总之，PLC 给机器人 UI［10］、UI［11］、UI［14］高电平，机器人选择程序 PNS0138。PLC 再给机器人 UI［17］高电平，确认程序选择有效。PLC 再给机器人 UI［18］一个脉冲信号，在 UI［18］脉冲的下降沿，PNS0138 程序开始执行。UI 信号可通过配置为 ON 或 UI 对应端子接入的外部信号导通为 ON。

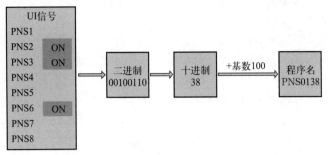

图 4-122 生成程序名

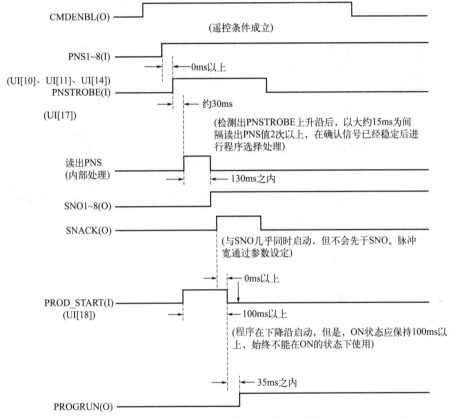

图 4-123 PNS0138 程序的自动执行过程时序

（3）程序号码选择（PNS）设定

PNS 的设定条目见表 4-16，其操作步骤如下。

表 4-16 PNS 设定条目

序号	条目	说明
1	开始文字列	这是所选程序名的开始文字列。标准情况下设定为"PNS"
2	基准号码	基准号码加算 PNS 号码后求取 PNS 程序号码
3	确认信号（SNO）脉冲宽度	确认信号脉冲宽设定 PNS 确认信号（SNACK）的脉冲输出时间（单位：ms）

① 按下 MENUS（画面选择）键，显示出画面菜单。

② 选择"6 设定"。

③ 按下 F1"类型"，显示出画面切换菜单。

④ 选择"选择程序"，出现程序选择画面，如图 4-124 所示。

⑤ 将光标指向"选择程序方式"条目，按下 F4"选择"，选择"PNS"，如图 4-125 所示。按下 F3"细节"进入 PNS 设定界面，如图 4-126 所示。

程序选择	关节坐 30%
	1/13
1 选择程序方式:	PNS
2 自动运转开始方法:	UOP
自动运转确认:	
3 原位置:	无效
4 再启动位置:	无效
5 仿真 I/O:	无效
6 一般 override < 100%:	无效
7 程序 override < 100%:	无效
8 机器锁模式:	无效
9 单段动作:	无效
[类型] 设定 [选择] 说明	

图 4-124　选择程序画面

程序选择	关节坐 30%
	1/13
1 选择程序方式:	PNS
2 自动运转开始方法:	UOP
自动运转确认:	
3 原位置:	无效
4 再启动位置:	无效
5 仿真 I/O:	无效
6 一般 override < 100%:	无效
7 程序 override < 100%:	无效
8 机器锁模式:	无效
9 单段动作:	无效
[类型] 设定 [选择] 说明	

图 4-125　选择"PNS"

⑥ 将光标指向目标条目，输入值。

⑦ 在 RSR→PNS 中改变了设定的情况下，要使设定有效，需要暂时断开电源，然后再接通电源。

在改变了自动运转功能种类的情况下，为使新的设定有效，需要再次接通控制装置的电源。否则，系统不会接受新的设定。

4.3.6　设定单元接口 I/O

设定单元接口 I/O 步骤如下。

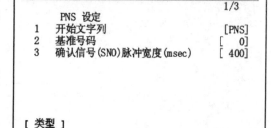

设定 选择程序方式	关节坐 30%
	1/3
PNS 设定	
1 开始文字列	[PNS]
2 基准号码	[0]
3 确认信号(SNO)脉冲宽度(msec)	[400]
[类型]	

图 4-126　PNS 设定界面

① 按下 MENUS（画面选择）键，选择 [设定输出/入信号]。

② 按下 F1"类型"。

③ 选择"Cell 接口"。出现单元输入画面或单元输出画面。单元输入画面显示内容随程序启动方式而不同，如图 4-127 所示。要切换输入画面和输出画面的显示，按下 F3"IN/OUT"。图 4-128 所示为输出单元输出画面，显示内容随程序启动方式而不同。要在画面内进行快速移动时，可在按住 SHIFT 键的同时按向下箭头键或向上箭头键。

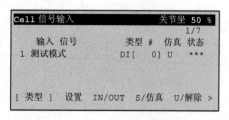

Cell 信号输入	关节坐 50 %
	1/7
输入 信号	类型 # 仿真 状态
1 测试模式	DI[0] U ***
[类型] 设置 IN/OUT S/仿真 U/解除 >	

图 4-127　单元输入画面

④ 要设定是否将 I/O 信号置于仿真状态，将光标指向该 I/O 信号旁的仿真列。在将信号置于仿真状态的情况下，按下 F4"S/仿真"，信号就被设定为仿真状态。不需要将信号置于仿真状态的情况下，按下 F5"U/解除"，信号的仿真状态就被解除。

⑤ 要强制接通或关闭 I/O 信号，将光标指向

该 I/O 信号旁的状态列。要接通 I/O 信号，按下 F4 "开"。要关闭 I/O 信号，按下 F5 "关"。

⑥ 要进行信号的分配，按下 F2 "设置"，出现图 4-129 所示的画面。

在将 $SHELL_CFG. $SET_IOCMNT 设定为 TRUE 的情况下，在这些输入画面或输出画面上输入信号号码时，I/O 数字画面或 I/O 组画面上对应的信号注释，就被更新为这里所显示的信号名。

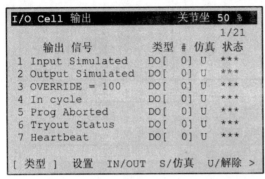

图 4-128 输出单元输出画面

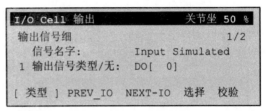

图 4-129 信号分配

要改变信号类型，将光标指向信号类型按下 F4 "选择"，选择 I/O 的类型，按下 ENTER（输入）。要改变 UOP 以外的 I/O 的号码，将光标指向号码，输入信号号码，按下 ENTER 键。要确认分配是否有效，按下 F5 "校验"。

4.4 远程控制与监控

4.4.1 远程控制

(1) STYLE 启动

STYLE 启动是从遥控装置选择程序的一种功能。STYLE 程序号码通过 8 个 STYLE1～8 输入信号来指定。

① STYLE 启动，需要事先在各 STYLE 号码中设定希望启动的程序。STYLE 中使用的程序，没有 RSR 和 PNS 那样的名称制约。

② 控制装置将 STYLE1～8 输入信号作为二进制数来读入。将所读出的 STYLE1～8 信号变换为十进制数后的值就是 STYLE 号码，如图 4-130 所示。

③ 从遥控装置发出启动输入信号（START 或者 PROD_START）。此时，系统从 STYLE 号码中选择程序，同时启动所选的程序，如图 4-131 所示。

④ 确认输出信号 SNO1～8 时，将 STYLE 号码以二进制代码方式输出，同时输出 SNACK 脉冲（初期设定为无效），如图 4-131 所示。

⑤ 程序暂停中发出启动输入信号（START 或者 PROD_START）时，不进行新程序的选择，而是重新启动暂停中的程序，如图 4-131 所示。

⑥ 外围设备输入信号（UI）无效时，应将系统设定画面的 "UOP：外部控制信号" 项设定为有效。基于 STYLE 的程序启动，处在遥控状态时有效。此外，包含动作（群组）的程序启动，与遥控条件一起，在可动作条件成立时有效。为表示上述条件已经成立的事实，输出 CMDENBL。

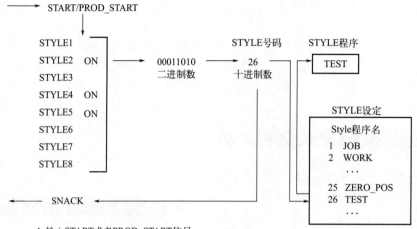

1 输入START或者PROD_START信号。
2 读入STYLE1~8信号，变换为十进制数。
3 具有所选Style号码的Style程序成为当前所选的程序，所选的Style程序被启动。

图 4-130　STYLE 启动

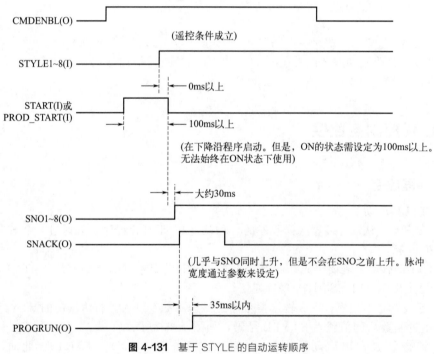

图 4-131　基于 STYLE 的自动运转顺序

（2）STYLE 的设定

STYLE 的设定项目见表 4-17。STYLE 的设定步骤如下。

表 4-17　STYLE 设定项目

序号	条目	说明
1	承认信号（ACK）功能	设定 SNO 输出信号以及 SNACK 输出信号的有效/无效，标准情况下为无效
2	承认信号（ACK）宽度	确认信号脉冲宽设定 STYLE 确认信号（SNACK）的脉冲输出时间（单位：ms）
3	STYLE 的最大数	STYLE 启动用中能够设定的程序的最大数量

① 按下 MENUS（画面选择）键，显示出画面菜单。

② 选择"6 设定"。

③ 按下 F1"类型"，显示画面切换菜单。

④ 选择"选择程序"。显示程序选择画面见图 4-132。

⑤ 将光标指向"选择程序方式"条目，按下 F4"选择"，如图 4-133 所示，选择"STYLE"。按下 F3"细节"，如图 4-134 所示。

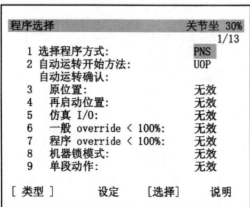

图 4-132　程序选择画面

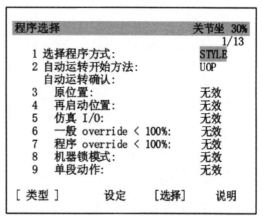

图 4-133　选择程序方式

⑥ 将光标指向目的条目，按下 F4"选择"，选择程序，进行 STYLE 程序的设定。

⑦ 进一步按下 F3"设定"，即可进行确认信号的设定，如图 4-135 所示（初期设定已被设为无效）。

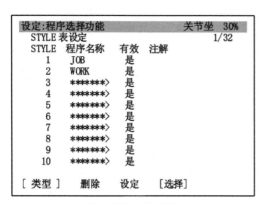

图 4-134　"细节"

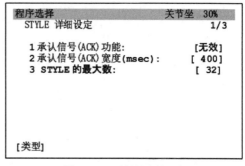

图 4-135　确认信号的设定

⑧ 要将设定从 RSR/PNS/其他变更为 STYLE 的情况下，要使设定有效，需要暂时断开电源，然后再接通电源。

在变更了自动运转功能种类的情况下，为使新的设定有效，需要再次接通控制装置的电源。否则，系统不会反映新的设定。

4.4.2　状态检查画面

(1) 程序选择画面

如图 4-136 所示，"程序选择"画面上，可以进行如下设定作为程序选择方式，可以选择 PNS、RSR、STYLE、其他；作为程序的启动方式，可以选择 UOP、其他；启动或再启动程序时，可进行各类检查。

（2）显示状态检查画面

① 按下 MENUS（画面选择）键，选择"状态"。

② 按下 F1"类型"，选择"Robot ready"，如图 4-137 所示。

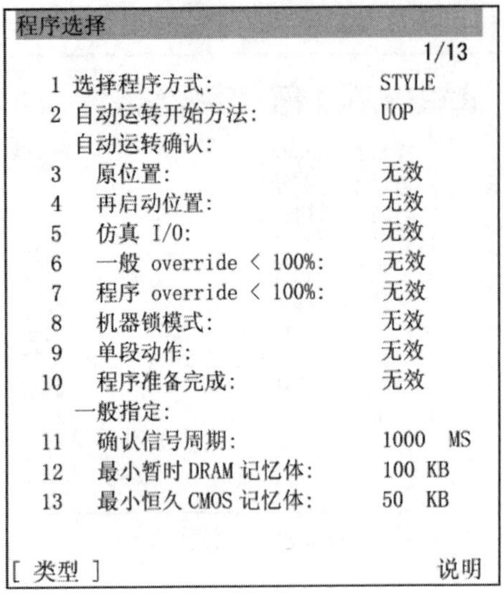

图 4-136　程序选择画面

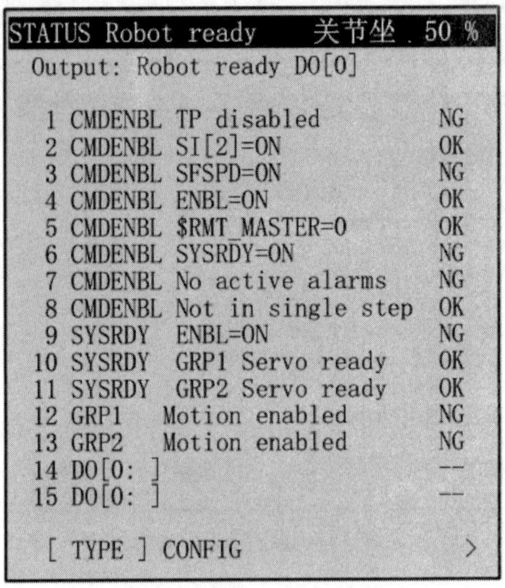

图 4-137　选择"Robot ready"

③ 在设定已被变更的情况下，按下"NEXT"（下一步），并按下 F1"REDO"（再执行）按钮，确认当前的状态。

（3）监视条目的变更方法

不能改变 CMDENBL、SYSRDY 条件。

① 将光标指向对象条目，按下 F2"CONFIG"。

② 进行监视的情况下，选择"YES"（是）。不进行监视的情况下，选择"NO"（不是）。

③ 要返回一览显示，按下 F2"LISTING"（一览）。

（4）监视信号的追加方法

① 将光标指向"DO[]"条目，按下 F2"CONFIG"。

② 改变信号类型、号码、OK 条件（ON、OFF）。

③ 进行监视的情况下，选择"YES"。不进行监视的情况下，选择"NO"。

④ 要返回一览显示，按下 F2"LISTING"。

4.5　I/O 指令与控制

4.5.1　I/O 指令

（1）数字 I/O 指令

数字输入（DI）和数字输出（DO），是用户可以控制的输入/输出信号。

① R[i]＝DI[i]指令如图 4-138 所示，该指令将数字输入的状态（ON＝1、OFF＝0）存储到暂存器中。

例如：

```
R[1]= DI[1]
R[R[3]]= DI[R[4]]
```

② DO[i]＝ON/OFF 指令如图 4-139 所示。该指令接通或断开所指定的数字输出信号。

例如：

```
DO[1]= ON
DO[R[3]]= OFF。
```

图 4-138 R[i]=DI[i] 指令   图 4-139 DO[i]=ON/OFF 指令

③ DO[i]＝PULSE，[时间] 指令如图 4-140 所示。该指令仅在指定的时间内接通并输出指定的数字输出。在没有指定时间的情况下，脉冲输出由 ＄DEFPULSE（每 0.1s）所指定的时间。

例如：

```
DO[1]= PULSE
DO[2]= PULSE,0.2sec
DO[R[3]]= PULSE,1.2sec
```

④ DO[i]＝R[i]指令如图 4-141 所示。该指令根据所指定的暂存器的值，接通或断开所指定的数字输出信号。若暂存器的值为 0 就断开，若是 0 以外的值就接通。

例如：

```
DO[1]= R[2]
DO[R[5]]= R[R[1]]
```

图 4-140 DO[i]=PULSE，（时间）   图 4-141 DO[i]=R[i] 指令

（2）机器人 I/O 指令

机器人输入（RI）和机器人输出（RO）信号，是用户可以控制的输入/输出信号。

① R[i]＝RI[i]指令如图 4-142 所示。该指令将机器人输入的状态（ON＝1，OFF＝0）存储到暂存器中。

例如：

```
R[1]= RI[1]
R[R[3]]= RI[R[4]]
```

② RO[i]＝ON/OFF 指令如图 4-143 所示。该指令接通或断开所指定的机器人数字输出信号。

例如：

```
RO[1]= ON
RO[R[3]]= OFF
```

图 4-142 R[i]=RI[i] 指令   图 4-143 RO[i]=ON/OFF 指令

③ RO[i]＝PULSE，［时间］指令，如图 4-144 所示。该指令仅在所指定的时间内接通
输出信号。在没有指定时间的情况下，脉冲输出由＄DEFPULSE（每 0.1s）所指定的时间。
例如：

```
RO[1]= PULSE
RO[2]= PULSE,0.2sec
RO[R[3]]= PULSE,1.2sec
```

④ RO[i]＝R[i]指令如图 4-145 所示。该指令根据所指定的暂存器的值，接通或断开所
指定的数字输出信号。若暂存器的值为 0 就断开，若是 0 以外的值就接通。
例如：

```
RO[1]= R[2]
RO[R[5]]= R[R[1]]
```

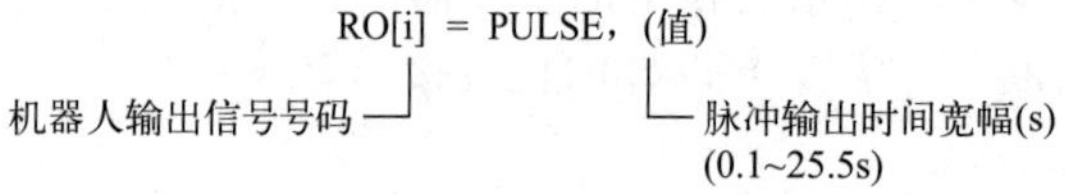

图 4-144 RO[i]=PULSE,［时间］指令 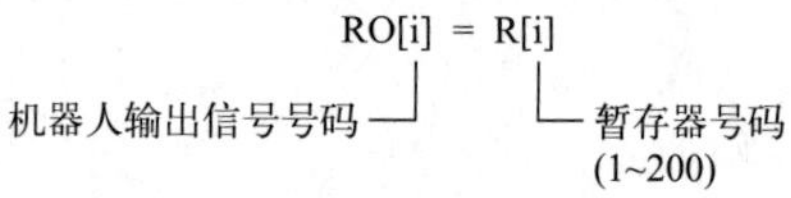   图 4-145 RO[i]=R[i] 指令

（3）模拟 I/O 指令

模拟输入（AI）和模拟输出（AO）信号，是连续值的输入/输出信号，表示该值的大
小为温度和电压之类的数据值。
① R[i]＝AI[i]指令如图 4-146 所示。该指令将模拟输入信号的值存储在暂存器中。
例如：

```
R[1]= AI[1]
R[R[3]]= AI[R[4]]
```

② AO[i]＝（值）指令如图 4-147 所示。该指令向所指定的模拟输出信号输出值。
例如：

```
AO[1]= 0
AO[R[3]]= 3276.7
```

③ AO[i]＝R[i]指令如图 4-148 所示。该指令向模拟输出信号输出暂存器的值。
例如：

```
AO[1]= R[2]
AO[R[5]]= R[R[1]]
```

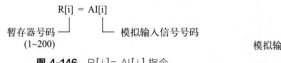

图 4-146　R[i]= AI[i] 指令 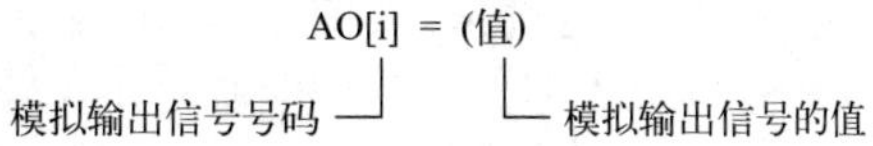　　　　　　图 4-147　AO[i]=（值）指令

（4）群组 I/O 指令

群组输入（GI）以及群组输出（GO）信号，对几个数字输入/输出信号进行分组，以一个指令来控制这些信号。

① R[i]＝GI[i]指令如图 4-149 所示。该指令将所指定群组输入信号的二进制值转换为十进制值代入所指定的暂存器。

例如：

R[1]= GI[1]
R[R[3]]= GI[R[4]]

图 4-148　AO[i]=R[i] 指令　　　　　　图 4-149　R[i]=GI[i] 指令

② GO[i]＝（值）指令如图 4-150 所示。该指令将经过二进制变换后的值输出到指定的群组输出中。

例如：

GO[1]= 0
GO[R[3]]= 32767

③ GO[i]＝R[i]指令如图 4-151 所示。该指令将所指定暂存器的值经过二进制变换后输出到指定的群组输出中。

例如：

GO[1]= R[2]
GO[R[5]]= R[R[1]]

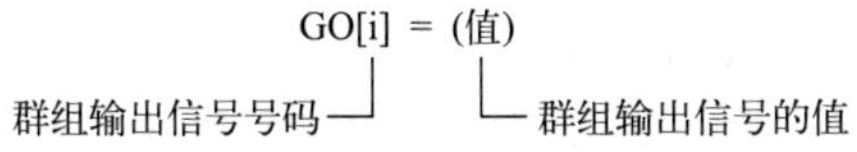

图 4-150　GO [i] =（值）指令 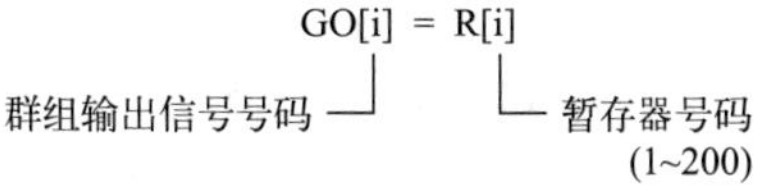　　　　　　图 4-151　GO [i] = R [i] 指令

4.5.2　I/O 的手动控制

I/O 的手动控制是指在执行程序前先对外围设备进行信号的交换。主要有强制输出、仿真输出和仿真输入、等待解除三种类型。

（1）强制输出

强制输出，将数字输出信号手动切换到 ON/OFF。组输出、模拟输出的情况下指定值。强制输出步骤如下，要求已完成将要输出的信号分配。

① 按下 MENUS（画面选择）键，显示出画面菜单。

② 选择"5 设定输出/入信号"，出现 I/O 画面，选择数字输出。

③ 按下 F1"类型"，显示出画面切换菜单。

④ 选择"数字信号"，出现数字输出画面，如图 4-152 所示。出现输入画面时，可按下 F3"IN/OUT"，切换到输出画面。

⑤ 将光标指向希望更改的信号号码的"状态"栏。通过 F4"ON"、F5"OFF"切换输出。

⑥ 按下 F1"类型"，显示出画面切换菜单。

⑦ 选择"群组"。出现群组输出画面，如图 4-153 所示。

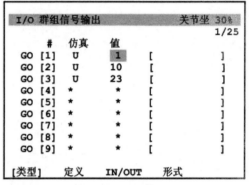

图 4-152　输出画面　　　　　　　　图 4-153　群组输出

⑧ 将光标指向希望更改的信号号码的"值"栏并输入数值，如图 4-154 所示。按下 F4"形式"，即可切换十进制显示和十六进制显示。

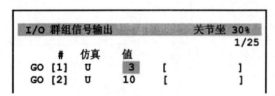

图 4-154　将光标指向"值"栏

（2）仿真输入/输出

仿真输入/输出，是不通过数字、模拟、群组、机器人 I/O 与外围设备进行通信，而在内部更改信号状态的一种功能。该功能用于在尚未完成与外围设备之间的 I/O 连接时执行程序，或进行 I/O 指令的测试。可以使用仿真输入/输出的，仅限数字、模拟、群组、机器人 I/O。

① 仿真输出　通过程序的 I/O 指令、手动输出而只更改内部状态，对通向外围设备的输出状态不予更改。通向外围设备的输出状态，保持设置仿真旗标时的状态。

② 仿真输入　通过程序的 I/O 指令、手动输入来更改内部状态。来自外围设备的输入状态被忽略，内部状态不予更改。

③ 仿真输入/输出步骤：

注意，此时应已完成将要输入/输出的信号分配。

a. 按下 MENUS（画面选择）键，显示出画面菜单。

b. 选择"设定输出/入信号"。出现 I/O 画面。

c. 按下 F1"类型"，显示出画面切换菜单。

d. 选择"数字信号"，出现数字 I/O 画面，如图 4-155 所示。

e. 将光标指向希望更改的信号号码"仿真"条目，通过 F4"仿真"－S、F5"解除"－U 来切换仿真的设定，如图 4-156 所示。

f. 将光标指向希望输入/输出的信号号码"状态"条目，通过 F4 "ON"、F5 "OFF" 来切换仿真输入/输出，如图 4-157 所示。

（3）等待解除

等待解除，在程序中的等待指令执行过程中，在等待 I/O 的条件得到满足时，跳过此指令而在下一行使程序暂停。等待解除只在程序执行中起作用。解除等待步骤如下：

① 按下 FCTN（辅助）键，显示出辅助菜单，光标跳过 I/O 等待而移动到下一行，程序暂停，如图 4-158 所示。

② 选择 "7 解除等待"。

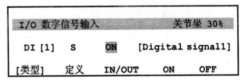

I/O 数字信号输入		关节坐 30%	
#	仿真	状态	
DI [1]	U	OFF	[Digital signal1]
DI [2]	U	OFF	[Digital signal2]
DI [3]	U	OFF	[Digital signal3]
DI [4]	U	ON	[Digital signal4]
DI [5]	U	ON	[Digital signal5]
DI [6]	U	OFF	[Digital signal6]
DI [7]	U	OFF	[Digital signal7]
DI [8]	U	ON	[Digital signal8]
DI [9]	U	ON	[Digital signal9]
[类型]	定义	IN/OUT	ON OFF

图 4-155　数字信号

I/O 数字信号输入		关节坐 30%	
DI [1]	S	OFF	[Digital signal1]
[类型]	定义	IN/OUT	仿真 解除

图 4-156　切换"仿真"信号号码

I/O 数字信号输入		关节坐 30%	
DI [1]	S	ON	[Digital signal1]
[类型]	定义	IN/OUT	ON OFF

图 4-157　切换仿真输入/输出

```
SAMPLE3                关节坐 30%
                          11/20

10:    J P[5] 100% FINE
11:    WAIT RI [1] = ON
12:    RO [1] = ON
```

图 4-158　光标跳过 I/O 等待

第 **5** 章　FANUC工业机器人
元器件的更换

5.1　机柜钣金件的更换

5.1.1　FANUC 工业机器人控制柜的结构

　　常用 FANUC 工业机器人控制柜的结构如图 5-1～图 5-5 所示，其连接方框图如图 5-6、
图 5-7 所示。

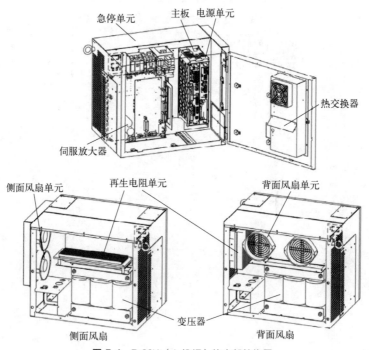

图 **5-1**　R-30iA（A-机柜）的内部结构图

5.1.2　更换单元

　　在更换单元时，务须先断开控制装置的主电源，并在周围没有动作的安全状态下进行。
要事先阅读维修说明书，在理解操作步骤的基础上再进行作业。在操作具有一定重量的部件

和单元时，应使用起重机等辅助装置，以避免给作业人员带来过大的负担。在发热的状态下触摸设备时，应准备好耐热手套等保护用具。

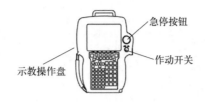

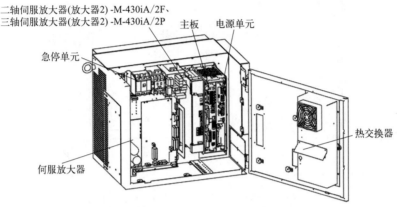

图 5-2 R-30iA（A-机柜）的内部结构图（M-430iA）

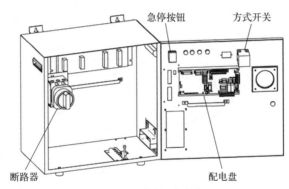

图 5-3 操作箱的内部结构图

（1）更换 A 机柜顶板

如图 5-8 所示，卸下背面上部的 M4 螺钉（3 处），将顶板稍许向后侧拉出，向上提起并拆下。若是背面风扇类型的单元，应在拆下背面百叶窗后再更换顶板。

（2）更换 A 机柜背面板

如图 5-9 所示，拆下固定着背面板的 M4 螺钉（7 处）和 M10 螺栓（4 处）即可。若是背面风扇类型的单元，应在拆下背面百叶窗后再更换顶板。

（3）更换 A 机柜百叶窗

① 侧面风扇类型的情形。如图 5-10 所示，拧松固定着百叶窗的 M4 螺钉（4 处），拆下百叶窗。

② 背面风扇类型的情形。如图 5-11 所示，拧松与背面板拧紧在一起固定着天窗的 M4 螺钉（4 处），拆下百叶窗。

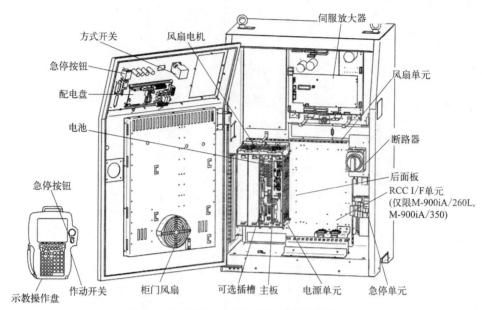

图 5-4 R-30iA（B-机柜）的内部结构图（前面）

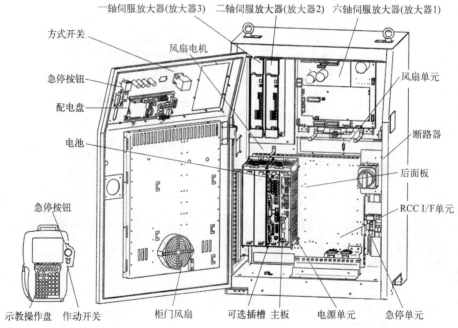

图 5-5 R-30iA（B-机柜）的内部结构图（前面）（M-900iA/400，M-900iA/600）

（4）更换 A 机柜门

拆下安装在柜门上的连接于单元（风扇单元等）上的电缆。将柜门向上提起后拆下，如图 5-12 所示（柜门的铰链采用插入方式）。

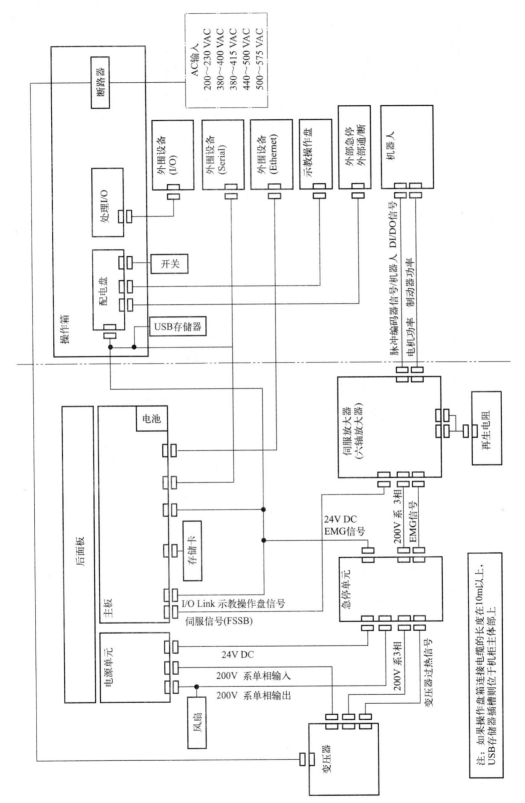

图 5-6　R-30iA 方框图（A 机柜）

AC输入
200～230 VAC
380～400 VAC
380～415 VAC
440～500 VAC
500～575 VAC

断路器

操作箱

处理I/O

配电盘

开关

USB存储器

外围设备(I/O)

外围设备(Serial)

外围设备(Ethernet)

示教操作盘

外部急停
外部通断

机器人

脉冲编码器信号/机器人 DI/DO信号
电机功率
制动器功率

后面板

电池

存储卡

主板

I/O Link 示教操作盘信号
伺服信号(FSSB)

电源单元

风扇

24V DC

200V 系单相输入

200V 系单相输出

变压器

伺服放大器
(六轴放大器)

再生电阻

24V DC
EMG信号

急停单元

200V 系 3相
EMG信号

200V 3相

变压器过热信号

注：如果操作盘箱连接电缆的长度在10m以上，
USB存储器插槽槽则位于机柜主体部上。

第 5 章　211
FANUC 工业机器人元器件的更换

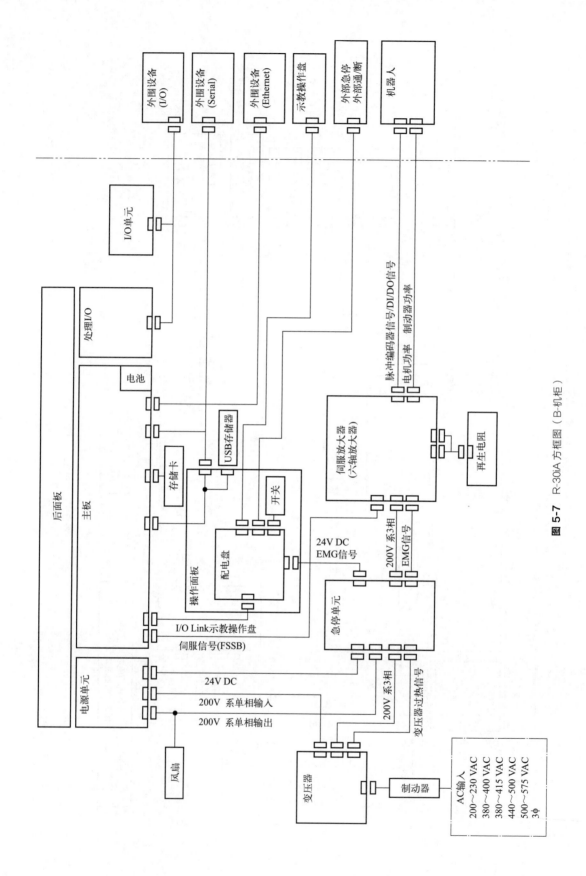

图 5-7　R-30iA 方框图（B-机柜）

外围设备
(I/O)

外围设备
(Serial)

外围设备
(Ethernet)

示教操作盘

外部急停
外部通断

机器人

I/O单元

处理I/O

后面板

主板

电池

USB存储器

存储卡

操作面板

配电盘

开关

伺服放大器
（六轴放大器）

脉冲编码器信号/DI/DO信号
电机功率　制动器功率

再生电阻

24V DC
EMG信号

200V 系3相
EMG信号

电源单元

I/O Link示教操作盘
伺服信号(FSSB)

急停单元

200V 系3相　变压器过热信号

风扇

24V DC

200V 系单相输入

200V 系单相输出

变压器

制动器

AC输入
200～230 VAC
380～400 VAC
380～415 VAC
440～500 VAC
500～575 VAC
3ϕ

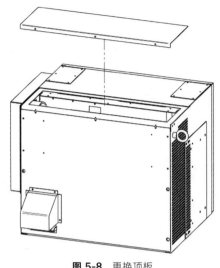

图 5-8　更换顶板

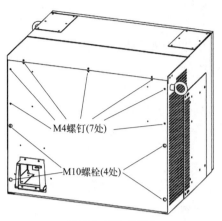

M4螺钉(7处)

M10螺栓(4处)

图 5-9　更换背面板

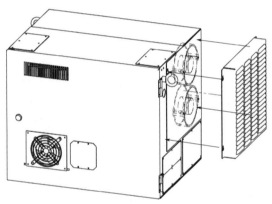

图 5-10　更换百叶窗（侧面风扇类型）

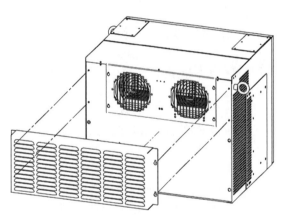

图 5-11　更换百叶窗（背面风扇类型）

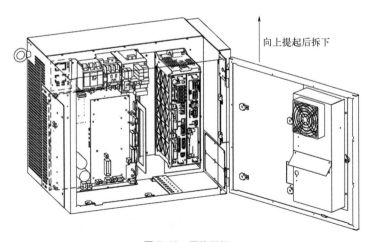

向上提起后拆下

图 5-12　更换柜门

5.2 更换印制电路板与主板

5.2.1 更换印制电路板

（1）注意

在进行印制电路板的更换时，应注意下列注意事项。

① 务须在断开控制装置的电源之状态下进行。

② 在拆下印制电路板时，应避免用手去触摸电路上的半导体部件，或接触到其他的部件。

③ 确认已经正确进行将要更换的印制电路板的设定。

④ 在更换完以后，应正确调节需要调节的印制电路板。

⑤ 后面板、电源单元以及主板（包含卡、模块）的更换，有时会导致机器人的参数、示教数据等丢失，因此，务须再将数据备份在存储卡、软盘等中之后再进行。

⑥ 装回更换时拆除的电缆。如果担心弄不清连接目的地，在拆下电缆之前，做好适当的记录。

（2）更换后面板（单元）

针对每一个塑料机架，更换后面板。

① 拆下连接在电源单元、各类板上的电缆。在更换主板时，确认电池电压正常（DC3.1～3.3V），电池已正确安装。此外，还要注意操作处理时的静电。

② 从机架上拆下电源单元、各类板。

③ 拆下连接在后面板单元上的地线。

④ 拧松固定着机架上部的螺钉，卸下固定着机架下部的螺钉。

⑤ 拆下机架。

⑥ 等更换好后面板和机架之后，按照与上述①～④相反的步骤将其装回。在进行后面板单元的更换时，应注意保管，以避免被拆下的主板的数据丢失。

（3）更换后面板单元的电源单元及印制电路板

后面板单元内安装有电源单元、主板以及各类可选板。可选板有使用一整个插槽的全尺寸板和使用全尺寸板的一部分之微型尺寸板。应在断开控制装置的主电源后再进行作业。主板上安装有机器人的参数、示教数据等通过电池备份的存储器。在更换主板时，存储器的内容将会丢失。

① 拆下将要更换的电源单元或连接在印制电路板上的电缆。

② 握住电源单元或位于印制电路板上下的把手，在拆下闩锁的状态下朝跟前拉出。

③ 将需要更换的电源单元或印制电路板放在机架的导轨上，轻轻地推入，直到被锁定为止。

④ 主板用插槽（插槽1）上面有2条导轨。对准右边的导轨后将主板插进去，如图5-13所示。

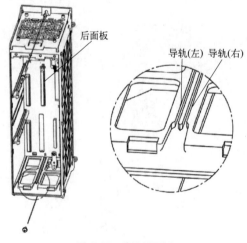

后面板

导轨(左) 导轨(右)

图 5-13 更换后面板

⑤ 可选板用插槽中，插槽 3 内有 2 条导轨。对准左边的导轨后将可选板插进去，如图 5-14 所示。

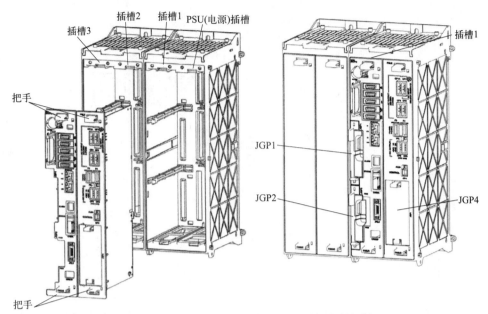

图 5-14 更换后面板单元上的电源单元及各类印制电路板

（4）更换配电盘

如图 5-15 所示，配电盘安装在操作箱内部或操作面板背面。

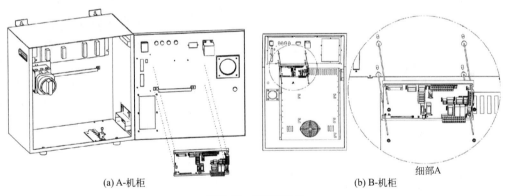

(a) A-机柜　　　　　　　　　　　　　(b) B-机柜

图 5-15 更换配电盘

① 将连接在配电盘上的电缆全部拆下来。

接线板（TBOP3、TBOP4、TBOP6）采用连接器类型。拔出上部的接线板部。

② 卸下固定着配电盘的螺钉（4 处），拆下配电盘。

③ 拆下配电盘的固定金属板（每块金属板上有 2 个 M3 螺钉）。

④ 将固定金属板安装到新的配电盘上，并将配电盘安装到操作面板上。

（5）更换处理 I/O 板 EA、EB、FA、GA、KA、KB、KC、NA（A 机柜）

如图 5-16 所示，处理 I/O 板 EA、EB、FA、GA、KA、KB、KC、NA 被安装在操作箱上。

① 打开操作箱的柜门。

② 拆下连接在处理 I/O 板上的电缆。

③ 拆下固定着处理 I/O 板的螺钉（4 处），拆下处理 I/O 板。

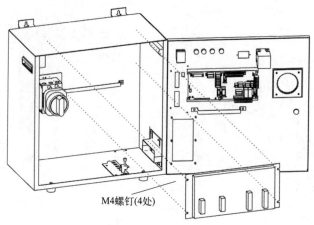

M4螺钉(4处)

图 5-16 更换处理 I/O

5.2.2　更换主板

在更换卡和模块之前，应备份机器人的参数、示教数据等。在更换 FROM/SRAM 模块时，SRAM 存储器的内容将会丢失。

（1）卡的拆卸方法

① 如图 5-17 所示，提起垫片配件。

② 伺服卡和 CPU 卡，虽然其形状不同，但模塑件的盖板均附设在基板角的某一处。将手指插入此盖板的背面一侧，按照右图所示的箭头方向慢慢地提起（此时，应尽可能使用另外一只手支撑在相反一侧的主板附近。拔出时需要 7～8kgf 的力，所以，在拔出时要注意避免卡基板随之落下）。

③ 慢慢地提起卡基板的一边使其倾斜，不要在此状态下就将其拔出，而要轻轻地推回已被提起的盖板部分。

④ 等到卡基板与主板几乎恢复平行后，用手指夹住卡基板的两边并向上提起，即可将其完全拔出。

（2）卡的安装方法

① 如图 5-18 所示，确认垫片配件已经被提起。

② 为对准卡基板的安装位置，如图 5-18 所示使垫片抵接于卡基板的垫

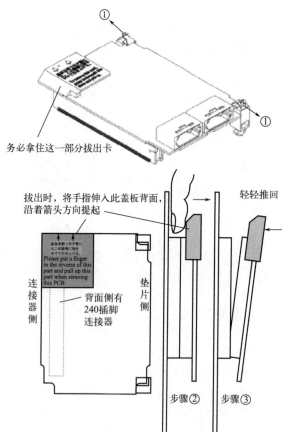

务必拿住这一部分拔出卡

拔出时，将手指伸入此盖板背面，沿着箭头方向提起

轻轻推回

连接器侧

背面侧有240插脚连接器

垫片侧

步骤②　步骤③

侧面图

图 5-17 主板上的卡拆卸方法

片固定部端面上，对好位置（此时若将连接器一侧稍许抬高而仅使垫片一侧下垂，则较容易使基板抵接于垫片并定好位置）。

③ 在使基板与垫片对准的状态下，慢慢地下调连接器一侧，使得连接器相互接触。

④ 若使卡基板沿着箭头方向稍许向前、向后移动，则较容易确定嵌合位置。

⑤ 慢慢地将卡基板的连接器一侧推进去。此时，应推压连接器背面一侧附近的基板。连接器的插入大约需要 10kgf 的力。若在超过这一力量下仍然难以嵌合，位置偏离的可能性较大，这种情况下强行插入会导致连接器破损，应先重新进行定位操作（绝对不要按压附带在 CPU 和 LSI 等上的散热 FIN，否则将导致其损坏）。

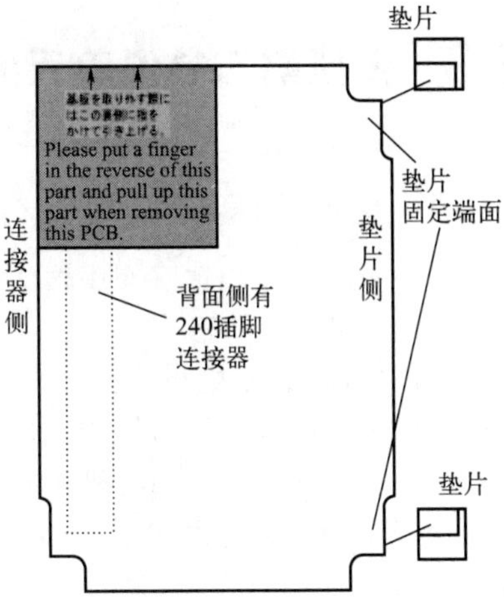

⑥ 将垫片配件推压进去后放下。

（3）模块的拆除方法

在更换模块时，不要触摸到模块的触点，其位置如图 5-19 所示。不慎触摸到触点时，应用清洁的布块擦掉污迹。

① 将插座的卡爪向外打开，见图 5-20(a)。

② 将模块提起到大约 30°之后，朝斜上方拉出。

（4）模块的安装方法

① 使 B 面朝上，将模块大约倾斜 30°后插入模块插座，见图 5-20(b)。

② 放倒模块，直到其锁紧为止，见图 5-20(c)。

图 5-18 安装主板上的卡

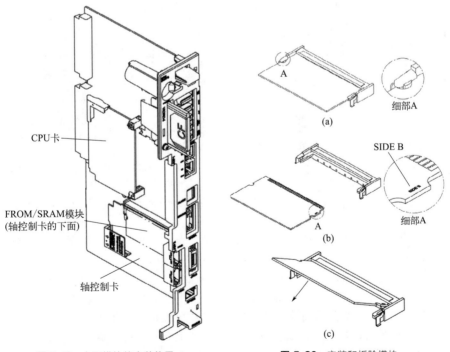

图 5-19 卡和模块的安装位置　　**图 5-20** 安装和拆除模块

5.3 变压器与急停单元的更换

5.3.1 更换变压器

有的变压器比较重（变压器的质量为 45～60kg），更换作业时要注意避免受伤。

（1）A 机柜的情形

若是分体型 A 机柜，则不需要执行步骤①～③，从步骤④开始作业。若是机器人一体型规格，则需要将机柜从机器人上拆下来，使其机柜分离，操作步骤如下。

① 如图 5-21 所示，拆下从机器人引出的电缆连接器和接地缆线夹。此类电缆通常在伺服放大器的连接器（CRF8、CNJ1～6 以及 CNJGA～CNJGC）上和接地电缆上。

② 如图 5-22 所示，拆下固定着机柜和机器人的螺栓。

③ 注意不要强拉或损坏电缆，从机柜使机器人和电缆慢慢分开。

④ 如图 5-23 所示，拆下变压器的连接器面板上所连接的电缆（从操作箱引入的电源线）。

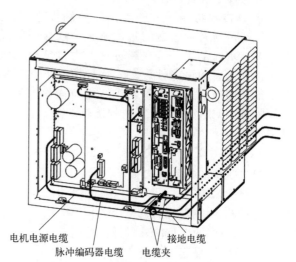

电机电源电缆　　接地电缆
脉冲编码器电缆　电缆夹

图 5-21 拆下电缆连接器和接地缆线夹

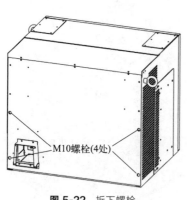

M10螺栓(4处)

图 5-22 拆下螺栓

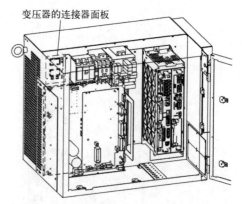

变压器的连接器面板

图 5-23 拆下连接器面板上所连接的电缆

⑤ 拧下机柜背面上部的螺钉，拆下顶板。拧下固定着机柜的背面盖板的螺钉，拆下盖板。若是背面风扇类型就不需要进行下面⑥和⑦两个步骤。

⑥ 拧下变压器的上部板和固定着再生电阻单元的螺钉，拆下再生电阻单元。

⑦ 如图 5-24 所示，拧下变压器上部的螺钉，拆下金属板（M5 螺钉，3 处）。

⑧ 如图 5-25 所示，拧下固定着变压器的连接器面板金属板上的螺钉，拆下金属板。

⑨ 如图 5-26 所示，拧下固定着变压器上部的 2 个 M6 螺钉，拆下金属板。

⑩ 按照与上述步骤①～⑨相反的步骤，安装将要更换上去的变压器。

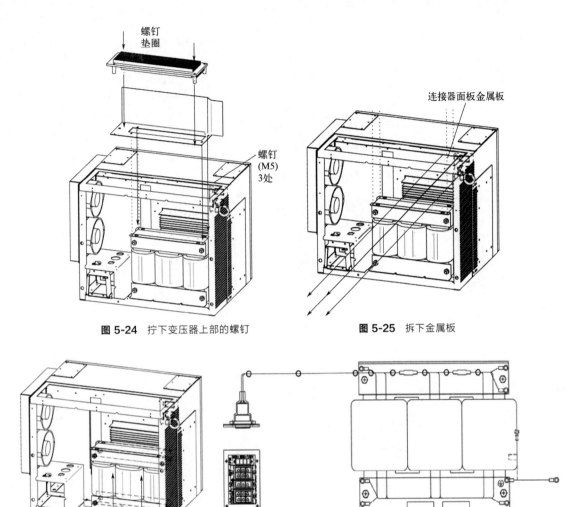

图 5-24 拧下变压器上部的螺钉

图 5-25 拆下金属板

连接器面板金属板

螺钉
垫圈

螺钉
(M5)
3处

螺钉(2-M6)

图 5-26 拧下 2 个 M6 螺钉

（2）B 机柜的情形

① 如图 5-27 所示，拧下固定着背面板的螺钉，拆下背面板。

② 如图 5-28 所示，拔出连接器面板 LA、LB、LC、OUT、CPOH 的连接器。用尼龙绑带固定电缆的部分，用剪钳剪断尼龙绑带，拆下电缆。这种情况下，应注意不要损坏电缆。

③ 如图 5-29 所示，拧下固定着变压器的接线板金属板上的螺钉，拆下金属板。

④ 如图 5-30 所示，拧下固定着变压器的螺钉（M6，2 处），拆下变压器。

⑤ 按照与上述步骤①～④相反的步骤，安装将要更换上去的变压器。

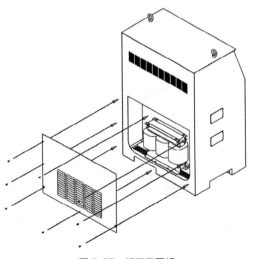

图 5-27 拆下背面板

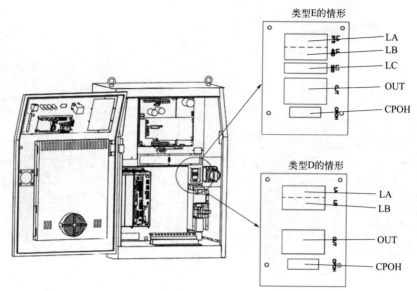

图 5-28　拔出连接器

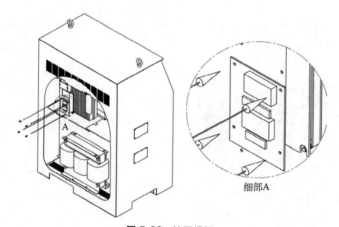

图 5-29　拧下螺钉

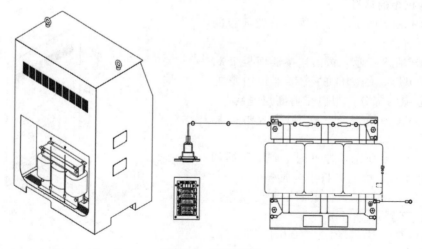

图 5-30　拆下变压器

220　FANUC 工业机器人
装调与维修

5.3.2 再生电阻单元的更换

刚刚执行完操作的再生电阻单元很烫手，要等到其充分冷却之后再更换。

（1）A 机柜的情形（图 5-31）

① 拆下 A 机柜的顶板。拆下机柜右侧面、百叶窗下侧的金属板（若是背面风扇类型，还需要拆下背面板或者风扇单元）。

② 拆下伺服放大器的连接器 CRR63 以及 CRR45。

③ 拆下变压器安装区域内的线夹螺母。避免损坏电缆和连接器，拔下电缆。

④ 拧下固定着再生电阻单元的螺钉（2 处），拆下再生电阻单元。

⑤ 按照与上述①～④相反的步骤，安装将要更换上去的再生电阻单元。

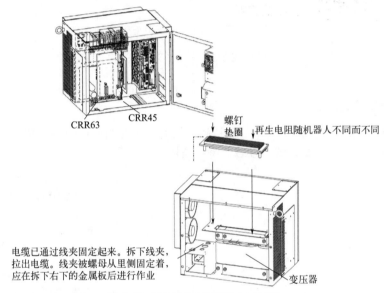

图 5-31 更换再生电阻单元（A机柜）

（2）B 机柜的情形

① 拆下伺服放大器。

② 拆下固定着再生电阻单元电缆的金属板。电缆上被用尼龙绑带固定起来的部分，要用剪钳剪断尼龙绑带，拆下电缆，如图 5-32 所示。这种情况下，应注意避免损坏电缆。

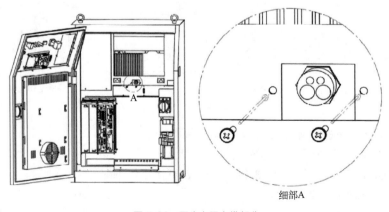

图 5-32 再生电阻电缆部分

③ 拧下固定着再生电阻单元的 2 个螺母中上部的 1 个螺母，拧松下部的 1 个螺母，而后拆下再生电阻单元，如图 5-33 所示。

④ 按照与上述①～③相反的步骤，安装将要更换上去的再生电阻单元。

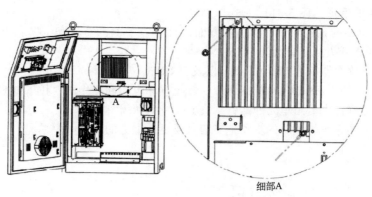

图 5-33 再生电阻

5.3.3 更换急停单元

符合条件时，安装在急停单元上的磁接触器接通。当控制器接通时，切勿按下磁接触器上的按钮，如图 5-34 所示。否则，接触器将会损坏。

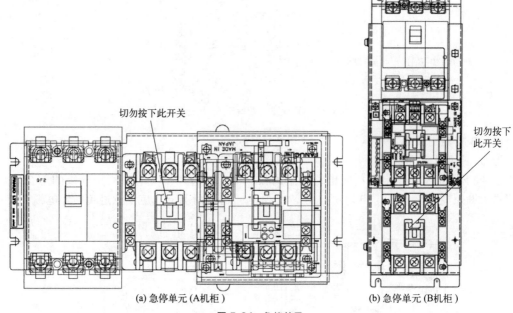

(a) 急停单元 (A机柜)　　　　(b) 急停单元 (B机柜)

图 5-34 急停单元

（1）A 机柜急停单元更换步骤（图 5-35 所示）

① 拆下连接在急停单元上的电缆。

② 拧下固定着急停单元的 M4 螺钉（4 处），更换急停单元。

③ 按照原样装回拆下的电缆。

（2）B 机柜急停单元更换步骤（图 5-36 所示）

① 拆下连接在急停单元上的电缆。

② 拧下固定着急停单元的 4 个螺钉中上部的 2 个螺钉，拧松下部的 2 个螺钉，而后更换急停单元。

③ 按照原样装回拆下的电缆。

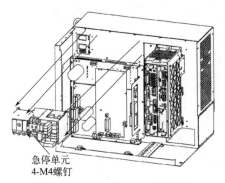

急停单元
4-M4螺钉

图 5-35 更换急停单元（A 机柜）

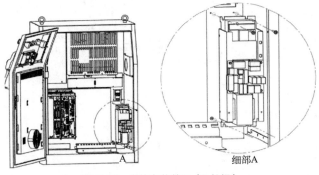

A

细部A

图 5-36 更换急停单元（B 机柜）

5.4 伺服放大器及 I/O 单元的更换

5.4.1 更换伺服放大器

在触摸伺服放大器之前，通过位于 LED "D7" 上部的螺钉确认 DC 链路电压。利用 DC 电源测试器确认电压在 50V 以下。刚刚执行完操作的伺服放大器很烫手，要等到其充分冷却之后再更换。

（1）A 机柜的情形

更换伺服放大器时要使用滑轨，采用从外侧拉出的方式。伺服放大器的更换不需要工具。但是，当附带有防止输送事故的伺服放大器固定螺钉时，则需要用十字形螺丝刀拧下螺钉。

① 确认已经拧下伺服放大器出货用固定螺钉。

② 打开柜门，在位于 LED "D7" 上部的螺钉确认 DC 链路电压，如图 5-37 所示。

③ 拆下连接在伺服放大器上的电缆。将拆下来的电缆向跟前一侧拉出，以避免在使放大器移动时挂住。

④ 用硬币将金属板外侧的螺钉左转 1/4 圈，解除锁定，如图 5-38 所示。

⑤ 慢慢地向外侧拉出伺服放大器。当忘记拉出电缆时，会导致电缆损坏。要注意在稍许拉出一点后，再次进行确认。勿使伺服放大器从滑轨上落下来。

⑥ 把将要更换上去的滑轨置于放大器上，一边滑动一边将其推入，直到钩住导销为止，如图 5-39 所示。

⑦ 用硬币使金属板外侧的螺钉右转 1/4 圈，解除锁定。

⑧ 原样装回连接电缆。

（2）B 机柜的情形

① 拆下放大器盖板并拔出电缆，如图 5-40 所示。

利用DC电源测试器确认电压在50V以下

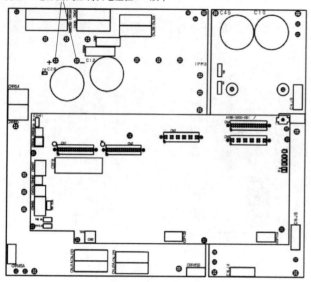

图 5-37 确认 DC 链路电压

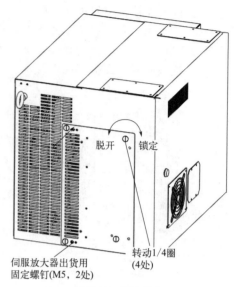

脱开　锁定

转动1/4圈
(4处)

伺服放大器出货用
固定螺钉(M5，2处)

图 5-38 解除锁定

导销

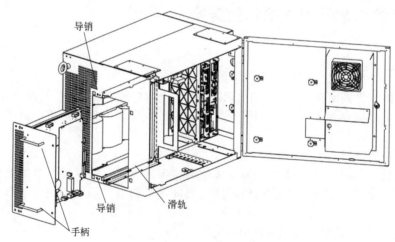

导销

滑轨

手柄

图 5-39 推入

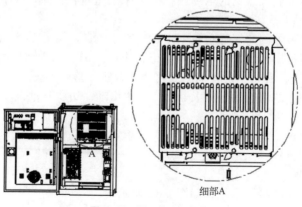

A

细部A

图 5-40 拆下放大器盖板

② 在位于 LED "D7" 上部的螺钉确认 DC 链路电压。利用 DC 电压测试器确认电压在 50V 以下，如图 5-37 所示。

③ 将放大器上部的固定插脚左转 90°。放大器上部中间，有一个为在搬运机柜时用来固定放大器的 M5 螺钉。设置完机柜后将其拆下，以便维修，如图 5-41 所示。

④ 握住位于放大器上下部位的把手，将放大器上部稍微向前拉出，如图 5-42 所示。

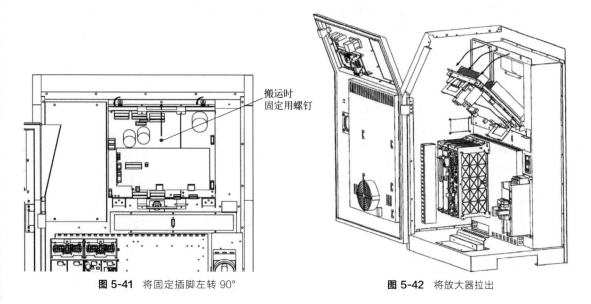

搬运时
固定用螺钉

图 5-41 将固定插脚左转 90°   **图 5-42** 将放大器拉出

⑤ 在倾倒放大器上部的状态下提起放大器，如图 5-43 所示。

5.4.2 更换 I/O 单元模型 A

(1) 更换 I/O 单元模型 A 的底座单元

在拆下安装在 I/O 单元模型 A 的底座单元上的模块后，拧松底座单元安装螺钉（B 机柜，4 处）中的上部螺钉（B 机柜，2 处），拆下下部的螺钉（B 机柜，2 处）并更换底座单元，如图 5-44 所示。

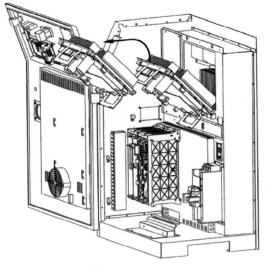

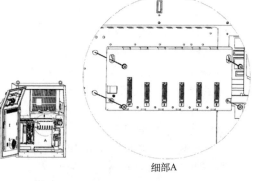

细部A

图 5-43 提起放大器   **图 5-44** 更换 A 型 I/O 单元模的底座单元

（2）更换模块

接口模块和各类输入/输出模块如图 5-45 所示，可相对底座单元安装和拆卸。

① 安装方法

a. 将模块上部的钩挂在底座单元上侧的槽中。

b. 使模块的连接器和底座单元的连接器相互嵌合。

c. 按压模块下部的制动器，直到其停留在底座单元下侧的槽中。

② 拆卸方法

a. 按下模块下部的控制杆，拆下制动器。

b. 向上推模块。

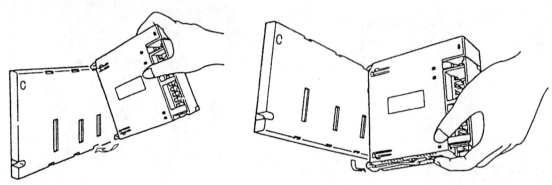

图 5-45　更换模块

5.5　其他常用单元的更换

5.5.1　风扇的更换

注意不要触摸旋转之中的风扇电机。

（1）更换控制部风扇电机

控制部风扇电机无须工具即可更换。风扇电机安装在风扇单元机架上部，如图 5-46 所示。

① 确认机器人控制器没有通电。

② 将手指伸到风扇单元上部的凹陷部位，向前拉并拆下解除闩锁。

③ 轻轻地将风扇单元向上提起，从机架上将其拆下来。

④ 把将要更换上去的风扇放在机架上部，轻轻地滑动，直到其锁定在里侧。

（2）更换 A 机柜柜门风扇

A 机柜的热交换器安装在柜门内侧。

① 拧下固定螺钉（M4，4 处），如图 5-47 所示。

② 拆下从热交换器引出的电缆。

③ 按照与拆卸时相反的步骤装配备用的风扇单元。

（3）更换 A 机柜热交换器

在更换热交换器时，需要事先拆下柜门风扇单元。

① 拆下柜门风扇单元。

② 打开 A 机柜的柜门，拆下连接的电缆。

226　FANUC 工业机器人
装调与维修

③ 拧下固定用螺钉（M5，4处），拆下单元，如图 5-48 所示。

④ 按照与拆卸时相反的步骤装配备用的热交换器。

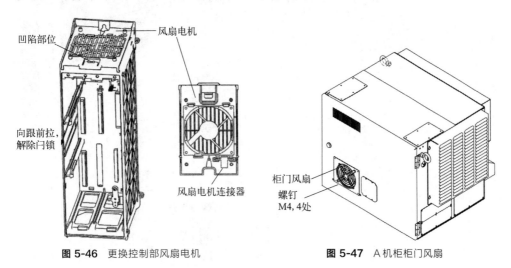

图 5-46 更换控制部风扇电机   图 5-47 A机柜柜门风扇

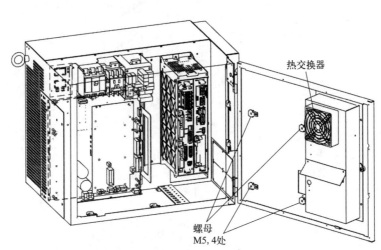

图 5-48 A机柜热交换器

（4）更换外气用风扇单元（A机柜）

A 机柜的右后侧，安装有外气用风扇单元，如图 5-49 所示。该风扇单元上使用电缆连接有两个风扇，将风扇和电缆一同更换。机柜使用背面风扇时，从背面风扇单元拧松 4 个固定螺钉（M4），拆除风扇单元，如图 5-50 所示。

① 拧开固定着放气板的螺钉，拆下放气板。

② 使用侧面风扇类型的情况下，拆除风扇单元（风扇单元与放气板被拧紧在一起）。

③ 拆下风扇单元的引出电缆以及接地线（电缆已用连接器固定，接地线已用螺钉固定）。

④ 换上新的风扇单元。

（5）更换 B 机柜柜门风扇

① 拆下连接在风扇单元上的电缆，如图 5-51 所示。

② 拧下固定螺钉。

③ 按照与拆卸时相反的步骤装配备用的风扇单元。

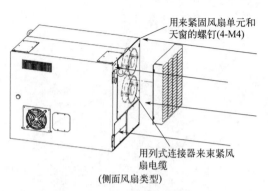

用来紧固风扇单元和
天窗的螺钉(4-M4)

用列式连接器来束紧风
扇电缆

(侧面风扇类型)

图 5-49　A 机柜右后侧安装有外气用风扇单元

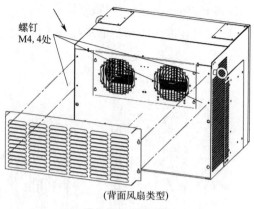

螺钉
M4,4处

(背面风扇类型)

图 5-50　背面风扇

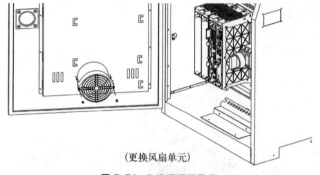

(更换风扇单元)

图 5-51　B 机柜柜门风扇

(6) 更换 B 机柜外气风扇

① 拆下连接在风扇单元上的电缆, 如图 5-52 所示。

② 拧下固定螺钉, 将外气风扇单元拉到风扇单元跟前。

③ 按照与拆卸相反的步骤安装备用的风扇单元。

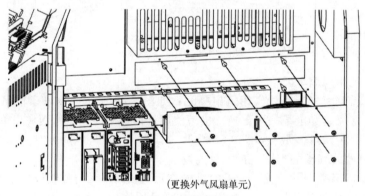

(更换外气风扇单元)

图 5-52　B 机柜外气风扇

5.5.2　更换方式开关与继电器

(1) 更换方式开关

如图 5-53 所示, 拆下连接在方式开关上的电缆。拧下固定着方式开关的螺钉, 更换方式开关。安装时，注意不要过度拧紧螺钉。应用力均衡地拧紧螺钉，以使开关平面与金属板平行。

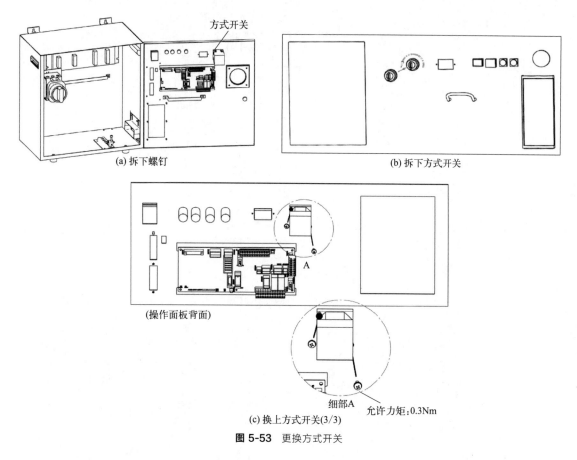

(a) 拆下螺钉

(b) 拆下方式开关

(操作面板背面)

细部A　允许力矩:0.3Nm

(c) 换上方式开关(3/3)

图 5-53　更换方式开关

（2）更换继电器

继电器由于长期使用，会出现接触不良、熔敷等现象。当发生此类故障时，应更换继电器，如图 5-54 所示，继电器 KA21、KA22 用于急停电路 A58L-0001-0192♯1997R。

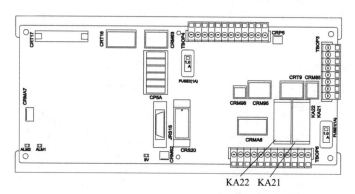

KA22　KA21

图 5-54　更换配电盘上的继电器

5.5.3　CF 卡固定金属板的使用方法

使用小型闪存卡（CF 卡）固定金属板选项时，可在主板上固定小型闪存卡并进行数据备份。其使用方法如图 5-55 所示，CF 卡的拆卸方法如图 5-56 所示，CF 卡的安装方法如图 5-57 所示。

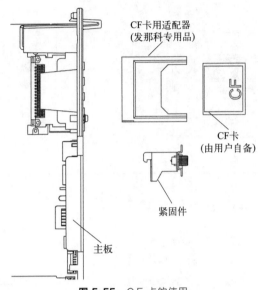

图 5-55　CF 卡的使用

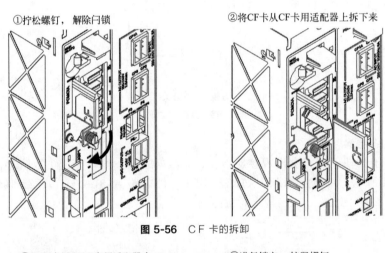

图 5-56　CF 卡的拆卸

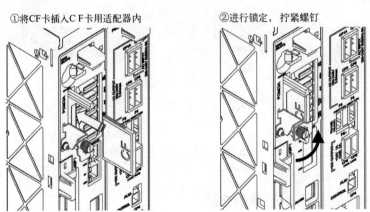

图 5-57　CF 卡的安装

5.6　主从控制工业机器人控制单元的更换

　　主从控制工业机器人控制装置构成，如图 5-58 所示。因维护检修等而打开盖子接触到控制器内部时，要切断电源开关，在经过至少 1min 以后拆除电源电缆，否则恐有触电危险。勿触碰控制器的散热片，否则会导致烫伤。不要将手指和棒等插入控制器内，否则，会触电或受伤。不要在控制器上放置物品。

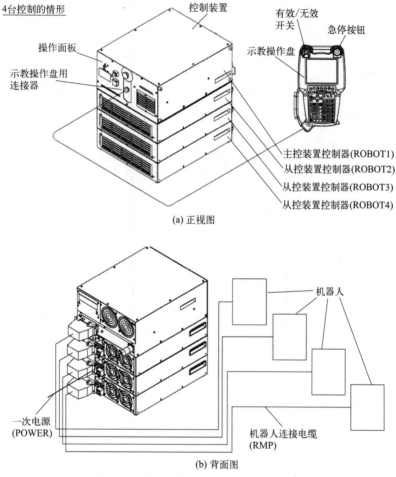

图 5-58　主从控制工业机器人控制装置构成

5.6.1　更换与清扫步骤

（1）过滤器的清扫

　　如图 5-59 所示，拧下 4 个螺钉，拆除金属板与过滤器。如图 5-60 所示，用鼓风清扫过滤器，从与通常的空气流向不同的方向鼓风。使用经过除湿、除油处理的清洁空气。污渍很严重时，用水或者温水（40℃以下）清洗过滤器。如使用中性洗涤剂，则洗净效果更佳。洗净后，使过滤器充分干燥，而后进行装配。通过鼓风和水洗都无法弄干净时，需更换过滤器。

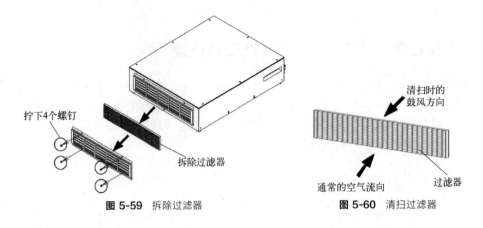

拧下4个螺钉

拆除过滤器

清扫时的鼓风方向

通常的空气流向

过滤器

图 5-59 拆除过滤器

图 5-60 清扫过滤器

(2) 更换保险丝

急停板上的保险丝, 如图 5-61 所示。FUSE3 用于电源＋24V 保护用, FU1、FU2 用于风扇电机输入保护用。

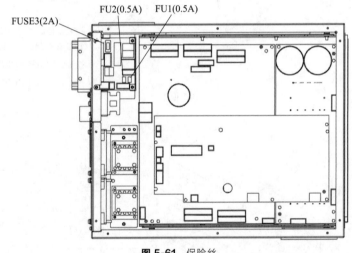

FUSE3(2A)

FU2(0.5A)   FU1(0.5A)

图 5-61 保险丝

(3) 风扇单元的更换

如图 5-62 所示, 拆除 E-STOP 板上的 CP1A 连接器; 拧下 4 个螺钉, 拆除风扇单元。

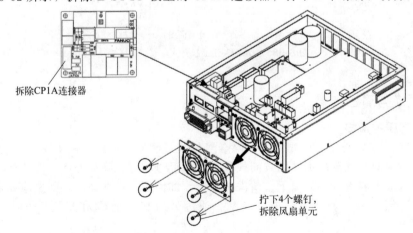

拆除CP1A连接器

拧下4个螺钉,
拆除风扇单元

图 5-62 风扇单元的更换

5.6.2 拆卸步骤

因维护检修等而打开盖子接触到控制器内部时，需切断主控装置控制器的电源开关，拆除主控装置控制器电源电缆以及从控装置控制器的电源电缆在经过1min以后实施，否则恐有触电危险。在触摸伺服放大器之前，通过位于LED"D7"上部的螺钉确认DC链路电压。利用DC电压测试器确认电压在50V以下，如图5-37所示。

（1）拆除电源电缆

如图5-63所示，断开主控装置控制器的断路器。拆除主控装置控制器以及从控装置控制器的电源电缆。在拆除主、从控装置控制器的电源电缆之前，拆除电源插销。

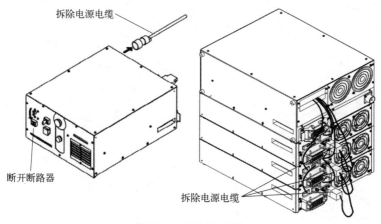

图 5-63 拆除电源电缆

（2）拆除顶板

如图5-64所示，拧下7个螺钉，拆除顶板。

（3）拆除伺服放大器（图5-65）

① 拧下5个螺钉。

② 拧松4个螺钉。

③ 拆除侧板。

④ 拆除连接在伺服放大器上的所有电缆。

⑤ 拧下6个（4个）螺钉。

⑥ 拆除伺服放大器。

（4）拆除急停板（图5-66）

① 拆除连接在急停板上的所有电缆。

② 拧下4个螺钉。

③ 拆除急停板。

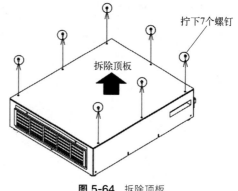

图 5-64 拆除顶板

（5）拆除主从控制用电源装置

步骤如图5-67所示，电源装置在主控装置控制器侧。

① 拆除连接器上连接的电缆。

② 拧下2个螺钉，从金属板上拆除连接器。

③ 拧下4个螺钉，拆除复用器用印制电路板。

④ 拧下3个螺钉，连同固定金属板一起拆除电源装置。

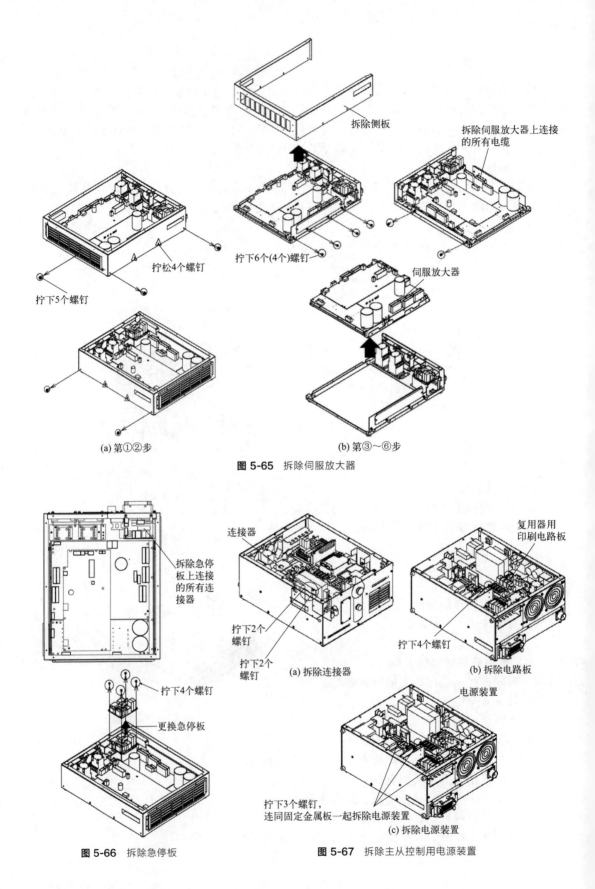

拆除侧板

拆除伺服放大器上连接
的所有电缆

拧松4个螺钉

拧下6个(4个)螺钉

伺服放大器

拧下5个螺钉

(a) 第①②步

(b) 第③~⑥步

图 5-65 拆除伺服放大器

拆除急停
板上连接
的所有连
接器

连接器

复用器用
印刷电路板

拧下2个
螺钉

拧下2个
螺钉

拧下4个螺钉

(a) 拆除连接器

(b) 拆除电路板

拧下4个螺钉

更换急停板

电源装置

拧下3个螺钉，
连同固定金属板一起拆除电源装置

(c) 拆除电源装置

图 5-66 拆除急停板

图 5-67 拆除主从控制用电源装置

⑤ 拧下 2 个螺钉，从固定金属板上拆除电源装置。

5.6.3　连接

主从控装置间的连接、从控装置间的连接以及短路连接器的连接，都随主控装置控制器的连接不同而有异，一般按图 5-68 所示方式进行连接。

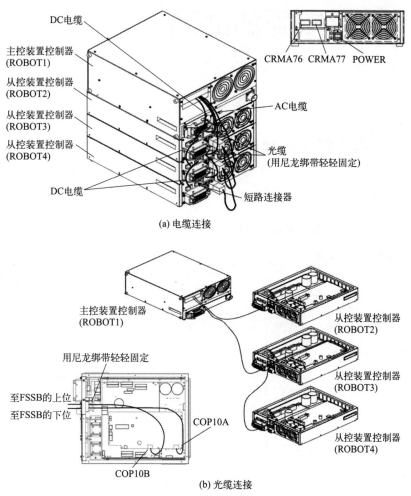

(a) 电缆连接

(b) 光缆连接

图 5-68　主从控装置间所连接的电缆

第**6**章 工业机器人常见报警及故障的处理

6.1 工业机器人常见故障的处理

6.1.1 不能接通电源的故障处理

不能接通电源的故障处理如表 6-1 所示。

表 6-1 不能接通电源的故障处理

步骤	检查	处理
1	①如图 6-1 所示,确认断路器电源是否接通 ②如图 6-1 所示,确认断路器是否处在跳闸状态	①若断路器没有接通,则接通断路器 ②断路器已跳闸时,检查其原因
2	如图 6-2 所示,确认电源单元上的 LED(AIL:红色)已经点亮	处置 1:尚未点亮时,参照处置 3。已经点亮时,确认外部电缆的+24V 是否短路或接地故障。虽然没有接地故障问题却没有解决时,按如下步骤检查电源单元 ①检查保险丝 F4,如果已经熔断,参照处置④ ②没有熔断时,可能是由于电源单元、主板、处理 I/O 板的异常所致 ③更换电源单元 ④使用处理 I/O 板时,更换处理 I/O 板 ⑤参照处置 3 处置 2:电源单元没有故障时,更换急停板 处置 3:急停板没有故障时,更换主板。在进行处置 3 之前,完成控制部的所有程序和设定内容的备份 处置 4:F4 的熔断原因以及处置。可能是由于电源单元的连接器 CP5 上所连接的设备异常所致,检查其原因。当没有连接 CP5 或设备没有异常时,说明连接在后面板上的印刷电路板内所使用的+24V 有异常,参照处置 3
3	确认电源单元上的 LED(PIL:绿色)已经点亮	处置 1:已经点亮时,参照处置 3 尚未点亮时,确认是否已向电源单元供给 AC200V。确认 CP1 连接器的 1 号插脚和 2 号插脚之间的电压 尚未供给 AC200V 时,检查一次电源的电压是否在额定电压内,有无缺相。如果没有问题,则可能是由于变压器内部的保险丝已经熔断。在进行变压器更换之前,断开断路器。已经供给 AC200V 时,可能是由于电源单元的保险丝 F1 已经熔断。检查熔断的原因

步骤	检查	处理
3	确认电源单元上的 LED (PIL:绿色)已经点亮	保险丝 F1 位于电源单元内部,务须断开断路器的电源之后再进行检查 ①保险丝 F1 已经熔断时,参照处置 2 ②保险丝 F1 尚未熔断时,更换电源单元 处置 2:F1 的熔断原因以及处置如下 ①确认单元(风扇)、印刷电路板、电源单元的 CP2、CP3 连接器上所连接的电缆是否短路 ②更换电源单元 处置 3:如图 6-3 所示,确认主板上的连接器(JRS19)或者急停板上的连接器(JRS20)是否已正确连接 处置 4:确认 EXOFF1 和 EXOFF11 信号已经连接于急停板上的端子台上。使用外部 ON/OFF 功能时,确认 ON/OFF 开关在功能上是否合适 ①没有使用外部 ON/OFF 功能时,确认 EXOFF1 和 EXOFF11 之间是否短路 ②连接有外部 ON/OFF 线时,检查连接目的地的接点或者电缆 处置 5:确认短路连接器(CRMA93)是否装在急停板上

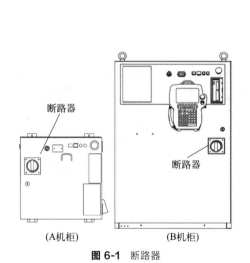

图 6-1 断路器

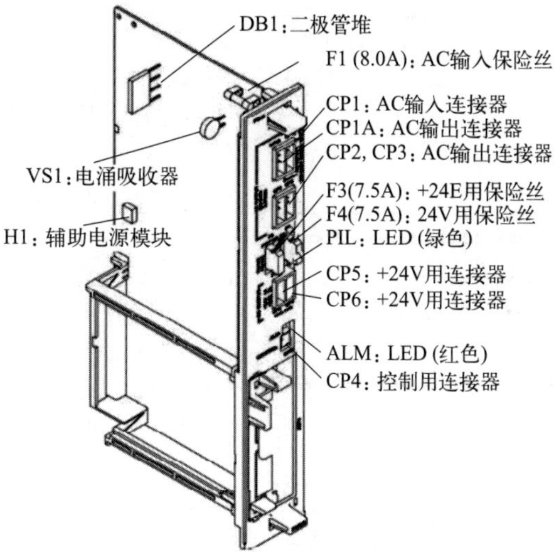

图 6-2 确认电源单元上的 LED 情况

6.1.2 报警发生画面

报警发生/报警履历/报警详细信息的显示步骤如下:

① 按下 MENUS(画面选择)键,显示出画面菜单。

② 选择"4 ALARM"(报警),出现如图 6-4 所示的报警发生画面。

③ 要显示报警履历画面,按下 F3"HIST"(履历),如图 6-5 所示。当再按一次 F3"ACTIVE"(发生)时,则返回到报警发生画面。对于最新发生的报警,赋予编号 1。要显示出无法在画面上全部显示出的信息时,按下 F5"HELP"(帮助),并按下右箭头键。

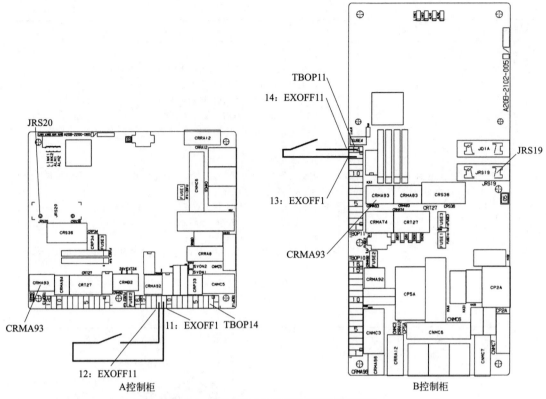

图 6-3 确认主板上的连接器是否已正确连接

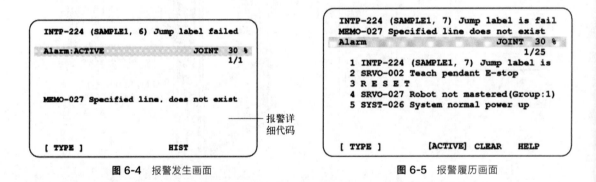

图 6-4 报警发生画面

图 6-5 报警履历画面

④ 要显示报警详细画面，按下 F5 "HELP"，如图 6-6 所示。

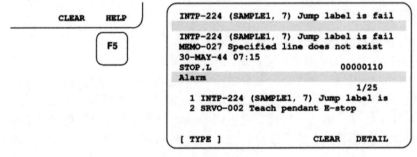

图 6-6 报警详细画面

⑤ 要返回报警履历画面，按下 PREV（返回）键。

⑥ 要删除所有的报警履历，一边按 SHIFT（位移）键，一边按 F4 "CLEAR"（清除），如图 6-7 所示。

当系统变量 $ER NOHIS＝1 时，不记录基于 NONE 报警、WARN 报警的报警履历。当 $ER NOHIS＝2 时，不记录在复位报警履历中。当 $ER NOHIS＝3 时，不将复位和 WARN 报警、NONE 报警记录到报警履历中。

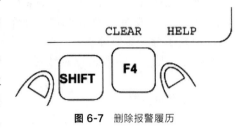

图 6-7 删除报警履历

6.1.3 安全信号

安全信号画面显示与安全相关的信号的状态。画面上，以 ON 或 OFF 来显示各安全信号当前的状态，如表 6-2 所示。需要注意的是，不能从该画面改变安全信号的状态。安全信号画面的显示步骤如下。

表 6-2 安全信号

安全信号	说明
操作面板急停	表示操作面板的急停按钮的状态。当按下急停按钮时，显示为"TRUE"
示教操作盘急停	表示示教操作盘的急停按钮的状态。当按下急停按钮时，显示为"TRUE"
外部急停	表示外部急停信号的状态。当输入外部急停信号时，显示为"TRUE"
栅栏打开	表示安全栅栏的状态。当打开安全栅栏时，显示为"TRUE"
紧急时自动停机开关	表示是否将示教操作盘上的紧急时自动停机开关把持在适当位置。在示教操作盘有效时将紧急时自动停机开关把持在适当位置，显示为"TRUE"。在示教操作盘有效时松开或握紧紧急时自动停机开关，就发生报警，并断开伺服装置的电源
示教操作盘有效	表示示教操作盘是有效还是无效。当示教操作盘有效时，显示为"TRUE"
机械手断裂	表示机械手的安全接头的状态。当机械手与工件等相互干涉、安全接头开启时，显示为"TRUE"。此时发生报警，伺服装置的电源断开
机器人超程	表示机器人当前所处的位置是否超过操作范围。当机器人各关节内的任何一个关节超过超程开关并越出动作范围时，显示为"TRUE"。此时，发生报警，伺服装置的电源断开
气压异常	表示气压的状态。将气压异常信号连接到气压传感器上使用。当气压在允许值以下时，显示为"TRUE"

① 按下 MENUS（画面选择）键，显示出画面菜单。

```
SYSTEM Safety          JOINT 30%

  SIGNAL NAME      STATUS   1/11

1  SOP E-Stop:     FALSE
2  TP E-stop:      FALSE
3  Ext E-Stop:     FALSE
4  Fence Open:     FALSE
5  TP Deadman:     TRUE
6  TP Enable:      TRUE
7  Hand Broken:    FALSE
8  Over Travel:    FALSE
9  Low Air Alarm:          FALSE

[TYPE]
```

图 6-8 安全信号显示画面

② 选择下页的 "4 STATUS"（状态）。

③ 按下 F1 "TYPE"（画面），显示出画面切换菜单。

④ 选择 "Safety Signal"（安全信号），显示出安全信号画面，如图 6-8 所示。

6.1.4 调校

(1) 调校的条件

零度位置控制调校只是一种应急性的措施，应在事后进行夹具位置控制，在下列两种情形下，需要进行调校。

① 发生 SRVO-062 BZAL alarm（伺服-062 BZAL 报警）或者 SRVO-038 Pulse mismatch（伺服-038 脉冲计数不匹配）报警。

② 更换了脉冲编码器。

在①的情况下，需要进行简易调校；在②的情况下，需要进行零度位置调校或夹具位置调校。

（2）调校的步骤

其条件是系统变量 $MASTER ENB 应等于 1 或等于 2，如图 6-9 所示。夹具位置调校的步骤如下。

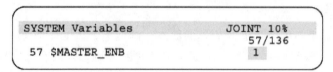

图 6-9 系统变量

① 按下 MENUS（画面选择）键，显示出画面菜单。

② 按下"0 NEXT"（下一页），选择"6 SYSTEM"（系统），如图 6-10(a) 所示。

③ 按下 F1 "TYPE"（画面），显示出画面切换菜单，如图 6-10(b) 所示。

④ 选择"Master/Cal"（位置调整），出现位置调整画面，如图 6-10(c) 所示。

⑤ 在 JOG 方式下移动机器人，使其成为调校姿势。调校被执行到轴旋转至足以建立脉冲为止。如有需要，通过手动制动解除来解除制动器控制。

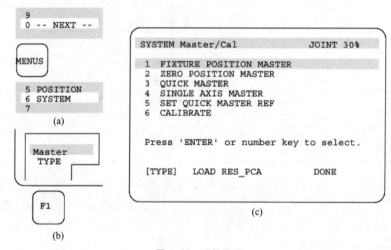

图 6-10 调整画面

⑥ 选择"1 FIXTURE POSITION MASTER"（夹具位置调校），按下 F4 "YES"（确定），如图 6-11(a) 所示。

⑦ 选择"6 CALIBRATE"（位置调整），按下 F4 "YES"，进行位置调整。重新接通电源，也要进行位置调整，如图 6-11(b) 所示。

⑧ 在位置调整结束后，按下 F5 "DONE"（结束）。

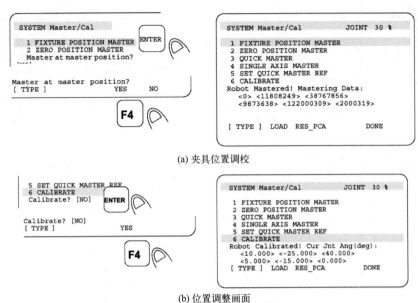

(a) 夹具位置调校

(b) 位置调整画面

图 6-11 夹具位置调校和位置调整

（3）调校中位置偏差与处理（表 6-3）

表 6-3 位置偏差与处理

步骤	检查	处理
1	在状态画面上,检查停止状态下的位置偏移。要显示位置偏移,按下画面选择键,然后从菜单中选择 STATUS。按下 F1〔TYPE〕(画面),从菜单中选择 AXIS(轴),然后按下 F4 PULSE(脉冲)	尚未进行调校的情况下,要进行调校
2	检查在电机轴处的定位是否正常	当电机轴处的定位正常时,检查机构部
3	检查机构部是否松动	更换电机轴的键(key)等不良部件
4	检查 1～3 正常时	更换脉冲编码器和故障轴主板

6.1.5 不能进行手动操作

接通设定装置的电源后，机器人手动操作下不动作时的检查和处置方法见表 6-4。

表 6-4 不能进行手动操作时的检查和处置方法

项目	步骤	检查	处理
不能进行手动	1	检查示教操作盘是否处在可作动状态	将示教操作盘置于"enable"(可作动)
	2	检查示教操作盘的操作是否正确	将手动进给的倍率不要设定为"FINE"(低速)或"VFINE"(微速)以外者。在以手动操作移动轴时,同时按下轴选择键和 SHIFT 键
	3	检查外围设备控制接口的 ENBL 信号是否处在"1"	将外围设备控制接口置于 ENBL 状态

项目	步骤	检查	处理
不能进行手动	4	外围设备控制接口的 HOLD(保持)信号是否处在 ON 状态（HOLD 状态)(示教操作盘的 HOLD 指示灯是否已经亮灯)	将外围设备控制接口的 HOLD 信号置于 OFF 状态
	5	检查之前的手动操作是否已经完成	如果机器人由于速度指令电压的偏移阻止之前的操作完成而不能被设置到有效区，须在状态画面上检查位置偏移，并改变设定
	6	检查控制器是否处在报警状态	解除报警状态
不能执行程序	1	外围设备的 ENBL 信号是否处在接通状态	外围设备控制接口置于 ENBL 状态
	2	检查外围设备控制器接口的 HOLD 信号是否处在接通状态。同时检查示教操作盘上的 HOLD 指示灯是否点亮	如果外围设备控制器接口的 HOLD 信号处在接通状态，则将其断开
	3	检查之前的手动操作是否已经完成	如果机器人由于速度指令电压的偏移阻止之前的操作完成而不能被设置到有效区，在状态画面上检查位置偏移，并改变设定
	4	检查控制器是否处在报警状态	解除报警状态

6.1.6 机械故障诊断与维修

工业机械常见机构故障和原因如表 6-5 所示。

表 6-5 工业机械常见机构故障原因和对策

症状	症状分类	原因	对策
产生振动出现异常响声	1. 机器人动作时 J1 机座从地装底板向上浮起。 2.J1 机座和地装底板之间有空隙。 3.J1 机座固定螺栓松动	［J1 机座的固定］ 1. 可能是因为机器人的 J1 机座没有牢固地固定在地装底板上。 2. 可能是因为螺栓松动、地装底板平面度不充分、夹杂异物所致。 3. 机器人的 J1 机座没有牢固地固定在地装底板上时，机器人动作时 J1 机座将会从地装底板上浮起，此时的冲击导致振动	1. 螺栓松动时，使用防松胶，以适当的力矩切实拧紧。 2. 改变地装底板的平面度，使其落在公差范围内。 3. 确认是否夹杂异物，如有异物，将其去除掉
	机器人动作时，架台或地板面振动	［架台或地板面］ 1. 可能是因为架台或地板面的刚性不充分所致。 2. 架台或地板的刚性不充分时，由于机器人动作时的反作用力，架台或地板面变形，导致振动	1. 加固架台、地板面，提高其刚性。 2. 难以加固架台、地板面时，通过改变动作程序，可以缓和振动
	1. 在动作时的某一特定姿势下产生振动。 2. 放慢动作速度时不振动。 3. 加减速时振动尤其明显。 4. 多个轴同时产生振动	［超过负载］ 1. 可能是机器人上安装了超过允许值的负载而导致振动。 2. 可能是因为动作程序对机器人规定太严格而导致振动。 3. 可能是因为在 "ACCELERATION"(加速度)中输入了不合适的值	1. 确认机器人的负载允许值。超过允许值时，减少负载，或者改变动作程序。 2. 可通过降低速度，降低加速度等做法，将给总体循环时间带来的影响控制在最低限度，通过改变动作程序，来缓和特定部分的振动

症状	症状分类	原因	对策
产生振动出现异常响声	1. 机器人发生碰撞后，或者在过载状态下长期使用后，产生振动或者出现异常响声。 2. 长期没有更换润滑脂的轴产生振动或者出现异常响声	[齿轮、轴承、减速器的破损] 1. 由于碰撞或过载，造成过大的外力作用于驱动系统，致使齿轮、轴承、减速器的齿轮面或滚动面损伤。 2. 由于长期在过载状态下使用，致使齿轮、轴承、减速器的齿轮面或滚动面因疲劳而产生剥落。 3. 由于齿轮、轴承、减速器内部落入异物，致使齿轮、轴承、减速器的齿轮面或滚动面损伤。 4. 齿轮轴承减速器内部咬入异物导致振动。 5. 由于长期在没有更换润滑油的状态下使用，致使齿轮、轴承、减速器的齿轮面或滚动面因疲劳而产生剥落。J1～J3轴减速器，一般不需要润滑脂的更换。但是，使用温度比较高，在位姿变化较小等状态下需要补充润滑脂。上述原因会导致周期性的振动或异常响声	1. 使机器人每个轴单独动作，确认哪个轴产生振动。 2. 需要拆下电机，更换齿轮、轴承、减速器部件。 3. 不在过载状态下使用，可以避免驱动系统的故障。 4. 按照规定的时间间隔更换指定的润滑脂，可以预防故障的发生
	不能通过地板面、架台等或机构部来确定原因	[控制装置、电缆、电机] 1. 控制装置内的回路发生故障，动作指令没有被正确传递到电机的情况下，或者电机信息没有正确传递到控制装置，会导致机器人振动。 2. 脉冲编码器发生故障，电机的位置没有正确传递到控制装置，会导致机器人振动。 3. 电机主体部分发生故障，不能发挥其原有的性能，会导致机器人振动。 4. 机构部内的可动部电缆的动力线断续断线，电机不能跟从指令值，会导致机器人振动。 5. 机构部内的可动部的脉冲编码器断续断线，指令值不能正确传递到电机，会导致机器人振动。 6. 机构部和控制装置的连接电缆快要断线，会导致机器人振动。 7. 电源电缆快要断线，会导致机器人振动。 8. 因电压下降而没有提供规定电压，会导致机器人振动。 9. 因某种原因而输入了与规定制不同的动作控制用参数，会导致机器人振动	1. 有关控制装置、放大器的故障追踪，请参阅控制装置维修说明书。 2. 更换振动轴的电机的脉冲编码器，确认是否还振动。 3. 更换振动轴的电机，确认是否还振动。 4. 确认已经提供规定电压。 5. 确认电源电缆上是否有外伤，有外伤时，更换电源电缆，并确认是否还振动。 6. 确认机构部和控制装置连接电缆上是否有外伤，有外伤时，更换连接电缆，并确认是否还振动。 7. 机器人仅在特定姿势下振动时，可能是因为机构部内电缆断线。 8. 在机器人停止的状态下摇晃可动部的电缆，确认是否会发生报警。如果发生报警等异常，则需要更换机构部电缆。 9. 作为动作控制用参数，确认已经输入正确的参数，如果有错误，重新输入参数

症状	症状分类	原因	对策
产生振动出现异常响声	机器人附近的机械动作状况与机器人的振动有某种相关关系	[来自机器人附近的机械的电气噪声] 1. 没有切实连接地线时,电气噪声会混入地线,会导致机器人因指令值不能正确传递而振动。 2. 地线连接场所不合适的情况下,会导致接地不稳定,致使机器人因电气噪声的轻易混入而振动	切实连接地线,以避免接地碰撞,防止电气噪声从别处混入
	1. 更换润滑脂后发生异常响声。 2. 长期停机后运转机器人时,发出异常响声。 3. 低速运转时发生异常响声	1. 使用指定外的润滑脂时,会导致机器人发生异常响声。 2. 即使使用指定润滑脂,在刚刚更换完后或长期停机后重新启动时,机器人在低速运转下会发出异常响声	1. 使用指定润滑脂。 2. 使用指定润滑脂还发生异常响声时,观察1~2天机器人的运转情况,通常情况下异常响声会随之消失
	在刚更换润滑脂、油或部件后运转而发出异常响声	尚未正确更换或补充润滑脂、油,或者有可能供脂量、供油量不足	应马上停止机器人,确认损伤情况。润滑脂、油不足时,予以补充
出现晃动	1. 在切断机器人的电源时,用手按,部分机构部会晃动。 2. 机构部的连接面有空隙	[机构部的连接螺栓] 可能是因为过载和碰撞等,是机器人机构部的连接螺栓松动所致	针对各轴,确认下列部位的螺栓是否松动,如果松动,则用防松胶,以适度力矩切实将其拧紧: ①电机固定螺栓; ②减速器外壳固定螺栓; ③减速器轴固定螺栓; ④机座固定螺栓; ⑤手臂固定螺栓; ⑥外壳固定螺栓; ⑦末端执行器固定螺栓
电机过热	1. 机器人安装场所气温上升,会导致电机过热。 2. 在电机上安装盖板后,会导致电机过热。 3. 在改变动作程序和负载条件后,会产生过热	1. 环境温度上升或因安装的电机盖板使电机的散热情况恶化,导致电机过热。 2. 可能是因为在超过允许平均电流值的条件下使电机动作	1. 可通过示教器监控平均电流值。确认运行动作程序时的平均电流值。机器人根据环境温度,规定了不会发生过热的允许平均电流值。 2. 通过放宽动作程序、负载条件,平均电流值就会下降,从而防止电机过热。 3. 降低环境温度,是预防电机过热的最有效手段。 4. 改善电机周边的通风条件,即可改善电机的散热情况,预防电机过热。采用风扇鼓风,也可有效预防电机过热。 5. 电机周围有热源时,设置一块预防辐射热的屏蔽板,也可有效预防电机过热
	在变更动作控制用参数后发生电机过热	[参数] 所输入的工件数据不合适时,机器人的加减速将变得不合适,致使平均电流值增加,导致电机过热	按照控制装置操作说明书输入适当的参数

症状	症状分类	原因	对策
电机过热	不符合上述任何一项	[机构部的故障] 可能是因为机构部驱动系统发生故障,致使电机承受过大负载。 [电机的故障] 1. 可能是因为电机制动器的故障,致使电机始终在受制动的状态下动作,由此导致电机承受过大的负载。 2. 可能是因为电机主体的故障而致使电机自身不能发挥其性能,从而使过大的电流流过电机	1. 请参照振动、异常响声、松动项,排除机构部的故障。 2. 确认在伺服系统的励磁上升时,制动器是否开放。制动器没有开放时,应更换电机。 3. 更换电机后平均电流值下降时,可以确认这种情况为异常
润滑脂泄漏	润滑脂从机构部泄漏	[密封不良] 1. 可能是因为铸件龟裂、O形密封圈破损、油封破损、密封螺栓松动所致。 2. 铸件出现龟裂可能是因为碰撞或其他等原因使机构承受了过大的外力所致。 3. O形密封圈的破损,可能是因为拆解、重新组装时O形密封圈被落入或切断所致。 4. 油封破损可能是因为粉尘等异物的侵入造成油封唇部划伤所致。 5. 密封螺栓、圆锥形插塞松动时,润滑油将沿着螺栓漏出	1. 铸件上发生龟裂等情况时,作为应急措施,可用密封剂封住裂缝防止润滑脂泄漏。但是,因为裂缝有可能进一步扩展,所以必须尽快更换部件。 2. O形密封圈使用于如下场所: ①电机连接部; ②减速器(箱体侧、轴出轴侧)连接部; ③手腕连接部; ④J3手臂连接部; ⑤手腕内部。 3. 油封使用于如下场所: ①减速机内部; ②手腕内部。 4. 密封螺栓、圆锥形插塞使用于如下场所: ①供脂口、排脂口; ②盖板固定用
轴落下	1. 制动器完全不管用,轴落下。 2. 使其停止时,轴慢慢落下	[制动器驱动继电器、电机] 1. 可能是因为,制动器驱动继电器熔敷,制动器成为通电状态,在电机的励磁脱开后,制动器起不到制动作用。 2. 可能是因为制动蹄磨耗、制动器主体破损而致使制动器的制动情况恶化。 3. 可能是因为油、润滑脂等混入电机内部,致使制动器滑动	1. 确认制动器驱动继电器是否熔敷。如果熔敷,更换继电器。 2. 制动蹄的磨损、制动器主体的破损、油和润滑脂侵入电机内部的情况下,更换电机。 3. 有关J1/J4轴,还由于有电缆可动部,在超过行程极限的情况下,恐会使可动部电缆承受负荷,或损坏电缆,万一超过行程极限,拆除J4背面板,注意电缆的状态,使其返回到动作范围内。尼龙绑带断开的情况下,要安装上新的。若在断开的状态下运转,恐会损坏电缆

症状	症状分类	原因	对策
位置偏移	1. 机器人在偏离示教位置的位置动作。 2. 重复定位精度大于允许值	[机构部的故障] 1. 重复定位精度不稳定的情况下,可能是因为机构部上的驱动系统异常、螺栓松动等故障所致。 2. 一度偏移后,重复定位精度稳定的情况下,可能是因为碰撞等而有过大的负载作用而致使机座设置面、各轴手臂和减速器等的连接面滑动。 3. 可能是脉冲编码器的异常	1. 重复定位精度不稳定时,可参照振动、异常响声、松动项,排除机构部的故障。 2. 重复定位精度稳定时,修改示教程序。只要不再发生碰撞,就不会发生位置偏移。 3. 脉冲编码器异常的情况下,更换电机或脉冲编码器
	位置仅对特定的外围设备偏移	[外围设备的位置偏移] 可能是因为外力从外部作用于外围设备而致使相对位置相对机器人偏移	1. 改变外围设备的设置位置。 2. 修改示教程序
	改变参数后,发生了位置偏移	[参数] 可能是因为改写零点标定数据而致使机器人的原点丢失	1. 重新输入以前正确的零点标定数据。 2. 不明确正确的零点标定数据时,重新进行零点标定
发出 BZAL 报警	控制装置画面上显示 BZAL 报警	1. 存储器备用电池的电压下降。 2. 脉冲编码器电缆断线	1. 更换电池。 2. 更换电缆

6.1.7 工业机器人位置传感器故障诊断

(1) 传感器的连接

工业机器人用传感器 I/F 单元如图 6-12(a) 所示,电缆的连接如图 6-12(b) 所示。要用缆夹配件将传感器连接电缆卡紧于接地板上。

(2) 工业机器人位置传感器故障诊断方法

① 检查上级断路器是否合闸,若未合闸,闭合断路器。

② 打开柜门,根据控制柜接线图检查接线端子有无松动,进行紧固。

③ 检查主电路熔断器是否有熔断,如果熔断了,则进行更换。

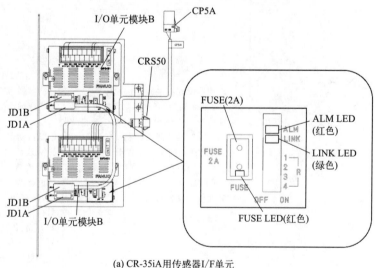

(a) CR-35iA用传感器I/F单元

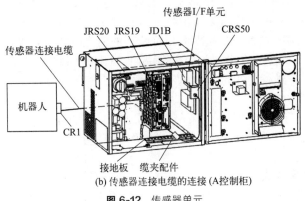

图 6-12 传感器单元

传感器I/F单元
JRS20 JRS19 JD1B　CRS50
传感器连接电缆
机器人
CR1
接地板　缆夹配件
(b) 传感器连接电缆的连接 (A控制柜)

④ 检查示教器电缆是否异常松动，紧固后仍未解除故障，则更换示教器。

⑤ 示教器长时间画面无变化，可更换后面板或者主板。

⑥ 根据控制柜的电气原理图，检查 I/O 模块供电接线，若供电正常，则更换 I/O 模块。

⑦ 更换模块后，机器人再次通电，测试机器人。

（3）维修实例

故障描述：当推料气缸伸出时，位置传感器无信号。

维修方法如图 6-13 所示。

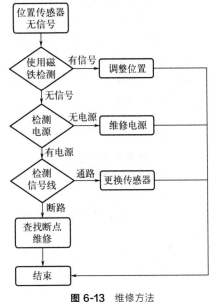

图 6-13　维修方法

位置传感器无信号
使用磁铁检测 — 有信号 — 调整位置
无信号
检测电源 — 无电源 — 维修电源
有电源
检测信号线 — 通路 — 更换传感器
断路
查找断点维修
结束

6.1.8　工业机器人视觉的故障维修

（1）相机更换后的调整方法

在拆下工作中的相机之前，再次确认镜头的光圈以及焦点的环圈已被切实固定而不会运动。镜头可以再利用，以使用焦点、镜头的环圈不会运动的方式安装镜头，就不需要进行检出工具的再调整。更换和调整步骤如下。

① 切断机器人控制装置的电源。通过切断控制装置的电源切断相机供电。

② 拆下相机。这种情况下，注意不要向镜头的光圈以及焦点环圈施加外力。

③ 从相机拆下镜头。

④ 模拟相机时，应切换新相机背面的拨码开关。

⑤ 将上述镜头安装到新相机上。

⑥ 设置并固定相机。

⑦ 标定相机。

（2）缩短检出时间

① 在视觉设定中，将检索范围缩小到所需的最小限度。检索的区域越小，检出速度越快。

② 模型相对图像较大时，有的情况下检出时间会延长。极端地说，将整个图像作为模型进行示教时，检出时间将会延长。要注意避免模型相对图像过大。

③ 检索范围中将角度、大小、扁平率的设定缩小到所需的最小限度。譬如，若工件只

能旋转±30°左右，则角度的检索范围设定为±30°。通过限定检索范围，就可以缩短检出时间。此外，试图在角度有效下检出无相位特征（譬如正圆形状）的模型时，匹配的候选将会过多，检出将耗费一定的时间。在检出无相位特征的模型时，将角度设定为无效。在将扁平率设定为有效的状态下进行检出时，有的情况下检出时间将会延长。利用 GPM Locator Tool（图形匹配工具）进行检出时，在将扁平率设定为有效之前，首先增大"弯曲极值"的值。

④ 要设定为不进行图像的保存。保存检出图像时，有的情况下检出时间将会延长。

⑤ 将多次曝光功能设定为 2 张以上时，拍照时间将会延长。多次曝光的拍照张数要设定为所需的最小限度。

（3）未检出的处理方式

① 以保存履历图像的方式进行设定，并保存未检出图像。使用检出失败的几张图像来进行检出工具的参数调整。调整结束后，设定为不进行图像的保存。保存检出图像时，有的情况下检出时间将会延长。

② 要参照图像履历，进行参数的调整。在"表示接近阈值的结果"中进行勾选时，将会弄清哪个参数设定中为未检出。

③ 部分图像引起光晕而难以看清工件时，可通过使用多次曝光功能予以减轻。但是，使用多次曝光功能时，有的情况下检出时间将会延长。在要缩短检出时间的情况下，勿采用多次曝光，而要通过变更照明位置等做法来预防光晕。

④ 工件和背景的对比度较低时，有的情况下工件的特征将无法明显看清。利用 GPM Locator Tool 来检出工件的外形时，工件为明色系的情况下，若将背景设定为暗色系，将便于看清工件。

⑤ 在层数改变而无法检出的情况下，确认检索范围的"大小"是否已被设定为有效。

（4）检出错误的对策

① 以保存履历图像的方式进行设定，并保存错误检出图像。使用检出失败的几张图像来进行检出工具的参数调整。调整结束后，设定为不进行图像的保存。保存检出图像时，有的情况下检出时间将会延长。

② 要参照履历图像进行参数的调整。可采用的方法是将检索范围缩小到所需的最小限度，将"角度""大小""扁平率"的检索范围设定为所需的最小限度；减小"弯曲极值"；减小"重叠领域"的设定值；设定"关注区域"等。

③ 工件的模型特征较少时，在视野内的不同场所将会易于匹配，也容易导致错误检出。增加模型的特征，就可以进行不易受噪声影响的检出。增加模型的特征时，与模型的特征较少时相比检出评分将会降低，但是这种情况下可通过设定较低的评分来予以应对。即使较低地设定评分，只要模型的特征增加也可检出。

④ GPM Locator Tool 等设定项目中"忽略明暗度的变化方向"项，但是若将该项设定为有效，将容易导致错误检出。应将该项设定为无效。

（5）检出的重试

在因未检出等原因而检出失败时，可使用视觉参数，在变更检出参数的同时进行检出的重试。下面示出在 1 台 2D 相机的正中，变更曝光时间的同时进行重试的示例。图 6-14 为视觉参数的设定画面。设视觉程序名为"A"，视觉参数名为"EXPO1"。

下面所示为样本程序。第 15 行中进行视觉检出。示例中，已将此时的曝光时间设定为 20ms。视觉检出失败时，在第 20 行中调用视觉参数设定命令，将曝光时间变更为 R[5]中存储的值（譬如 25ms）。在该状态下再一次执行第 15 行的视觉处理程序"A"，并进行检出时，在 25ms 的曝光时间内进行拍照。

图 6-14 为视觉参数的设定画面

```
12:R[20:retry]= 0;
13:R[15:notfound]= 0;
14:LBL[100];
15:VISION RUN_FIND 'A';
16:VISION GET_OFFSET 'A' VR[1] JMP LBL[10];
17:JMP LBL[20];
18:LBL[10];
19:IF R[20:retry]= 1,JMP LBL[900];
20:VISION OVERRIDE 'EXPO1' R[5];
21:R[20:retry]= 1;
22:JMP LBL[100];
23:;
24:LBL[20];
;
34:LBL[900];
35:R[15:notfound]= 1;
;
```

另外，视觉参数设定并非改写视觉处理程序的内容本身。视觉参数设定命令下改写的值，只有在刚刚执行完视觉参数设定命令后的进行检测命令中有效。一旦执行进行检测命令，由视觉参数设定命令设定的值全都被清除（包括与执行检出的视觉处理程序不同的视觉处理程序相互关联的视觉参数）。

(6) 照明环境发生变化时的处理

照明环境发生变化时，视觉的检出将会变得不稳定。这样的情况下，通过使用自动曝光和多次曝光，就可以进行抗照明环境变化的检出。为了一次性拍摄多张图像而制作 1 张图像，自动曝光、多次曝光不可在不停止机器人的状态下在拍照功能中使用。

① 自动曝光。在昼夜视野内的亮度不一定的环境下，有时检出将会变得不稳定。可通过使用自动曝光功能来解决。通过预先登录成为基准的亮度的图像，根据周围环境亮度的变化，拍摄时自动选择与成为基准图像的亮度相同曝光时间。

② 指定自动曝光的测光范围。设定了测光范围时所显示的图像将成为自动曝光的基准图像。测光范围按照如下步骤进行设定。

a. 将"曝光模式"置于"固定"。

b. 调整曝光时间，以使图像具有适当的亮度。

c. 将"曝光模式"置于"自动"，如图 6-15 所示。

d. 尚未示教测光范围时，显示用来进行测光范围示教的窗口，使用该窗口设定测光范围。已经完成测光范围的示教时，轻击"自动曝光的测光范围"的"示教"按钮而变更测光范围的位置和大小，如图 6-16 所示。

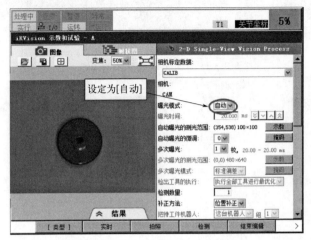

图 6-15 "曝光模式"置于"自动"

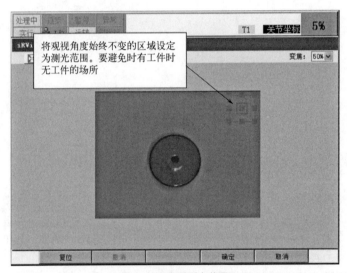

图 6-16 变更测光范围

e. 范围内如有希望予以忽略的范围，轻击"掩码"按钮而遮蔽希望忽略的范围。

自动曝光时，无法指定图像成为白色或者黑色的部位。将中间色的部分作为测光范围。图像大幅度变化的部位，不适合作为自动曝光的测光范围。譬如，在时有工件时无工件的场所，根据工件的有无观察到的亮度会大幅变化，因而无法稳定地进行测光。

③ 自动曝光的微调。通过自动曝光进行微调，以便拍摄到比所设定的基准图像稍微明亮或者暗淡的图像。可选择−5～＋5 的值。值沿着正方向越大，拍摄到的图像将会越明亮；值沿着负方向越大，拍摄到的图像将会越暗淡。

（7）多次曝光

1）多次曝光模式

① 标准偏差。计算测光范围内的图像辉度的标准偏差，以留下稍许引起光晕的像素的方式进行合成。这是标准设定。

② 最大亮度。以测光范围内的图像不会引起光晕的方式抑制最大亮度而进行合成。测

光范围内只要其中 1 点有引起光晕的部分，除此以外的部分就会相对变得暗淡。

③ 平均亮度。单纯获取各图像的亮度平均的合成方法。这是动态范围变得最广的方法，但是整体上图像变得暗淡。

2）多次曝光的操作

多次曝光在不同的曝光时间内拍摄多个图像，并将其进行合成，生成动态范围的广域图像。与自动曝光一样，可进行抗亮度变化的检出。如图 6-17 所示，可以设定曝光枚数 1～6枚。枚数越多，动态范围越广，但图像拍摄将越费时间。此外，枚数过多将会使图像整体轮廓模糊不清。

图 6-17 多次曝光

指定在多次曝光中使用的测光范围，如图 6-18 所示。根据测光范围内的亮度，进行图像的合成。标准值为全画面，通常无须进行变更。

设定测光范围时，轻击"示教"按钮而设定窗口。测光范围内有希望予以忽略的范围时，轻击"掩码"按钮而遮蔽希望忽略的范围。

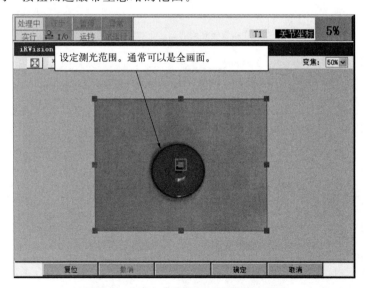

图 6-18 指定在多次曝光中使用的测光范围

6.2 工业机器人常见报警故障的处理

6.2.1 基于错误代码的常见问题处理方法

(1) 常见问题的处理方法

基于错误代码的常见问题处理方法见表 6-6。

表 6-6 基于错误代码的常见问题处理方法

序号	报警号	含义	现象	处理
1	SRVO-001	操作面板紧急停止	按下了操作箱/操作面板的急停按钮	如图 6-19 所示。 1. 解除操作箱/操作面板的急停按钮。 2. 确认急停板(CRT27)和急停按钮之间的电缆是否断线,如果有断线,则更换电缆。 3. 确认连接急停板(CRS36)和示教器的电缆是否断线,如果有断线,则更换电缆。 4. 如果在急停解除状态下接点没有导通,则是急停按钮的故障。逐一更换开关或操作面板。 5. 更换示教器。 6. 更换急停板。 7. 完成控制部的所有程序和设定内容的备份后更换主板。 8. 若 SERVO-213 同时发生时,可能是因为保险丝已经熔断。采取与 SERVO-213 相同的对策
2	SRVO-002	示教器紧急停止	按下了示教器的急停按钮	如图 6-20(a)所示。 1. 解除示教器的急停按钮。 2. 更换示教器
3	SRVO-003	安全开关已释放	在示教器有效的状态下,尚未按下安全开关,或者用力按下了安全开关	如图 6-20(b)所示。 1. 确认示教器的安全开关的中立位置。 2. 确认操作面板的模式开关以及示教器的有效/无效开关是否位于正确位置。 3. 更换示教器。 4. 确认模式开关的连接和动作,如有问题,则予以更换。 5. 更换急停板
4	SRVO-004	防护栅打开	自动运转模式下,急停板上的端子台 TBOP13(A 控制柜)或者 TBOP11(B 控制柜)的 EAS1-EAS11 之间或者 EAS2-EAS21 之间所连接的安全栅栏接点已开启	如图 6-21 所示。 1. 连接有安全栅栏时,关上安全栅栏。 2. 检查急停板上的端子台 TBOP13(A 控制柜)或者 TBOP11(B 控制柜)的 EAS1-EAS11 之间、EAS2-EAS21 之间所连接的电缆以及开关。 3. 没有使用安全栅栏信号的情况下,使得急停板上的端子台 TBOP13(A 控制柜)或者 TBOP11(B 控制柜)的 EAS1-EAS11 之间、EAS2-EAS21 之间形成短路。

序号	报警号	含义	现象	处理
4	SRVO-004	防护栅打开	自动运转模式下,急停板上的端子台 TBOP13（A 控制柜）或者 TBOP11（B 控制柜）的 EAS1-EAS11 之间或者 EAS2-EAS21 之间所连接的安全栅栏接点已开启	4. 确认模式开关,如有问题则予以更换。 5. 更换急停板。 6. 若与 SERVO-213 同时发生时,可能是因为保险丝已经熔断。采取与 SERVO-213 相同的对策。 说明:在使用安全栅栏信号的系统中,使 EAS1-EAS11 之间、EAS2-EAS21 之间形成短路而使此信号成为无效状态是十分危险的。当需要暂时形成短路并使其动作时,必须另行采取相应的安全对策
5	SRVO-005	机器人超行程	越出了机器人的各轴和各方向的硬件的限位开关	如图 6-22 所示。 1. 在超程解除画面"System OT release"（解除系统超程）上解除超程轴。 2. 一边按 SHIFT 键,一边按下报警解除按钮,解除报警。 3. 手不要松开 SHIFT 键,在点动进给下使超程轴运行到可动范围内。 4. 更换限位开关。 5. 确认六轴伺服放大器内保险丝（FS2）。同时发生 SRVO-214 FUSE BLOWN（伺服-214 保险丝熔断）报警时,说明保险丝（FS2）已经熔断。在排除保险丝熔断的原因后,更换保险丝。 6. 确认末端执行器连接器。 7. 更换六轴伺服放大器。 8. 就机器人机座 RP1 连接器,确认下列项目。 ①阳连接或阴连接的插脚上是否有扭曲或松弛。 ②连接器是否切实连接。然后确认六轴伺服放大器的 CRF8 连接器以及 CRM68 连接器已切实连接。 ③确认机器人连接电缆（RP1）没有异常,且没有断线和显眼的扭曲。检查机器人内部电缆,确认是否有接地故障等。 说明:工业机器人出厂时,为了便于包装,在超程状态下出厂。 不使用超程信号时,有时也在机械端将其设定为无效
6	SRVO-006	机械手断裂	使用安全接头时,说明安全接头已经折断。安全接头折断时,说明机器人连接电缆内的 HBK 信号断线或有接地故障	如图 6-22 所示。 1. 一边按 SHIFT 键,一边按下报警解除按钮,解除报警。手不要松开 SHIFT 键,在点动进给下使刀具移动到作业场所。 ①更换安全接头。 ②检查电缆。 2. 更换六轴伺服放大器。 3. 就机器人机座 RP1 连接器,确认下列项目。

序号	报警号	含义	现象	处理
6	SRVO-006	机械手断裂	使用安全接头时,说明安全接头已经折断。安全接头折断时,说明机器人连接电缆内的HBK信号断线或有接地故障	①阳连接或阴连接的插脚上是否有扭曲或松弛。 ②连接器是否切实连接。 ③确认六轴伺服放大器的CRF8连接器已切实连接。此外,确认机器人连接电缆(RP1)电缆没有异常,且没有断线和显眼的扭曲。检查机器人连接电缆(RP1)、机械内部电缆,并确认是否有断线和接地故障。 说明:如果没有使用机械手断裂信号,有时也将软件设定设为无效
7	SRVO-007	外部紧急停止	急停板的端子台TBOP13(A控制柜)或者TBOP11(B控制柜)的EES1-EES11之间、EES2-EES21之间所连接的外部急停接点已开启	如图6-23所示。 1. 连接有外部急停按钮时,解除按钮。 2. 检查急停板上的端子台TBOP13(A控制柜)或者TBOP11(B控制柜)的EES1-EES11之间、EES2-EES21之间所连接的电缆以及开关。 3. 没有使用此信号的情况下,使得急停板上的端子台TBOP13(A控制柜)或者TBOP11(B控制柜)的EES1-EES11之间、EES2-EES21之间形成短路。 4. 更换急停板。 说明: ①与SRVO-213同时发生时,可能是因为保险丝已经熔断。采取与SRVO-213相同的对策。 ②在使用外部急停信号的系统中,使EES1-EES11之间、EES2-EES21之间形成短路而使此信号成为无效状态是十分危险的。当需要暂时形成短路并使其动作时,必须另行采取相应的安全对策
8	SRVO-009	气压报警	检测出空气压异常。输入信号在机器人的末端执行器上	如图6-24所示。 1. 当检测出空气压异常时,检查导致异常的原因。 2. 确认末端执行器连接器。 3. 检查机器人连接电缆(RP1),如果有接地故障或短路,则予以更换。 4. 更换六轴伺服放大器。 5. 更换机器人内部电缆
9	SRVO-014	风扇电机异常(n),CPU停止	后面板单元的风扇电机停转时,示教器上显示告警,1min后机器人停止,不再能够通过示教器进行机器人的操作。要进行恢复,则需要更换风扇电机。( )内的数字,表示异常风扇。 (1):插槽1的风扇 (2):插槽2的风扇 (3):两者的风扇	如图6-25所示。 1. 更换后面板单元的风扇。 2. 更换后面板单元。 3. 完成控制器的所有程序和设定内容的备份后更换主板

序号	报警号	含义	现象	处理
10	SRVO-015	系统过热	控制装置内的温度高于规定值	如图 6-26 所示。 1. 当周围温度高于规定值(45℃)时,使用冷气机等来降低周围温度。 2. 风扇电机尚未操作时,检查风扇以及风扇单元、风扇电机的连接电缆,或予以更换。 3. 完成控制单元的所有程序和设定内容的备份后更换主板(可能是因为主板上的恒温器不良)。 说明:本报警发生后经过 1min 时,停止控制装置的动作
11	SRVO-018	制动器异常 (Group:i Axis:j)	制动器电流过大。六轴伺服放大器上的 LED(SVALM)点亮	如图 6-27 所示。 1. 确认六轴伺服放大器的制动器连接器(CRR88)上所连接的机器人连接电缆(RM1、RMP)、机器人内部电缆、电机制动器,有接地故障或形成短路时则予以更换。 2. 确认六轴伺服放大器的制动器连接器(CRR65A、CRR65B)上所连接的电缆、电机制动器,有接地故障或形成短路时则予以更换。 3. 更换六轴伺服放大器。 说明:制动器开闸装置(选项)的 ON/OFF 开关处在 ON 的状态下,操作者试图执行机器人的点动操作时,会发生此错误。要解除错误,将制动器开闸装置置于 OFF,重新接通控制装置的电源
12	SRVO-021	SRDY 关闭 (Group:i Axis:j)	当 HRDY 接通时,虽然没有其他发生报警的原因,SRDY 却处在断开状态 (所谓 HRDY,就是主机相对伺服装置传递接通还是断开伺服放大器的电磁接触器的信号。SRDY 是伺服装置相对主机传递伺服放大器的电磁接触器是否已经接通的信号)。 试图接通伺服放大器的电磁接触器但电磁接触器接不通,通常是由于伺服放大器发出报警	如图 6-27 所示。 1. 确认急停板 CRRA8(A 控制柜)或者 CP2A(B 控制柜)、CRMA92、CNMC5(A 控制柜)或者 CNMC7(B 控制柜)、伺服放大器、伺服放大器 CRMA91(六轴伺服放大器)是否已经切实连接。此外,在使用附加轴放大器时,确认 CXA2A(六轴伺服放大器)以及 CXA2B(附加轴放大器)是否已经切实连接。 2. 存在着电源瞬时断开的可能性。确认是否存在电源的瞬时断开。 3. 更换急停单元。 4. 更换伺服放大器
13	SRVO-022	SRDY 开启 (Group:i Axis:j)	试图接通 HRDY 时,SRDY 已经处在接通状态	如图 6-27 所示。 更换与报警信息对应的伺服放大器

序号	报警号	含义	现象	处理
14	SRVO-023	停止时误差过大（Group：i Axis：j）	停止时的伺服装置位置偏差值异常大	如图 6-27 所示。 通过离合器响声和振动确认制动器是否已经开启。 1. 当制动器尚未开启 ①如果制动器尚未开启，确认机器人连接电缆、机器人内部电缆的制动器电缆是否断线。 ②如果没有断线，则更换六轴伺服放大器或者电机。 2. 当制动器已经开启 ①确认是否有阻碍机器人或附加轴的该轴操作之情形。 ②确认六轴伺服放大器的 CNJ1A～CNJ6 的连接器是否已经切实连接。 ③确认机器人连接电缆、机器人内部电缆的动力线是否断线。 ④检查负载是否超过额定值，如果超过额定值，应将负载调到额定值之内。当负载过大时，加速、减速等所需的转矩就会超出电机所能发挥的极限值。此外，在进行超过负载的操作时，也会导致不能跟随指令，并发出本报警。 ⑤确认控制装置的输入电源处在额定值之内，且没有缺相。此外，确认变压器的电压设定正确。确认至六轴伺服放大器的三相输入的各相之间的电压［连接器轴伺服放大器的三相输入的各相之间的电压（连接器 CRR38A 或 CRR38B）］，如果在 AC210V 以下，则确认输入电源电压。（供向伺服放大器的输入电压较低时，能够输出的转矩将会减弱。因此，也会导致电机不能跟随指令而发生本报警。） ⑥更换伺服放大器。 ⑦更换报警轴的电机。 说明：如果没有正确设定软件的制动器编号，会导致停止时误差过大
15	SRVO-024	移动时误差过大（Group：i Axis：j）	移动时的伺服装置位置偏差量超过规定值（$PARAM GROUP. $MOVER OFFST）。当机器人不跟随程序中所指定的速度等时，会产生误差	采取与 SRVO-023 相同的对策
16	SRVO-027	机器人未零点标定（Group：i）	试图进行校准，但是机器人尚未完成零点标定	按照机构部操作说明书进行零点标定。 说明：位置数据偏位时，会导致机器人、附加轴的动作异常
17	SRVO-030	制动器作用停止（Group：i）	将暂停报警功能（$SCR. $BRKHOLD ENB＝1）设为有效时，暂停时就会有报警发生。不使用此功能时，将该设定设为无效	将一般事项设定画面上的"6 设置→常规"的"→停止时抱闸"设为无效

序号	报警号	含义	现象	处理
18	SRVO-033	机器人零点位置未标定(Group:i)	试图设定用于简易零点标定的参考点,但是尚未完成位置调整(校准)	进行位置调整。 ①接通电源。 ②在位置调整画面"6 系统-零点标定/校准"上进行"更新零点标定结果"
19	SRVO-034	参考位置未设置(Group:i)	试图进行简易零点标定,但是尚未设定参考点	在位置调整画面上,设定简易零点标定的参考点
20	SRVO-036	定位超时(Group:i Axis:j)	即使已经超过到位监视时间($PARAM GROUP. $INPOS TIME),也尚未到位($PARAM GROUP. $STOPTOL)	采取与停止时误差过大(SRVO-023)相同的对策
21	SRVO-037	IMSTP 输入(Group:i)	输入了外围设备 I/O 的 *IMSTP 信号	接通 *IMSTP 信号
22	SRVO-038	脉冲值不匹配(Group:i Axis:j)	电源断开时的脉冲计数和电源接通时的脉冲计数不同。在更换脉冲编码器之后或者更换脉冲编码器的备份用电池之后发出本报警。此外,在将备份用数据读到主板中时发出本报警	确认报警履历画面,按照下面的不同情形进行检查。 1. 对不带制动器的电机设定了带有制动器时,有时会发生本报警。确认附加轴的设定是否正确。 2. 在电源断开中通过制动器开闸装置改变了姿势时,或者恢复主板的备份数据时,会发生本报警,应重新执行该轴的零点标定。 3. 在电源断开中由于制动器的故障而改变了姿势时,会发生本报警。在消除导致报警的原因后,重新执行该轴的零点标定。 4. 在更换脉冲编码器后,重新执行该轴的零点标定
23	SRVO-043	DCAL 报警(Group:i Axis:j)	再生放电能量异常大,不能将能量作为热量完全放出 (在试图移动机器人时,伺服放大器向机器人供应能量。但是,重力轴在下降时,机器人由于重力势能而下降,重力势能的减少大于加速的能量时,伺服放大器会从电机侧接受能量。相同的情形在没有重力时也会在减速时发生。伺服放大器借助于此能量或再生能量,将该能量转变为热后消耗。当再生能量大于转变为热后消耗的能量时,能量就会蓄积在伺服放大器内,从而引起本报警)	如图 6-28 所示。 1. 本报警会在加速度频率高时和重力轴处的再生能量大时发生,在这种情况下,应放宽使用条件。 2. 确认六轴伺服放大器内保险丝 FS3 的状态。在保险丝熔断时,要排除熔断的原因,并更换保险丝。保险丝熔断,可能是因为附加轴放大器的故障所致。 3. 可能是因为周围温度异常高,或再生电阻的冷却效率下降所致。确认冷却风量,在风扇停转的情况下,更换外气风扇单元。当尘埃黏附于风扇、再生电阻、顶板等上时,应进行清洁。 4. 确认六轴伺服放大器的 CRR63A、CRR63B 连接器已经切实连接。再拆下已被连接的电缆,确认电缆侧连接器的 1 号、2 号插脚之间的连接情况,如果已断线,则更换再生电阻。 5. 确认六轴伺服放大器的 CRRA11A、CRRA11B 已经切实连接。再拆下已被连接的电缆,测量每根电缆侧连接器的 1 号、3 号插脚之间的电阻,如果是 6.5Ω 以外的情况,则更换再生电阻。有时,电缆尚未连接到 CRRA11B。 6. 更换六轴伺服放大器

序号	报警号	含义	现象	处理
24	SRVO-044	DHVAL 报警 （Group：i Axis：j）	主电路电源的直流电压（DC 链路电压）异常大	如图 6-28 所示。 1. 确认控制装置的三相输入电压是否在额定值之内。 2. 确认六轴伺服放大器的三相输入电压，如果在 AC240V 以上，则确认输入电源电压（在三相输入电压超过 AC240V 的条件下进行剧烈的加速/减速时，会导致报警的发生） 3. 确认伺服放大器的 CRR63A、B 连接器已经切实连接。再拆下被连接的电缆，确认电缆侧连接器的 1 号、2 号插脚之间的连接情况，如果断线，则更换再生电阻。 4. 确认六轴伺服放大器的 CRRA11A、CRRA11B 连接器已经切实连接。再拆下已被连接的电缆，测量每根电缆侧连接器的 1 号、3 号插脚之间的电阻，如果是 6.5Ω 以外的情况，则更换再生电阻。有时，电缆尚未连接到 CRRA11B。 5. 更换六轴伺服放大器。 6. 更换共同电源（αiPS）
25	SRVO-045	HCAL 报警 （Group：i Axis：j）	伺服放大器的主电路流过异常大的电流	如图 6-28 所示。 1. 断开电源，从伺服放大器上拆下发生报警的轴的电机动力线（为了预防轴落下来，也应拆下制动器电缆[六轴伺服放大器上的 CRR88）重新接通电源，确认是否还会发生本报警。如果还会发生本报警，则更换伺服放大器 2. 断开电源，从伺服放大器上拆下发生报警的轴的电机动力线，确认 U/V/W 相和 GND 之间没有短路故障。形成了短路时，应判定发生故障的电缆并予以更换 3. 断开电源，从伺服放大器上拆下发生报警的轴的电机动力线，分别测量 U-V 之间、V-W 之间、W-U 之间的电阻值。当其中一个电阻值比其他的电阻值极端小时，可能是因为相与相之间所形成的短路所致。判定短路故障部位，更换电缆
26	SRVO-046	OVC 报警 （Group：i Axis：j）	这是在伺服装置内部计算的均方电流值超过允许值时为预防热破坏造成的危险性及保护电机的报警	如图 6-28 所示。 1. 如有可能，应缓解该轴的操作。此外，如果负载和操作条件超过额定值，应进行变更，以便在额定值内使用。 2. 确认控制装置的输入电压是否处在额定电压内，并确认控制装置的变压器的电压设定是否正确。 3. 确认该轴的制动器是否已经开启。 4. 确认是否存在导致该轴的机械性负载增大的原因。 5. 更换伺服放大器。 6. 更换该轴的电机。

序号	报警号	含义	现象	处理
26	SRVO-046 （Group:i Axis:j）	OVC 报警	这是在伺服装置内部计算的均方电流值超过允许值时为预防热破坏造成的危险性及保护电机的报警	7. 更换急停单元。 8. 更换该轴的电机动力线（机器人连接电缆）。 9. 更换该轴的电机动力线、制动器线（机器人内部电缆）
27	SRVO-047 （Group:i Axis:j）	LVAL 报警	伺服放大器上的控制电源电压异常低	如图 6-29 所示。 1. 更换伺服放大器。 2. 更换电源单元
28	SRVO-049 （Group:i Axis:j）	OHAL1 报警	变压器内的恒温器启动	如图 6-30 所示。 1. 确认风扇是否停转，通风口是否被堵塞，如有必要，予以更换或进行清洁。 2. 在机器人的操作剧烈时发生报警的情形下，检查机器人的操作条件，如有可能，放宽条件。 3. 确认变压器连接器 CPOH、急停单元 CRM91 已经连接好。 4. 确认有无电源缺相。 5. 更换急停单元。 6. 更换伺服放大器。 7. 更换变压器
29	SRVO-050 （Group:i Axis:j）	碰撞检测报警	在伺服放大器内部推测的扰动转矩变得异常大（检测出冲撞）	如图 6-30 所示。 1. 确认机器人是否冲突，或者确认是否存在导致该轴的机械性负载增大的原因。 2. 确认负载设定是否正确。 3. 确认该轴的制动器是否已经开启。 4. 当负载重量超过额定值时，应在额定值范围内使用。 5. 确认控制装置的输入电压是否处在额定电压内，并确认控制装置的变压器的电压设定是否正确。 6. 更换伺服放大器。 7. 更换该轴的电机。 8. 更换急停单元。 9. 更换该轴的电机动力线（机器人连接电缆）。 10. 更换该轴的电机动力线、制动器线（机器人内部电缆）
30	SRVO-051 （Group:i Axis:j）	CUER 报警	电流反馈值的偏置值变得异常大	如图 6-30 所示。 更换伺服放大器
31	SRVO-055 （Group:i Axis:j）	FSSB 通信错误 1	主板-伺服放大器之间的通信发生了异常	如图 6-31 所示。 1. 检查主板上的轴控制卡与伺服放大器之间的光缆，如有异常则予以更换。 2. 更换主板上的轴控制卡。 3. 更换伺服放大器
32	SRVO-056 （Group:i Axis:j）	FSSB 通信错误 2		

序号	报警号	含义	现象	处理
33	SRVO-057	FSSB断开报警 (Group:i Axis:j)	检测出了主板-伺服放大器之间的通信断开连接	如图 6-31 所示。 1. 确认电源单元的保险丝(F4)是否已熔断。若已熔断,则检查原因,采取对策,并更换保险丝。 2. 确认六轴伺服放大器上的保险丝(FS1)是否熔断。如果已经熔断,则更换整个六轴伺服放大器。 3. 检查主板上的轴控制卡与伺服放大器之间的光缆,如有异常则予以更换。 4. 更换主板上的轴控制卡。 5. 更换伺服放大器。 6. 检查机器人连接电缆(RP1)、机械内部电缆通向脉冲编码器的连接,确认没有断线和接地故障等。 7. 完成控制单元的所有程序和设定内容的备份后,更换主板
34	SRVO-058	FSSB初始化错误(j)	主板-伺服放大器之间的通信发生了异常	如图 6-31 所示。 1. 确认电源单元的保险丝 F4 是否已经熔断。若已熔断,应查清原因,采取对策,并更换保险丝。 2. 确认六轴伺服放大器上的保险丝(FS1)是否熔断。如果已经熔断,则更换整个六轴伺服放大器。 3. 在拔出六轴伺服放大器的连接器(CRF8)的状态下接通电源,确认本报警是否消失(可忽略由于拔出 CRF8 而发生的 SRVO-068 等)。当报警消失时,可以认为是机器人连接电缆(RP1)、机器人内部电缆的脉冲编码器电缆发生接地故障,确定故障部位并予以更换。 4. 确认六轴伺服放大器上的 LED(P5V、P3.3V)已经点亮。尚未点亮时,说明还没有向六轴伺服放大器内的控制电路供应电源。确认电源单元轴伺服放大器内的控制电路供应电源。确认电源单元 CP5 以及六轴伺服放大器的连接器(CXA2B)是否存在插入不良,当这些连接器已经正确连接时,更换六轴伺服放大器。 5. 检查轴控制卡与伺服放大器之间的光缆,如有异常则予以更换。 6. 更换主板上的轴控制卡。 7. 更换六轴伺服放大器。 8. 当 FSSB 的光通信系统中连接有六轴伺服放大器以外的单元(附加轴用伺服放大器,线路跟踪板)时,只连接六轴伺服放大器,而后重新通电,确认报警是否消失。当报警消失时,确定发生故障的单元并予以更换。 9. 完成控制单元的所有程序和设定内容的备份后更换主板

序号	报警号	含义	现象	处理
35	SRVO-059	伺服放大器初始化错误	未能进行伺服放大器的初始设定	如图 6-32 所示。 1. 检查轴控制卡与伺服放大器之间的光缆,如有异常则予以更换。 2. 在拔出六轴伺服放大器的连接器(CRF8)的状态下接通电源,确认本报警是否消失(可忽略由于拔出 CRF8 而发生的 SRVO-068 报警等)。当报警消失时,可以认为是机器人连接电缆(RP1)、机器人内部电缆的脉冲编码器电缆发生接地故障,确定故障部位并予以更换。 3. 确认六轴伺服放大器上的 LED(P5V、P3.3V)已经点亮。尚未点亮时,说明还没有向六轴伺服放大器内的控制电路供应电源。确认电源单元 CP5 以及六轴伺服放大器的连接器(CXA2B)是否存在插入不良,当这些连接器已经正确连接时,更换六轴伺服放大器。 4. 更换伺服放大器。 5. 更换线路跟踪板。(已经安装的情形) 6. 更换脉冲编码器
36	SRVO-062	BZAL 报警 (Group;i Axis;j)	脉冲编码器后备用的电池电压下降,成为无法后备的状态	1. 更换机器人机座的电池盒内的电池。 2. 更换发生了报警的脉冲编码器。 3. 确认连接脉冲编码器供电电池的电线没有断线或发生接地故障,若有异常则予以更换。 说明:在消除报警的原因后,将系统变量($MCR.$SPC_RESET)设为 TRUE,然后再接通电源。此时需要进行零点标定
37	SRVO-064	PHAL 报警 (Group;i Axis;j)	脉冲编码器内部生成的脉冲相位有异常时发生本报警	更换已发生报警的轴的脉冲编码器。 说明:当发生 DTERR、CRCERR、STBERR 报警时,有时会同时显示本报警,但是实际上有可能没有发生此报警
38	SRVO-065	BLAL 报警 (Group;i Axis;j)	脉冲编码器的电池电压低于基准值	更换电池(当发生本报警时,应尽快在通电状态下更换电池。如果没有及时更换电池且有 BZAL 报警发生,会导致位置数据丢失,这样就需要进行零点标定作业)
39	SRVO-067	OHAL2 报警 (Group;i Axis;j)	脉冲编码器内部的温度变得异常高,内置恒温器启动	1. 检查机器人的动作条件,在超过机器人额定负载的条件下使用时,应将机器人的负载条件等调到使用范围内。 2. 在电机充分冷却的状态下,即使通电也仍有报警发生时,应更换电机

序号	报警号	含义	现象	处理
40	SRVO-068 （Group:i Axis:j）	DTERR 报警	即使向串行脉冲编码器发送请求信号,也没有串行数据反馈过来	1. 确认六轴伺服放大器的 CRF8 连接器,以及伺服电机的脉冲编码器连接器已经切实连接。 2. 确认机器人连接电缆（RP1）的屏蔽已经在控制柜内部进行接地。 3. 更换已发生报警的轴的脉冲编码器。 4. 更换已发生报警的轴的伺服放大器。 5. 更换机器人连接电缆（RP1,RM1）。 6. 更换机器人内部电缆（脉冲编码器电缆,电机电缆）
41	SRVO-069 （Group:i Axis:j）	CRCERR 报警	串行数据在通信过程中错乱	
42	SRVO-070 （Group:i Axis:j）	STBERR 报警	如图 6-32 所示。串行数据的开始位和停止位异常	
43	SRVO-071 （Group:i Axis:j）	SPHAL 报警	反馈速度异常大	采取与 SRVO-068 相同的对策。 说明:与 PHAL 报警（SRVO-064）同时发生时,本报警不是异常的主要原因
44	SRVO-072 （Group:i Axis:j）	PMAL 报警	可能是由于脉冲编码器的异常所致	在更换脉冲编码器后,进行零点标定
45	SRVO-073 （Group:i Axis:j）	CMAL 报警	可能是由于脉冲编码器的异常,或是由于噪声而引起的脉冲编码器的错误动作所致	1. 确认控制装置的地线是否已正确连接。确认控制装置和机器人之间的接地线的连接。确认机器人连接电缆的屏蔽已与地线切实连接。 2. 应强化电机法兰盘的接地（附加轴的情形） 3. 执行脉冲复位 4. 更换脉冲编码器。 5. 更换机器人连接电缆（RM1,RP1）。 6. 更换机器人内部电缆（脉冲编码器电缆,电机电缆）
46	SRVO-074 （Group:i Axis:j）	LDAL 报警	脉冲编码器内的 LED 断线	在更换脉冲编码器后,进行零点标定
47	SRVO-075 （Group:i Axis:j）	脉冲编码器位置未确定	尚未确定脉冲编码器的绝对位置	在即使进行报警复位而本报警仍然发生的情况下就发生报警的轴,执行每根轴的点动进给,直到不再发生报警
48	SRVO-076 （Group:i Axis:j）	粘枪检出	在伺服软件内开始操作时,推定有过大的扰动（由于熔敷等原因而检测出了异常负载）	如图 6-33 所示。 1. 确认机器人是否冲撞,或者是否存在导致该轴的机械性负载增大的原因。 2. 确认负载设定是否正确。 3. 确认该轴的制动器是否已经开启。 4. 确认负载重量是否在额定值范围内,如果超过额定值,则将负载重量调低到额定值。 5. 确认控制装置的输入电压是否处在额定电压内,并确认控制装置的变压器的电压设定是否正确。 6. 更换伺服放大器。 7. 更换该轴的电机。 8. 更换急停单元。 9. 更换该轴的电机动力线（机器人连接电缆）。 10. 更换该轴的电机动力线、制动器线（机器人内部电缆）

序号	报警号	含义	现象	处理
49	SRVO-081	EROFL 报警（追踪编码器:i）	线路跟踪的脉冲计数溢流	1. 检查进行线路跟踪的条件是否超出了线路跟踪的限制。 2. 更换脉冲编码器。 3. 更换线路跟踪板
50	SRVO-082	DAL 报警（追踪编码器:i）	尚未连接线路跟踪的脉冲编码器	1. 确认线路跟踪电缆的连接（线路跟踪板侧、电机侧）。 2. 确认线路跟踪电缆的屏蔽已与地线切实连接。 3. 更换线路跟踪电缆。 4. 更换脉冲编码器。 5. 更换线路跟踪板
51	SRVO-084	BZAL 报警（追踪编码器:i）	尚未连接脉冲编码器的绝对位置备份用电池时会发生本报警	参阅 SRVO-062 BZAL 报警项
52	SRVO-087	BLAL 报警（追踪编码器:i）	脉冲编码器的绝对位置备份用电池的电压下降时会发生本报警	参阅 SRVO-065 BLAL 报警项
53	SRVO-089	OHAL2 报警（追踪编码器:i）	脉冲编码器内的温度变得异常高,内置恒温器启动	在脉冲编码器处在充分冷却的状态下通电也会发生报警时,参阅 SRVO-067 OHAL2 报警项
54	SRVO-090	DTERR 报警（追踪编码器:i）	脉冲编码器和线路跟踪板的通信异常	参阅 SRVO-068DTERR 报警项。 1. 确认线路跟踪电缆的连接（线路跟踪板侧、电机侧）。 2. 确认线路跟踪电缆的屏蔽已与地线切实连接。 3. 更换脉冲编码器。 4. 更换线路跟踪电缆。 5. 更换线路跟踪板
55	SRVO-091	CRCERR 报警（追踪编码器:i）	脉冲编码器和线路跟踪板的通信异常	采取与 SRVO-090 相同的对策
56	SRVO-092	STBERR 报警（追踪编码器:i）	脉冲编码器和线路跟踪板的通信异常	
57	SRVO-093	SPHAL 报警（追踪编码器:i）	来自脉冲编码器的位置数据,比上次大很多时会发生本报警	
58	SRVO-094	PMAL 报警（追踪编码器:i）	可能是由于脉冲编码器的异常所致	更换脉冲编码器
59	SRVO-095	CMAL 报警（追踪编码器:i）	可能是由于脉冲编码器的异常,或是由于噪声而引起的脉冲编码器的错误动作所致	参阅 SRVO-073CMAL 报警项。 1. 强化脉冲编码器的法兰盘的接地。 2. 进行脉冲复位。 3. 更换脉冲编码器
60	SRVO-096	LDAL 报警（追踪编码器:i）	脉冲编码器内的 LED 断线	参阅 SRVO-074 LDAL 报警项

序号	报警号	含义	现象	处理
61	SRVO-097	编码器位置未确定（编码器;i）	尚未确定脉冲编码器的绝对位置	参阅 SRVO-075 脉冲编码器位置未确定项。 在即使进行报警复位而本报警仍然发生时就发生报警的轴，执行每根轴的点动进给，直到不再发生该报警
62	SRVO-105	门打开或紧急停止	控制柜门被打开	如图 6-34 所示。 1. 带有柜门开关的情形 ①关闭控制柜的柜门。 ②检查柜门开关和柜门开关的连接电缆，如有异常则予以更换。 2. 不带柜门开关的情形 ①确认急停单元上的 CRMA92、CRMA94（A 控制柜）、CRMA74（B 控制柜）连接器、伺服放大器的 CRMA91 连接器是否已经切实连接。 ②更换急停板。 ③更换六轴伺服放大器
63	SRVO-123	风扇电机的转速过低（i）	风扇电机的转速下降	如图 6-35 所示。 1. 检查风扇电机和电缆，如有需要予以更换。 2. 更换后面板。 3. 完成控制部的所有程序和设定内容的备份后更换主板
64	SRVO-130	OHAL1(PS)报警(G;i A;j)	共同电源（αiPS）的主电路用散热器的温度异常上升	1. 确认共同电源（αiPS）的冷却风扇是否停止。 2. 减小动作负载（调低倍率等）。 3. 更换共同电源（αiPS）
65	SRVO-131	LVAL(PS)报警(G;i A;j)	共同电源（αiPS）的控制电源电压异常下降	1. 更换共同电源（αiPS）。 2. 更换伺服放大器。 3. 更换电源单元
66	SRVO-133	FSAL(PS)报警(G;i A;j)	共同电源（αiPS）的控制电路部的冷却风扇已停止	1. 确认冷却风扇的旋转状态。冷却风扇发生异常时，更换冷却风扇。 2. 更换共同电源（αiPS）
67	SRVO-134	［电阻再生规格的情形］DCLVAL报警(Group;i Axis;j)／［电源再生规格的情形］DCLVAL(PS)报警(Group;i Axis;j)	本报警在机器人动作中发生。六轴伺服放大器的主电路电源的直流电压（DC 链路电压）异常低	1. 存在着电源瞬时断开的可能性，确认电源电压。 2. 确认控制装置的输入电压在额定电压以内，变压器的设定正确。 3. 在带有附加轴的系统中，变更程序，以避免机器人和附加轴同时加速。 4. 更换急停单元。 5. 更换六轴伺服放大器。 6. 更换共同电源（αiPS）
68	SRVO-136	DCLVAL 报警(G;i A;j)	伺服放大器（αiSV）的主电路电源的直流电压（DC 链路电压）异常下降	如图 6-36 所示。 1. 确认伺服放大器（αiSV）的布线正确。 2. 更换已发生报警的轴的伺服放大器（αiSV）

序号	报警号	含义	现象	处理
69	SRVO-156	IPMAL 报警 (Group:i Axis:j)	伺服放大器的主电路流过异常大的电流	如图 6-36 所示。 1. 断开电源,从伺服放大器上拆下发生报警的轴的电机动力线,之后再接通电源。为预防轴落下,也应拆下制动器电缆(CRR88)。如果在伺服接通时还会发生本报警,则更换伺服放大器。 2. 断开电源,从伺服放大器上拆下发生报警的轴的电机动力线,确认 U、V、W 相与 GND 之间没有接通。处在接通状态时,则说明是动力线的故障,应更换电缆。 3. 断开电源,从伺服放大器上拆下发生报警的轴的电机动力线,分别以能够测量微小电阻值的测量仪器来测量 U-V 之间、V-W 之间、W-U 之间的电阻值。上述三处中,其中一处的电阻值极端地小于其他电阻值时,可能是因为相与相之间形成短路所致。可能是因为电机或电机动力线存在不良,应逐个检查,如有异常则予以更换
70	SRVO-157	CHGAL 报警 (G:i A:j)	伺服电源接通时,向伺服放大器的电容器的充电没有在规定时间内结束	如图 6-36 所示。 1. 确认控制装置的三相输入电压在额定电压以内,变压器的设定正确。 2. 确认急停单元的断路器没有跳闸。 3. 确认伺服放大器的 CRRA12 和急停板上的 CRRA12 连接器是否已切实连接。有共同电源(αiPS)时,确认共同电源(αiPS)的 CRRA12 连接器是否已切实连接。 4. 更换急停单元。 5. 更换六轴伺服放大器。 6. 更换共同电源(αiPS)
71	SRVO-204	外部(SVEMG 异常)紧急停止	虽然按下了急停板的端子台、TBOP13(A 控制柜)或者 TBOP11(B控制柜)的 EES1 和 EES11 或者 EES2 和 EES21 之间所连接的开关,但是尚未切断急停线路	如图 6-37 所示。 1. 确认急停板的端子台、TBOP13(A-控制柜)或者 TBOP11(B-控制柜)的 1(EES1)-2(EES11)、3(EES2)-4(EES21)之间所连接的开关和布线,发现不良时则予以更换。 2. 更换急停板。 3. 更换六轴伺服放大器
72	SRVO-205	防护栅打开(SVEMG 异常)	虽然按下了急停板的端子台、TBOP13(A-控制柜)或者 TBOP11(B-控制柜)的 EAS1 和 EAS11 或者 EAS2 和 EAS21 之间所连接的开关,但是尚未切断急停线路	如图 6-38 所示。 1. 确认急停板的端子台、TBOP13(A 制柜)或者 TBOP11(B 控制柜)的 5(EAS1)-6(EAS11)之间、7(EAS2)-8(EAS21)之间所连接的开关和布线,发现不良时则予以更换。 2. 更换急停板。 3. 更换六轴伺服放大器

序号	报警号	含义	现象	处理
73	SRVO-206	安全开关（SVEMG 异常）	示教器有效时,虽然松开了或者用力按下了安全开关,但未切断急停线路	如图 6-39 所示。 1. 更换示教器。 2. 检查示教器电缆,如有不良则予以更换。 3. 更换急停板。 4. 已使用 NTED 信号时,确认向急停板连接的信号的布线是否正确。 5. 更换六轴伺服放大器
74	SRVO-213	紧急停止电路板 FUSE2 熔断	急停板的保险丝（FUSE2）已经熔断,或者尚未向 EXT24V 供应电压	如图 6-40 所示。 1. 确认急停板的保险丝（FUSE2）是否熔断。 2. 若是 24EXT 与 0EXT 之间发生短路,拆下 24EXT 的成为接地故障原因的连接对象,确认保险丝（FUSE2）没有熔断。拆下急停板上以下的连接,接通电源。 ①CRS36 ②CRT27 ③ TBOP13（A-控制柜）或者 TBOP11（B-控制柜）:EES1、EES11、EAS1、EAS11、EGS1、EGS11 如果在该状态下 FUSE2 不再熔断,则有可能在上述连接对象的某一个中在 24EXT 与 0EXT 之间发生短路。确定故障部位,采取对策。在拆除上述连接的状态下保险丝（FUSE2）继续熔断时,更换急停板。 3. 若 USE2 没有熔断,确认是否已在 TBOP14(A-控制柜)或者 TBOP10(B-控制柜)的 EXT24V 与 EXT0V 之间施加 24V 电压,尚未施加时,检查外部电源电路。此外,尚未使用外部电源时,确认上述端子和 INT24V、INT0V 端子之间是否已分别连接。 4. 更换急停板。 5. 更换示教器电缆。 6. 更换示教器。 7. 更换操作面板电缆(CRT27)
75	SRVO-214	六轴放大器保险丝熔断(R;i)	六轴伺服放大器上的保险丝（FS2、FS3）已经熔断	如图 6-41 所示。 1. 保险丝已经熔断时,在排除原因后更换保险丝。 2. 更换六轴伺服放大器
76	SRVO-216	OVC(总计)（Robot:i）	流向电机的电流（共 6 轴的全部合计量）过大	如图 6-41 所示。 1. 缓解机器人的操作。检查机器人的操作条件,当在超过机器人额定负载的条件下使用时,应将负载条件调到规格范围内。 2. 确认控制装置的输入电压是否处在额定电压内,并确认控制装置的变压器的电压设定是否正确。 3. 更换六轴伺服放大器

序号	报警号	含义	现象	处理
77	SRVO-217	紧急停止电路板未找到	通电时,找不到急停板	1. 确认急停板的保险丝(FUSE1)是否熔断,已经熔断的情况下,在排除原因后更换保险丝。 2. 确认急停板和主板之间的电缆,如有必要则予以更换。 3. 更换急停单元。 4. 完成控制部的所有程序和设定内容的备份后更换主板
78	SRVO-221	缺少 DSP(G;i A;j)	没有安装上与已被设定的轴数对应的轴控制卡	如图 6-41 所示。 1. 确认轴数的设定是否正确。设定不正确时,修改为正确的轴数。 2. 更换为与已被设定的轴数对应的轴控制卡
79	SRVO-223	DSP 空运行(a,b)	由于硬件故障或者软件的设定不适当而停止了伺服装置的初始化。控制装置已在 DSP 空运行模式下启动。此时,控制装置已在 DSP 空运行模式下启动。第一个数字 a,显示错误要因。第二个数字 b,显示要因的详细信息	1. 根据第一个数字 a 的值,采取如下对策。 ①a 的值为 1 的情形:＄SCR.＄startup_cnd＝12 时启动所造成的警告显示。 ②a 的值为 2、3、4、7 的情形:更换伺服卡。 ③a 的值为 5 的情形:ATR 非法。确认轴设定(FSSB 路径号、硬件开始轴号、放大器号、放大器类型)是否正确。 ④a 的值为 6 的情形:与 SRVO-180 同时发生。轴设定 1 个轴也没有进行,不存在控制轴的状态。至少进行 1 轴的轴设定。 ⑤a 的值为 8,10 的情形:与 SRVO-058(FSSB init error)同时发生。按照 SRVO-058 的对策进行。 ⑥a 的值为 9 的情形:无法识别伺服放大器,实施如下操作。 a. 确认伺服放大器是否已经正确连接。 b. 确认光缆是否已经正确连接。 c. 在使用附加轴放大器时,确认 CXA2A(6 轴伺服放大器)以及 CXA2B(附加轴放大器)是否已经切实连接。 d. 确认是否已经向伺服放大器供应电源。 e. 确认伺服放大器上的保险丝是否熔断。 f. 更换连接伺服放大器的光缆。 g. 更换伺服放大器。 2. 根据显示的值,采取如下对策。 ①值为 11 的情形:设定了不存在的轴控制卡上的轴号。确认轴设定(FSSB 路径号)是否正确,或者追加附加轴板。 ②值为 12 的情形:按照 SRVO-059 的对策进行

序号	报警号	含义	现象	处理
80	SRVO-230/ SRVO-231	链1异常 a,b/ 链2异常 a,b	发生了双重化的安全信号不一致。在发生回路1侧（EES1和 EES11 之间、EAS1 和 EAS11之间、EGS1 和 EGS11 之间等）上所连接的接点关闭、回路2侧（EES2 和 EES21 之间、EAS2 和 EAS21 之间、EGS2 和 EGS21 之间等）上所连接的接点打开的不一致状态的情况下，发出 SRVO-230 报警。在检测出回路异常时，应排除报警的原因，并根据后面所示的方法解除报警	如图6-42所示。 检查同时发生的报警，确认哪个信号发生不一致。由于 SRVO-266～275、SRVO-370～385 同时发生，应采取针对各自项目的相应对策。 说明： 1.发生本报警时，在确认故障并进行修理之前，请勿执行回路异常报警的复位操作。在双重化电路的其中一个电路发生故障的状态下继续使用机器人时，在发生另外一个电路故障的情况下，将难以确保安全。 2.本报警的状态通过软件保持下来。在排除报警的原因后，解除后面所示的回路异常，并复位回路异常报警。 3.通常的复位操作，不能在解除回路异常之前进行。若在解除回路异常之前进行通常的复位，示教器上就会显示出"SRVO-237 Chain error cannot be reset"
81	SRVO-232	NTED 输入	示教方式中配电盘的 CRMA96 上所连接的 NTED 信号成为接通状态	如图6-43所示。 1.确认 NTED 上所连接的设备的动作。 2.更换示教器。 3.更换示教器电缆。 4.更换配电盘。 5.确认模式开关及其配线，如有问题则予以更换
82	SRVO-233	T1,T2 模式中示教盘关闭	模式开关在 T1 或 T2 方式下，示教器无效，或控制装置的柜门开启着	如图6-43所示。 1.在进行示教操作中，将示教器的有效/无效开关设为作动。除此之外的情形下，将模式开关切换为 AUTO 方式。 2.带有柜门开关时，关上柜门。 3.更换示教器。 4.更换示教器连接电缆。 5.更换模式开关。 6.更换急停板。 7.更换六轴伺服放大器
83	SRVO-235	暂时性链异常	暂时检测出单回路异常	如图6-43所示。 其原因在于安全开关不到位的开启、急停开关只被按到一半等所致。 1.使相同的错误再发生一次，并进行复位。 2.更换急停板。 3.更换六轴伺服放大器
84	SRVO-251	DB 继电器异常 （G：i A：j）	检测出了伺服放大器内部继电器（DB 继电器）的异常	如图6-43所示。 1.更换伺服放大器。 2.更换急停板

序号	报警号	含义	现象	处理
85	SRVO-252	电流检测异常 (G:i A:j)	检测出了伺服放大器内部电流检测电路的异常	如图 6-43 所示。 更换伺服放大器
86	SRVO-253	放大器内部过热 (G:i A:j)	检测出了伺服放大器的内部过热	如图 6-43 所示。 更换伺服放大器
87	SRVO-266/ SRVO-267	防护栅栏 1/2 状态异常	通过 EAS(FENCE)信号检测出了回路报警	如图 6-44 所示。 1. 确认双重输入信号(EAS)上所连接的电路是否有故障。 2. 确认双重输入信号(EAS)的时机是否为规定的时机。 3. 更换急停板。 说明:发生本报警时,在确认故障并进行修理之前,请勿执行回路异常报警的复位操作。在双重化电路的其中一个电路发生故障的状态下继续使用机器人时,若另外一个电路故障,将难以确保安全。发生本报警情况下的恢复步骤,参阅 SRVO-230、231 项
88	SRVO-268/ SRVO-269	SVOFF1 状态异常/ SVOFF2 状态异常	通过 EGS(SVOFF)信号检测出了回路报警	如图 6-45 所示。 1. 确认双重输入信号(EGS)上所连接的电路是否有故障。 2. 确认双重输入信号(EGS)的时机是否为规定的时机。 3. 更换急停板。 说明: 发生本报警时,在确认故障并进行修理之前,请勿执行回路异常报警的复位操作。在双重化电路的其中一个电路发生故障的状态下继续使用机器人时,若发生另外一个电路故障,将难以确保安全。发生本报警情况下的恢复步骤,请参阅 SRVO-230/231
89	SRVO-270 EXEMG1/ SRVO-271 EXEMG2	状态异常	通过 EES(EXEMG)信号检测出了回路报警	如图 6-46 所示。 1. 确认双重输入信号(EES)上所连接的电路是否有故障。 2. 确认双重输入信号(EES)的时机是否为规定的时机。 3. 更换示教器电缆。 4. 更换示教器。 5. 更换急停板。 6. 更换操作面板的急停开关,或者整个操作面板。 7. 完成控制部的所有程序和设定内容的备份后更换主板。 说明:发生本报警时,在确认故障并进行修理之前,请勿执行回路异常报警的复位操作。在双重化电路的其中一个电路发生故障的状态下继续使用机器人时,若发生另外一个电路故障的情况下,将难以确保安全。发生本报警情况下的恢复步骤,请参阅 SRVO-230、231 项

序号	报警号	含义	现象	处理
90	SRVO-274/ SRVO-275	NTED1/NTED2 状态异常	通过 NTED 信号检测出了回路报警	如图 6-47 所示。 1. 尚未将安全开关推到适当位置的情况下，或以非常慢的方式进行操作的情况下，有可能发生本报警。这种情况下，应暂时完全打开安全开关，而后重新按压安全开关。 2. 确认双重输入信号（NTED）上所连接的电路是否有故障。 3. 确认双重输入信号（NTED）的时机是否为规定的时机。 4. 更换急停板。 5. 更换示教器电缆。 6. 更换示教器。 7. 更换操作面板的模式开关。 说明：发生本报警时，在确认故障并进行修理之前，请勿执行回路异常报警的复位操作。在双重化电路的其中一个电路发生故障的状态下继续使用机器人时，若发生另外一个电路故障，将难以确保安全。发生本报警情况下的恢复步骤，请参阅 SRVO-230、231 项
91	SRVO-277	面板紧急停止 （SVEMG异常）	虽然按下了操作面板的急停按钮，但尚未切断急停线路	如图 6-48 所示。 1. 更换急停板。 2. 更换六轴伺服放大器
92	SRVO-278	示教盘紧急停止 （SVEMG异常）	虽然按下了示教器的急停按钮，但尚未切断急停线路	如图 6-48 所示。 1. 更换示教器。 2. 更换示教器电缆。 3. 更换急停板。 4. 更换六轴伺服放大器。 说明：在慢慢地按下急停按钮时有可能发生本报警
93	SRVO-280	SVOFF 输入	[现象]急停板的端子台、TBOP13（A 控制柜）或者TBOP11（B控制柜）的EGS1 和EGS11 或者 EGS2 和 EGS21 之间所连接的外部接点已开启	如图 6-48 所示。 1. 急停板的端子台、TBOP13（A控制柜）或者 TBOP11（B控制柜）的EGS1 和EGS11 或者 EGS2 和 EGS21 之间连接有外部电路时，确认外部电路。 2. 没有使用此信号时，使得急停板的端子台、TBOP13（A控制柜）或者 TBOP11（B控制柜）的 EGS1-EGS11、EGS2-EGS21 之间形成短路。 3. 更换急停板。 说明：使用了 SVOFF 信号的系统，使得TBOP13（A控制柜）或者 TBOP11（B控制柜）的 EGS1-EGS11 之间、EGS2-EGS21 之间形成短路而使此信号成为无效状态是十分危险的。当需要暂时形成短路并使其动作时，必须另行采取相应的安全对策

序号	报警号	含义	现象	处理
94	SRVO-281	SVOFF 输入（SVEMG 异常）	虽然急停板的端子台、TBOP13（A 控制柜）或者 TBOP11（B 控制柜）的 EGS1 和 EGS11 或者 EGS2 和 EGS21 之间所连接的接点已经开启，但是尚未切断急停线路。急停电路发生故障	如图 6-48 所示。 1. 确认急停板的端子台、TBOP13（A 控制柜）或者 TBOP11（B 控制柜）的 EGS1-EGS11 之间、EGS2-EGS21 之间所连接的接点和布线，发现不良时予以更换。 2. 更换急停板。 3. 更换六轴伺服放大器
95	SRVO-291	IPM 过热（G：i A：j）	伺服放大器上的 IPM 过热	如图 6-49 所示。 1. 确认外气风扇单元/背面风扇单元是否停止，通风口是否被堵塞，如有必要，则予以更换或进行清扫。 2. 在机器人操作剧烈时发生报警的情形下，检查机器人的操作条件，如有可能，放宽条件。 3. 频繁发生报警时，更换伺服放大器
96	SRVO-293	HCAL(PS)报警(G：i A：j)	共同电源（αiPS）、伺服放大器的不良	1. 更换伺服放大器。 2. 更换共同电源（αiPS）
97	SRVO-295	放大器通信错误(G：i A：j)	在六轴伺服放大器内，或者共同电源（αiPS）和伺服放大器之间发生了通信异常	1. 更换六轴伺服放大器。 2. 更换放大器间通信电缆。 3. 更换共同电源（αiPS）。 4. 更换伺服放大器（αiSV）
98	SRVO-297	异常的输入电源(G：i A：j)	六轴伺服放大器或者共同电源（αiPS）检测出了输入电源的缺陷	1. 测定控制装置的输入电压，确认没有缺相。 2. 确认伺服放大器（αiSV）的 CRRA12 和急停板上的 CRRA12 连接器是否已经切实连接。有共同电源（αiPS）时，确认共同电源（αiPS）的 CRRA12 连接器是否已经切实连接。 3. 在主断路器的 2 次侧测定各相之间的电压，有缺相，则更换主断路器。 4. 在变压器的 2 次侧测定各相之间的电压，有缺相，则更换变压器。 5. 更换急停单元。 6. 更换六轴伺服放大器。 7. 更换共同电源（αiPS）
99	SRVO-300/ SRVO-302	机械手断裂/HBK 禁用设置启用机械手断裂	HBK 被设为无效而输入了 HBK 信号	1. 为了解除报警，按下示教器上的复位。 2. 确认机器人上是否已经连接有机械手破裂信号。连接有机械手破裂信号时，将机械手破裂的设定设为有效
100	SRVO-335	DCS OFFCHK 报警 a,b	在安全信号的输入电路中检测出了故障	如图 6-50 所示。 1. 更换急停板。 2. 是 B 控制柜时，更换安全 I/O 板

序号	报警号	含义	现象	处理
101	SRVO-348	DCS MCC 关闭报警 a,b	相对电磁接触器发出了断开指令，而电磁接触器没有断开	如图 6-50 所示。 1. B 控制柜内有连接到急停单元的 CRMA74 上的信号时，检查连接对象是否有问题。 2. B 控制柜时，确认急停板的保险丝（FUSE4）。 3. 对于 A、B 控制柜，全部更换急停单元（包括电磁接触器的整个单元）。 4. 对于 A、B 控制柜，全部更换六轴伺服放大器
102	SRVO-349	DCS MCC 开启报警 a,b	相对电磁接触器发出了接通指令，而电磁接触器没有接通	如图 6-50 所示。 1. 更换急停板（包括电磁接触器的整个单元）。 2. 更换六轴伺服放大器
103	SRVO-370/371	SVON1/SVON2 状态异常	通过配电盘的内部信号（SVON）检测出了回路报警	如图 6-50 所示。 更换急停板。 说明：发生本报警时，在确认故障并进行修理之前，请勿执行回路异常报警的复位操作。在双重化电路的其中一个电路发生故障的状态下继续使用机器人时，在发生另外一个电路故障的情况下，将难以确保安全。发生本报警情况下的恢复步骤，可参阅 SRVO-230、231 项
104	SRVO-372/373	OPEMG1/OPEMG2 状态异常	通过操作面板的急停开关检测出了回路报警	如图 6-51 所示。 1. 更换急停板。 2. 更换示教器电缆。 3. 更换示教器。 4. 更换操作面板的急停按钮。 说明：发生本报警时，在确认故障并进行修理之前，请勿执行回路异常报警的复位操作。在双重化电路的其中一个电路发生故障的状态下继续使用机器人时，若发生另外一个电路故障，将难以确保安全。发生本报警情况下的恢复步骤，可参阅 SRVO-230、231 项
105	SRVO-374/375/376/377	MODE11/MODE12/MODE21/MODE22 状态异常	通过模式开关信号检测出了回路报警	如图 6-51 所示。 1. 确认模式开关及其配线，如有问题则予以更换。 2. 更换急停板。 说明：发生本报警时，在确认故障并进行修理之前，请勿执行回路异常报警的复位操作。在双重化电路的其中一个电路发生故障的状态下继续使用机器人时，若发生另外一个电路故障，将难以确保安全。发生本报警情况下的恢复步骤，可参阅 SRVO-230、231 项

序号	报警号	含义	现象	处理
106	SRVO-378	SFDIxx 状态异常	通过 SFDI 信号检测出了回路报警。xx 表示信号名	如图 6-52 所示。 1. 确认双重输入信号(SFDI)上所连接的电路是否发生故障。 2. 确认双重输入信号(SFDI)的时机是否与时机规定一致。 3. B 控制柜时,更换安全 I/O 板。 4. 更换急停板。 说明:发生本报警时,在确认故障并进行修理之前,请勿执行回路异常报警的复位操作。在双重化电路的其中一个电路发生故障的状态下继续使用机器人时,若发生另外一个电路故障,将难以确保安全。发生本报警情况下的恢复步骤,可参阅 SRVO-230、231 项
107	SRVO-450	Drvoff 回路异常 (G;i A;j)	两个断路输入的状态不一致	1. 确认两个断路输入是否发生异常。 2. 确认是否已切实连接 CRMB16(六轴伺服放大器)。 3. 更换伺服放大器(六轴伺服放大器 αiSV)
108	SRVO-451	内部 S-BUS 失败(G;i A;j)	放大器内部的串行总线通信发生了异常	更换伺服放大器(六轴伺服放大器 αiSV)
109	SRVO-452	ROM 数据 失败(G;i A;j)	放大器内部的 ROM 数据发生了异常	更换伺服放大器(六轴伺服放大器 αiSV)
110	SRVO-453	驱动器电压 过低(G;i A;j)	放大器内部的驱动器电源电压下降	更换伺服放大器(六轴伺服放大器 αiSV)
111	SRVO-454	CPU 总线 失败(G;i A;j)	放大器内部的 CPU 总线数据发生了异常	更换伺服放大器(六轴伺服放大器 αiSV)
112	SRVO-455	CPU 看门狗 (G;i A;j)	放大器内部的 CPU 动作发生了异常	更换伺服放大器(六轴伺服放大器 αiSV)
113	SRVO-456	接地故障(G;i A;j)	放大器内部的电机电流检测数据发生了异常	更换伺服放大器(六轴伺服放大器 αiSV)
114	SRVO-457	接地故障 (PS)(G;i A;j)	共同电源(αiPS)检测出了电机动力线的接地故障	1. 确认电机、动力电缆是否发生接地故障。 2. 更换共同电源(αiPS)。 3. 更换伺服放大器(六轴伺服放大器 αiSV)
115	SRVO-458	控制器过热 (PS)(G;i A;j)	共同电源(αiPS)内部计算出的均方电流值超过了允许值。系为了防止输出电流引起热故障的报警	1. 原因 ①超过动作条件的额定值。 ②来自外部的过载。 ③制动器电缆尚未连接。 ④输入电源电压下降造成的转矩不足。 ⑤制动器故障(设定错误)。 ⑥附加轴制动器单元的故障(附加轴的情形)。 ⑦共同电源(αiPS)的故障。 ⑧伺服放大器的故障。

序号	报警号	含义	现象	处理
115	SRVO-458	控制器过热 (PS)(G;i A;j)	共同电源(αiPS)内部计算出的均方电流值超过了允许值。系为了防止输出电流引起热故障的报警	2. 处理 ①确认负载和负载条件是否超过额定值。超过时,缓和负载条件。 ②确认轴是否被按压/拉伸,根据需要进行示教修正。 ③确认是否已经正确连接制动器电缆和连接器。 ④确认控制装置的输入电压是否在额定值内。 ⑤确认是否已经解除该轴的制动器。(附加轴的情况下,首先确认制动器号设定是否正确。) ⑥附加轴上使用了制动器单元时,确认制动器单元的保险丝是否熔断。 ⑦更换共同电源(αiPS)。 ⑧更换伺服放大器(六轴伺服放大器αiSV)
116	SRVO-459	再生电力过大 2(PS)(G;i A;j)	六轴伺服放大器内的放电电路发生了异常	更换六轴伺服放大器
117	SRVO-460	错误的参数 (PS)(G;i A;j)	共同电源(αiPS)或者六轴伺服放大器用参数中设定了非法值	1. 更换共同电源(αiPS)。 2. 更换六轴伺服放大器
118	SRVO-461	硬件错误 (PS)(G;i A;j)	共同电源(αiPS)或者六轴伺服放大器内部电路发生了异常	1. 更换共同电源(αiPS)。 2. 更换六轴伺服放大器
119	SRVO-477	校准数据不正确	力觉传感器的校准数据不正确	加载正确的校准数据,再次进行应用
120	SRVO-478	力觉传感器内部的温度差太大	力觉传感器内部的温度差过大	确认环境温度的变化不大的情况,再启动控制装置
121	SRVO-479	力觉传感器的温度变化太快	力觉传感器的温度变化太快	确认环境温度的变化不大的情况,再启动控制装置
122	SRVO-480	力觉传感器异常	力觉传感器异常	1. 再启动控制装置。 2. 更换力觉传感器电缆

(a) A控制柜

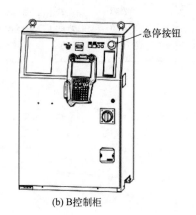

(b) B控制柜

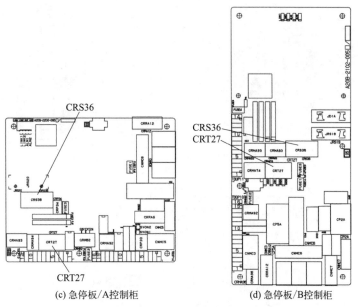

(c) 急停板/A控制柜　　　　　　　　(d) 急停板/B控制柜

图 6-19　SRVO-001 操作面板紧急停止

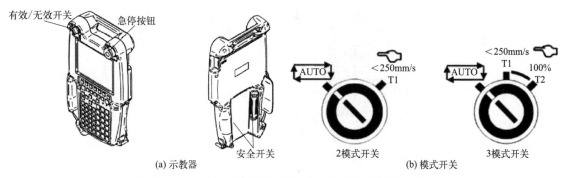

(a) 示教器　　　　　　　　　　　　(b) 模式开关

图 6-20　SRVO-002 示教器紧急停止/SRVO-003 安全开关已释放

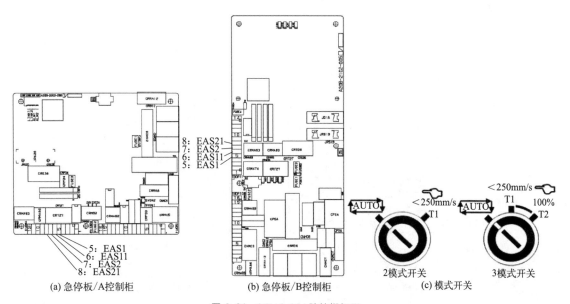

(a) 急停板/A控制柜　　　　(b) 急停板/B控制柜　　　　(c) 模式开关

图 6-21　SRVO-004 防护栅打开

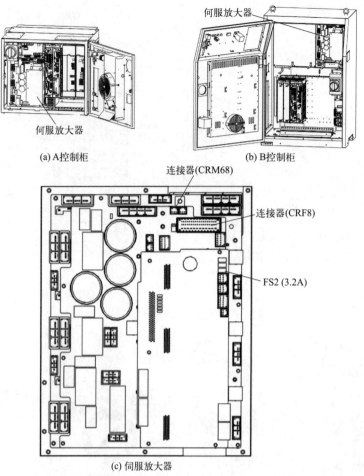

(a) A控制柜

(b) B控制柜

连接器(CRM68)

连接器(CRF8)

FS2 (3.2A)

(c) 伺服放大器

图 6-22 SRVO-005 机器人超行程/SRVO-006 机械手断裂

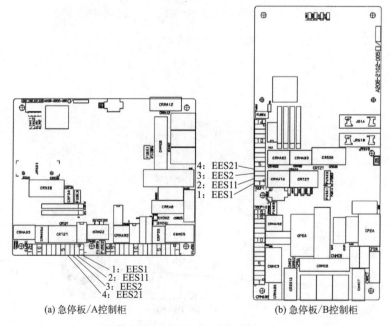

4: EES21
3: EES2
2: EES11
1: EES1

1: EES1
2: EES11
3: EES2
4: EES21

(a) 急停板/A控制柜

(b) 急停板/B控制柜

图 6-23 SRVO-007 外部紧急停止

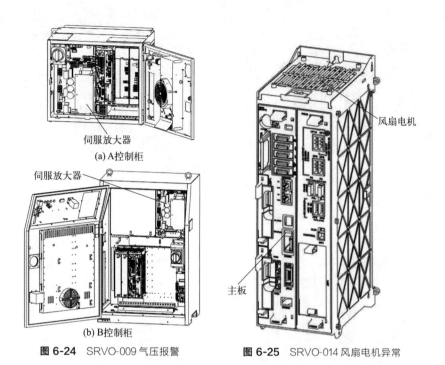

伺服放大器

(a) A控制柜

伺服放大器

(b) B控制柜

图 6-24 SRVO-009 气压报警

风扇电机

主板

图 6-25 SRVO-014 风扇电机异常

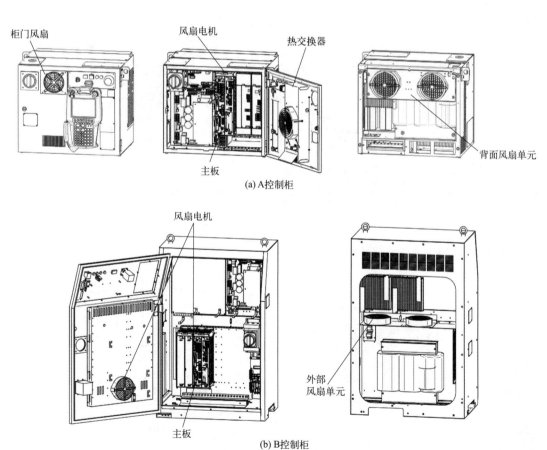

柜门风扇

风扇电机

热交换器

主板

(a) A控制柜

背面风扇单元

风扇电机

主板

(b) B控制柜

外部
风扇单元

图 6-26 SRVO-015 系统过热

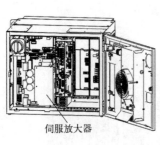

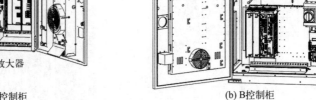

(a) A控制柜   (b) B控制柜

图 6-27 SRVO-018 制动器异常/SRVO-021 SRDY 关闭/SRVO-022 SRDY 开启/SRVO-023 停止时误差过大

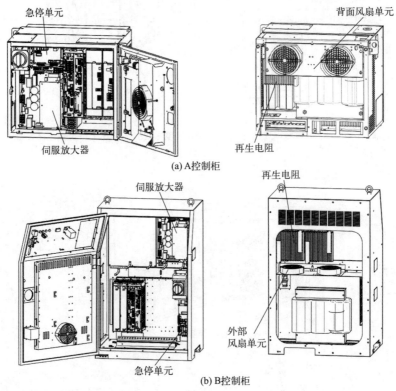

(a) A控制柜

(b) B控制柜

图 6-28 SRVO-043 DCAL 报警/SRVO-044 DHVAL 报警/SRVO-045 HCAL 报警/SRVO-046 OVC 报警

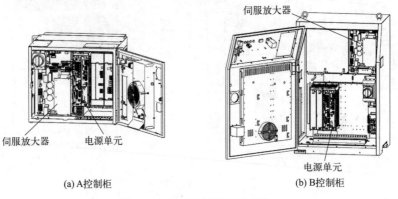

(a) A控制柜   (b) B控制柜

图 6-29 SRVO-047 LVAL 报警

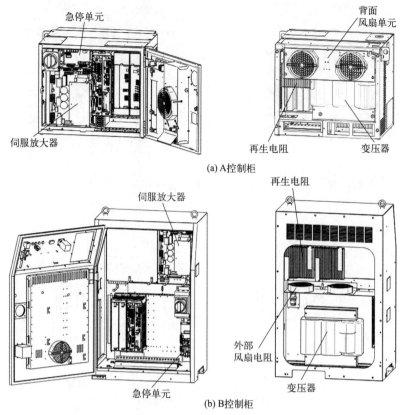

(a) A控制柜

(b) B控制柜

图 6-30 SRVO-049 OHAL1 报警/SRVO-050 碰撞检测报警/SRVO-051 CUER 报警

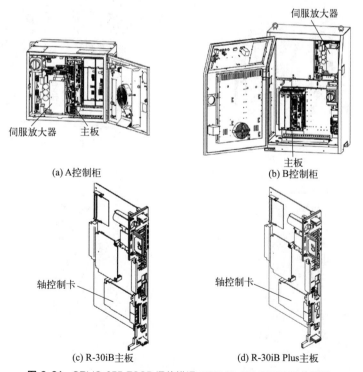

(a) A控制柜

(b) B控制柜

(c) R-30iB主板

(d) R-30iB Plus主板

图 6-31 SRVO-055 FSSB 通信错误 1/SRVO-056 FSSB 通信错误 2/SRVO-057 FSSB 断开报警/SRVO-058 FSSB 初始化错误

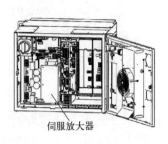

(a) A控制柜

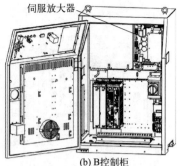

(b) B控制柜

图 6-32 SRVO-059 伺服放大器初始化错误/SRVO-070 STBERR 报警

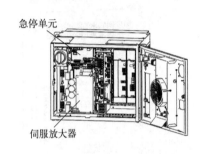

(a) A控制柜

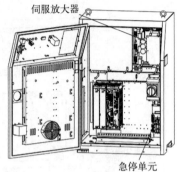

(b) B控制柜

图 6-33 SRVO-076 粘枪检出

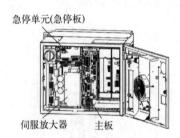

(a) A控制柜

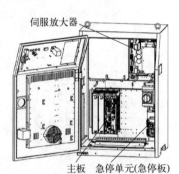

(b) B控制柜

图 6-34 SRVO-105 门打开或紧急停止

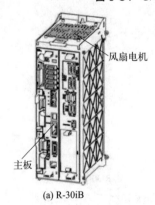

(a) R-30iB

(b) R-30iB Plus

图 6-35 SRVO-123 风扇电机的转速过低

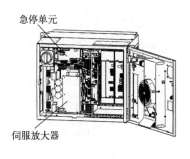

急停单元

伺服放大器

(a) A控制柜

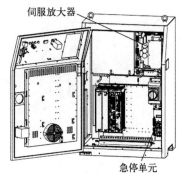

伺服放大器

急停单元

(b) B控制柜

图 6-36 SRVO-136 DCLVAL 报警/SRVO-156 IPMAL 报警/SRVO-157 CHGAL 报警

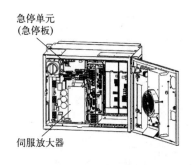

急停单元
(急停板)

伺服放大器

(a) A控制柜

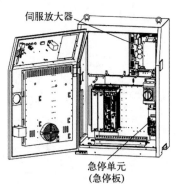

伺服放大器

急停单元
(急停板)

(b) B控制柜

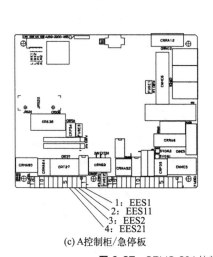

1: EES1
2: EES11
3: EES2
4: EES21

(c) A控制柜/急停板

4: EES21
3: EES2
2: EES11
1: EES1

(d) B控制柜/急停板

图 6-37 SRVO-204 外部（SVEMG 异常）紧急停止

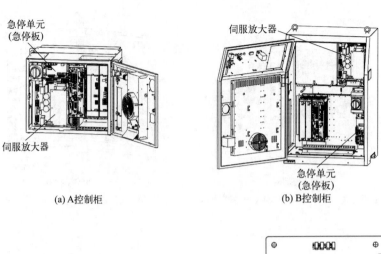

急停单元
(急停板)

伺服放大器

伺服放大器

急停单元
(急停板)

(a) A控制柜

(b) B控制柜

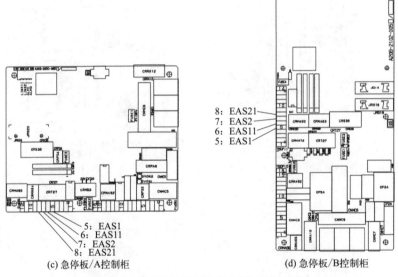

8：EAS21
7：EAS2
6：EAS11
5：EAS1

5：EAS1
6：EAS11
7：EAS2
8：EAS21

(c) 急停板/A控制柜

(d) 急停板/B控制柜

图 6-38　SRVO-205 防护栅打开（SVEMG 异常）

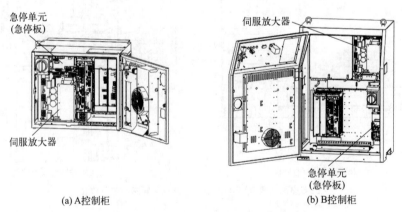

急停单元
(急停板)

伺服放大器

伺服放大器

急停单元
(急停板)

(a) A控制柜

(b) B控制柜

图 6-39　SRVO-206 安全开关（SVEMG 异常）

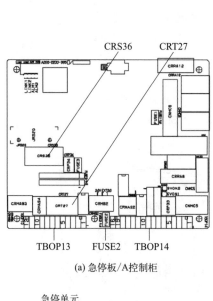

CRS36　CRT27

TBOP13　FUSE2　TBOP14

(a) 急停板/A控制柜

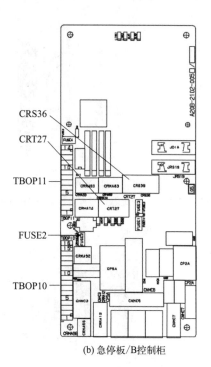

CRS36

CRT27

TBOP11

FUSE2

TBOP10

(b) 急停板/B控制柜

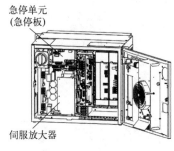

急停单元
(急停板)

伺服放大器

(c) A控制柜

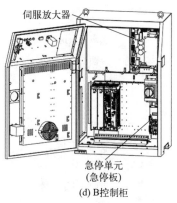

伺服放大器

急停单元
(急停板)

(d) B控制柜

图 6-40 SRVO-213 紧急停止电路板 FUSE2 熔断

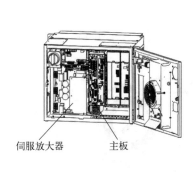

伺服放大器　主板

(a) A控制柜

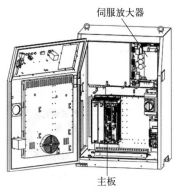

伺服放大器

主板

(b) B控制柜

图 6-41

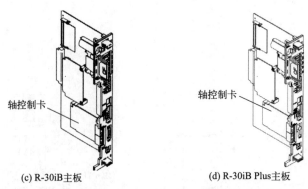

(c) R-30iB主板   (d) R-30iB Plus主板

图 6-41   SRVO-214 六轴放大器保险丝熔断/SRVO-216 OVC（总计）/SRVO-221 缺少 DSP/SRVO-223 DSP 空运行

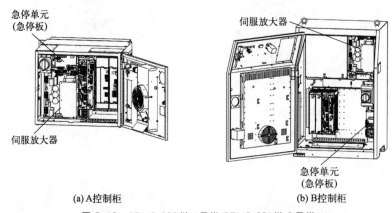

(a) A控制柜   (b) B控制柜

图 6-42   SRVO-230 链 1 异常/SRVO-231 链 2 异常

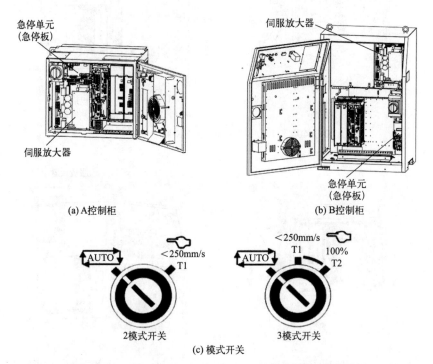

(a) A控制柜   (b) B控制柜

(c) 模式开关

图 6-43   SRVO-232 NTED 输入/SRVO-233 T1，T2 模式中示教盘关闭/SRVO-235
暂时性链异常/SRVO-251 DB 继电器异常/SRVO-252 电流检测异常/SRVO-253 放大器内部过热

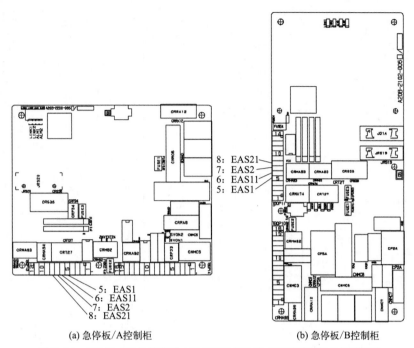

8: EAS21
7: EAS2
6: EAS11
5: EAS1

5: EAS1
6: EAS11
7: EAS2
8: EAS21

(a) 急停板/A控制柜   (b) 急停板/B控制柜

图 6-44   SRVO-266 防护栅栏 1 状态异常/SRVO-267 防护栅栏 2 状态异常

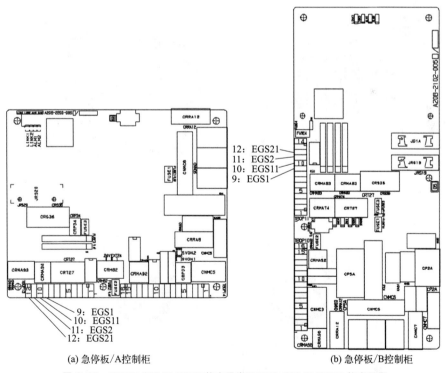

12: EGS21
11: EGS2
10: EGS11
9: EGS1

9: EGS1
10: EGS11
11: EGS2
12: EGS21

(a) 急停板/A控制柜   (b) 急停板/B控制柜

图 6-45   SRVO-268 SVOFF1 状态异常/SRVO-269 SVOFF2 状态异常

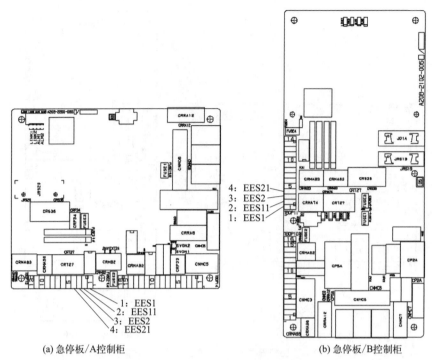

(a) 急停板/A控制柜   (b) 急停板/B控制柜

图 6-46   SRVO-270 EXEMG1 状态异常/SRVO-271 EXEMG2 状态异常

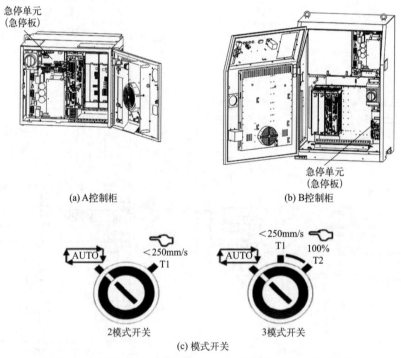

(a) A控制柜   (b) B控制柜

(c) 模式开关

图 6-47   SRVO-274 NTED1 状态异常/SRVO-275 NTED2 状态异常

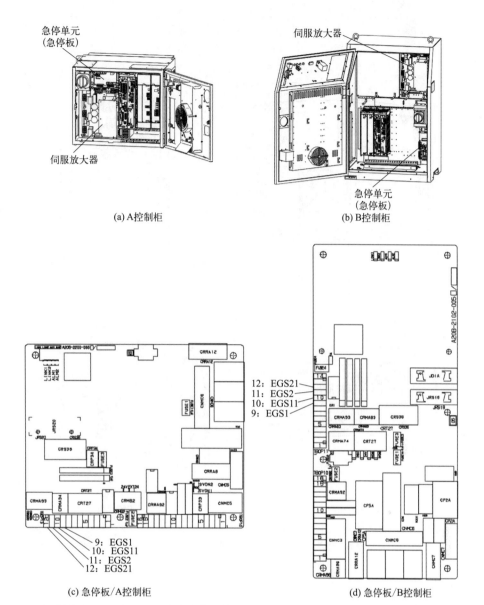

(a) A控制柜　　(b) B控制柜

12：EGS21
11：EGS2
10：EGS11
9：EGS1

9：EGS1
10：EGS11
11：EGS2
12：EGS21

(c) 急停板/A控制柜　　(d) 急停板/B控制柜

图 6-48 SRVO-277 面板紧急停止（SVEMG 异常）/SRVO-278 示教盘紧急停止（SVEMG 异常）/SRVO-280 SVOFF 输入/SRVO-281 SVOFF 输入（SVEMG 异常）

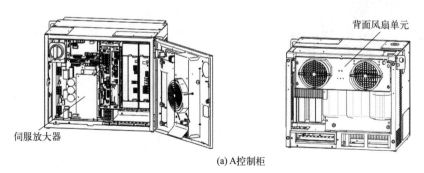

伺服放大器　　背面风扇单元

(a) A控制柜

图 6-49

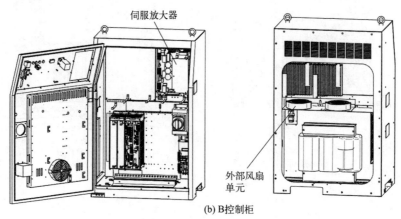

伺服放大器

外部风扇
单元

(b) B控制柜

图 6-49 SRVO-291 IPM 过热

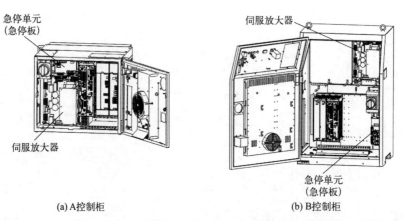

急停单元
(急停板)

伺服放大器

伺服放大器

急停单元
(急停板)

(a) A控制柜

(b) B控制柜

图 6-50 SRVO-335 DCS OFFCHK 报警 a，b/SRVO-348 DCS MCC 关闭报警 a，b/SRVO-349 DCS MCC 开启报警 a，b/SRVO-370 SVON1 状态异常 a，b/SRVO-371 SVON2 状态异常

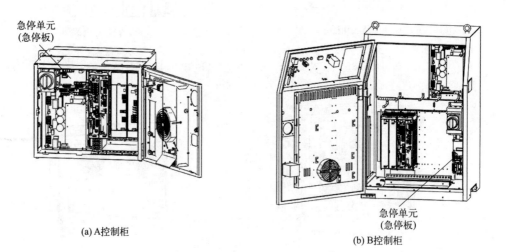

急停单元
(急停板)

急停单元
(急停板)

(a) A控制柜

(b) B控制柜

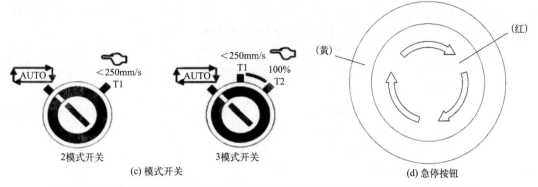

(c) 模式开关　　　　　　　　　　　(d) 急停按钮

图 6-51 SRVO-372 OPEMG1 状态异常/SRVO-373 OPEMG2 状态异常/SRVO-374 MODE11 状态异常/SRVO-375 MODE12 状态异常/SRVO-376 MODE21 状态异常/SRVO-377 MODE22 状态异常

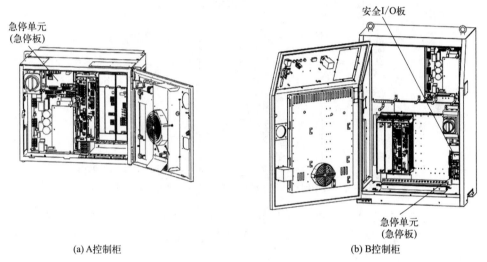

(a) A控制柜　　　　　　　　　　　　(b) B控制柜

图 6-52 SRVO-378 SFDI 状态异常

（2）OVC/OHAL/HC 报警的区别

1）报警检测部位（表 6-7）

表 6-7　OVC/OHAL/HC 报警检测部位

简称	中文名称	检测部
OVC	过电流报警	伺服软件
OHAL	过热报警	电机内置的热 伺服放大器内置的热 分体型再生放电单元的热
HC	异常电流报警	伺服放大器

2）检测报警的目的

① HC 报警（异常电流报警）　当由于控制电路的异常或噪声而有较强的电流瞬时流过功率晶体管时，功率晶体管和整流用二极管将被损坏，并有可能导致电机消磁。发出 HC

报警就是为了预防上述现象。

② OVC 和 OHAL 报警（过电流和过热报警） 这是为了预防由于过热造成的电机绕组烧坏以及伺服放大器的晶体管、分体型再生放电电阻损坏的报警。

OHAL 报警根据内置的各种热测量各部位的温度，当达到某一温度时，就会发生报警。

但是，仅仅依靠这种方式，还不能完全预防由于过热造成的电机绕组烧坏和晶体管、再生放电电阻的损坏。

比如，当电机的启动或停止剧烈时，由于电机的热时间常数根据各自的材质、结构和尺寸的不同而有差异，通常重量较大的电机的热时间常数也较大。

因此，如图 6-53 所示，当在短时间内反复启动或停止时，由于温度上升，电机的温度也逐渐上升，会导致电机被烧坏。

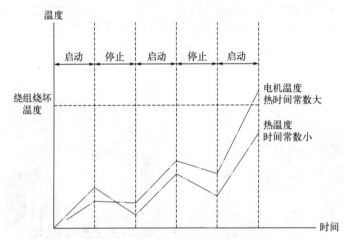

图 6-53 控制启动或停止循环中的电机温度和热温度的关系

因此，为了消除上述缺陷而准备了报警，以便通过软件时刻监控流向电机的电流，由该值来推测电机的温度。这就是 OVC 报警。采用这种方式时，可以非常准确地推测电机温度，因而可以消除上述现象。

机器人备有双重保护功能，针对短时间的过电流的保护由 OVC 报警来执行，长时间的保护则由 OHAL 报警来执行，其关系如图 6-54 所示。关于 OVC 报警，由于考虑到了图 6-54 中所示的关系，因而绝对不要因为电机不热却有报警发生而改变参数并放低保护级别。

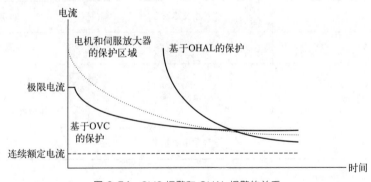

图 6-54 OVC 报警和 OHAL 报警的关系

6.2.2 基于保险丝的常见问题处理方法

（1）电源单元的保险丝熔断

如图 6-55 所示，F1 为 AC 输入保险丝，F3 为＋24E 用保险丝，F4 为＋24V 用保险丝。其熔断现象与对策见表 6-8。

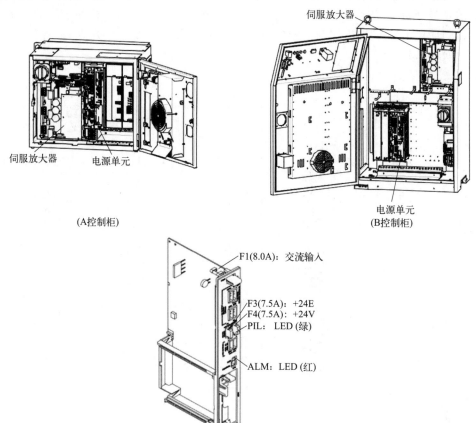

图 6-55　电源单元上的保险丝

表 6-8　电源单元的保险丝熔断的处理

名称	熔断时的现象	对策
F1	电源单元上的 LED(PIL：绿色)不点亮，不能接通电源	1. 检查电源单元的 CP2、CP3 连接器上所连接的单元(风扇)以及电缆，确认是否有接地故障。 2. 更换电源单元
F2	示教器的画面上会显示出"SRVO-217 E-STOPBoard not found"(找不到急停板)或者"PRIO-091 E-Stop PCB comm. Error"(急停板通信错误)	1. 一边参照电源综合连接图，一边检查使用＋24E 的印刷电路板、单元、伺服放大器、电缆，如有异常则予以更换。 2. 更换电源单元
F3	接通电源之后，马上就断开。此时，电源单元上的 LED(ALM：红色)点亮	1. 检查使用＋24V 的印刷电路板、单元、伺服放大器、电缆，如有异常则予以更换。 2. 当按下的印刷电路板、单元、伺服放大器、电缆，如有异常则予以更换。当按下 OFF 按钮时，ALM 的 LED 将会熄灭。 3. 更换电源单元

(2) 主板的保险丝（R-30iB Plus）

如图 6-56 所示，FU1 为视觉用＋24E 输出保护（图 6-56）若不输出视觉用＋24E，一是检查视觉用＋24E 是否有接地故障，二是检查视觉用摄像机等连接电缆是否异常，三是更换主板。

(3) 六轴伺服放大器的保险丝

如图 6-57 所示，FS1 为用于产生放大器控制电路的电源，FS2 是用于对末端执行器、XROT、XHBK 的 24V 输出保护，FS3 用于对再生电阻、附加轴放大器的 24V 输出保护，其故障与处理见表 6-9。

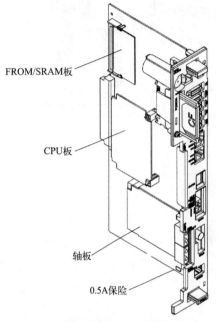

FROM/SRAM板

CPU板

轴板

0.5A保险

FS1(3.2A)

FS3(3.2A)

FS2(3.2A)

图 6-56 主板上的保险丝（R-30iB Plus）　　　　　　**图 6-57** 伺服放大器上的保险丝

表 6-9　六轴伺服放大器的保险丝

名称	熔断时的现象	对策
FS1	1. 伺服放大器的所有 LED 都消失。 2. 示教器上会显示出 FSSB 断线报警（SRVO-057）或 FSSB 初始化报警（SRVO-058）	更换六轴伺服放大器
FS2	示教器上会显示出"六轴放大器保险丝熔断（SRVO-214）"和"机械手断裂（SRVO-006）""Robot overtravel（SRVO-005）"（机器人超程）	1. 检查末端执行器中所使用的＋24VF 是否有接地故障。 2. 检查机器人连接电缆和机器人内部电缆。 3. 更换六轴伺服放大器。 4. M-3iA 的情况下，确认机器人机构部内部的风扇（选项）是否有异常
FS2	示教器上会显示出"六轴放大器保险丝熔断（SRVO-214）"和"DCAL"报警	1. 检查再生电阻，如有必要则予以更换。 2. 更换六轴伺服放大器

(4) 急停板的保险丝

如图 6-58 所示，FUSE1 为内部电路保护用，FUSE2 是＋24EXT 线路（急停线路）保护用，FUSE3 为示教器供电电路保护用，FUSE4 是 SFDI 保护用（限于 B-控制柜），其故障与处理见表 6-10。

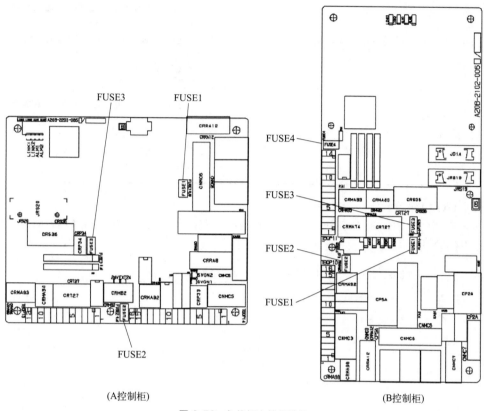

(A控制柜)　　　　　　　　　　　　　　　　(B控制柜)

图 6-58　急停板上的保险丝

表 6-10　急停板的保险丝

名称	熔断时的现象	对策
FUSE1	示教器的画面上会显示出"SRVO-217 紧急停止电路板未找到"或者"PRIO-091 E-Stop PCB comm. Error"（急停板通信错误）	1. 确认急停板和主板之间的电缆，如有必要则予以更换。 2. 更换急停单元。 3. 完成控制的所有程序和设定内容的备份后更换主板
FUSE2	示教器的画面上会显示出"SRVO-213 E-STOP BoardFUSE2 blown"（急停板保险丝 2 熔断）	1. 保险丝没有断线而显示报警时，确认 EXT24V 和 EXT0V（TBOP14：A-控制柜或者 TBOP10：B-控制柜）的电压。如果没有使用 EXT24V 和 INT0V，确认 EXT24V 和 INT24V 或者 EXT0V 和 INT0V 之间的跨接线插脚。 2. 使用了 FENCE、SVOFF、EXEMG 时，可能是由于这些信号短路或者发生接地故障，须确认这些电缆正常。 3. 更换操作盘电缆（CRT27）。 4. 更换急停板。 5. 更换示教器电缆。 6. 更换示教器

名称	熔断时的现象	对策
FUSE3	示教器的显示消失	1. 检查示教器电缆是否有异常，如有需要则予以更换。 2. 检查示教器上是否异常，如有需要则予以更换。 3. 更换急停板
FUSE4（限于 B 控制柜）	（限于 B 控制柜） 示教器的画面显示"SRVO-348DCS MCC 关闭报警"	1. 检查 SFDI 电缆是否有异常，如有需要则予以更换。 2. 检查操作面板电缆（CRT27）是否有异常，如有需要则予以更换。 3. 更换急停单元

（5）I/O 板保险丝

图 6-59 中 FUSE1 是 I/O 板 JA、JB 的＋24E 用保险丝，图 6-60 是 I/O 板 MA、MB 的＋24E 用保险丝，其故障与处理见表 6-11。

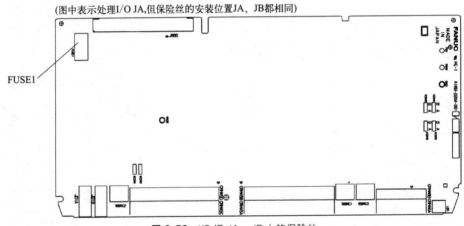

（图中表示处理 I/O JA，但保险丝的安装位置 JA、JB 都相同）

图 6-59 I/O 板 JA、JB 上的保险丝

表 6-11 I/O 板保险丝

名称	熔断时的现象	对策	备注
FUSE1	处理 I/O 板上的 LED（ALM-2 或者 FALM）点亮，示教器上会显示出 IMSTP 输入等的报警（显示内容根据外围设备的连接状态而定）	1. 检查连接再处理 I/O 印刷电路板上的电缆、外围设备是否有异常。 2. 更换处理 I/O 印刷电路板	I/O 板 JA，JB
FUSE1	处理 I/O 板的 LED（ALM1 或者 FALM）点亮	1. 检查处理 I/O 板上所连接的电缆、外围设备是否有异常。 2. 更换处理 I/O 板	I/O 板 MA、MB

（6）CR-35iA 用传感器 I/F 单元的保险丝

如图 6-61 所示，FUSE 是内部电路保护用保险丝，熔断时传感器 I/F 单元的 LED 亮灯，应检查传感器 I/F 单元上所连接的电缆、外围设备是否有异常；若无则更换传感器 I/F。

6.2.3 基于 LED 的常见问题处理方法

各印刷电路板和伺服放大器上，都备有报警显示和状态显示用的 LED。现给出 LED 的
状态和常见问题处理方法。

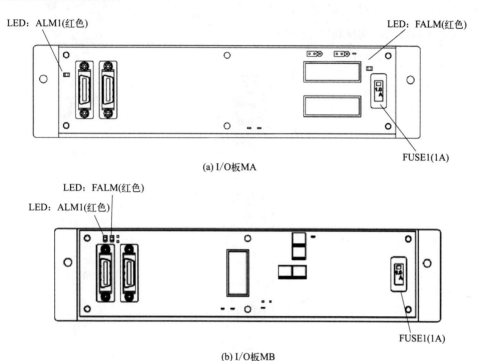

(a) I/O板MA

(b) I/O板MB

图 6-60 I/O 板 MA、 MB 的＋24E 用保险丝

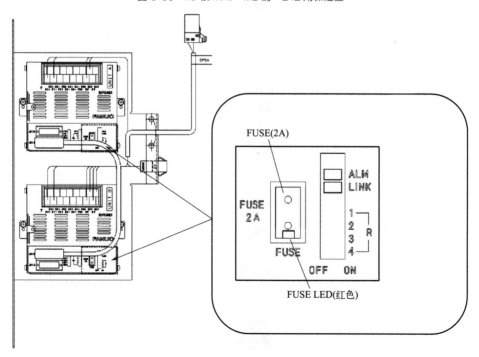

图 6-61 CR-35iA 用传感器 I/F

（1）基于主板的 LED 的常见问题处理方法

① 基于状态显示 LED 的常见问题处理方法。如图 6-62 所示，在接通电源时，示教器可以显示之前发生的报警，通过主板的状态显示 LED（绿色）的点亮状态进行判断。在机器人正常动作的状态下，状态显示 LED 全部点亮。在接通电源后，从表 6-12 步骤 1 开始依次按照步骤顺序亮灯，出现不正常的情况时，在该步骤停下，参照对策进行处理。

表 6-12　基于状态显示 LED 的常见问题处理方法

步骤	内容	LED 显示	对策
1	接通电源后，所有的 LED 都暂时亮灯	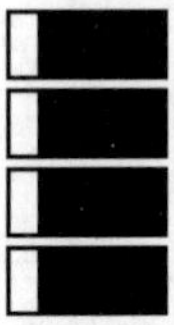 D1 ●　D2 ●　D3 ●　D4 ●	1. 更换 CPU 卡。 2. 更换主板[①]
2	软件开始运行	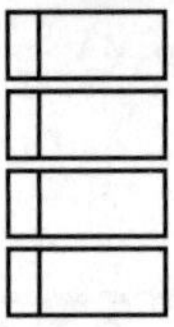 D1 ○　D2 ○　D3 ○　D4 ○	1. 更换 CPU 卡。 2. 更换主板
3	CPU 卡上的 DRAM 初始化结束	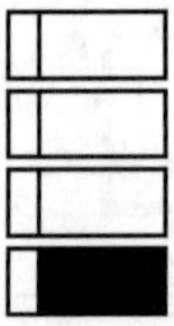 D1 ○　D2 ○　D3 ○　D4 ●	1. 更换 CPU 卡。 2. 更换主板
4	通信 IC 侧的 DRAM 初始化结束	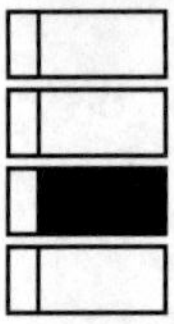 D1 ○　D2 ○　D3 ●　D4 ○	1. 更换 CPU 卡。 2. 更换主板。 3. 更换 FROM/SRAM[①]
5	通信 IC 初始化结束	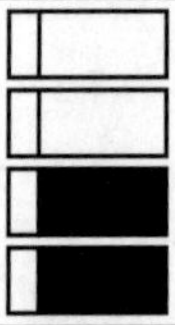 D1 ○　D2 ○　D3 ●　D4 ●	1. 更换 CPU 卡。 2. 更换主板。 3. 更换 FROM/SRAM
6	基本软件加载结束	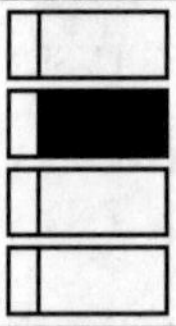 D1 ○　D2 ●　D3 ○　D4 ○	1. 更换主板。 2. 更换 FROM/SRAM
7	基本软件开始运行	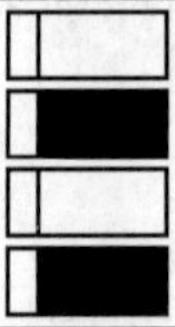 D1 ○　D2 ●　D3 ○　D4 ●	1. 更换主板。 2. 更换 FROM/SRAM 模块。 3. 更换电源单元
8	开始与示教器进行通信	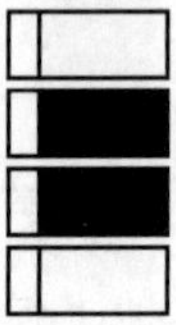 D1 ○　D2 ●　D3 ●　D4 ○	1. 更换主板。 2. 更换 FROM/SRAM

续表

步骤	内容	LED 显示	对策
9	选装软件加载结束	D1 □ D2 ■ D3 ■ D4 ■	1. 更换主板。 2. 更换处理 I/O
10	DI/DO 的初始化	D1 ■ D2 □ D3 □ D4 □	1. 更换 FROM/SRAM 模块。 2. 更换主板
11	SRAM 模块准备结束	D1 ■ D2 □ D3 □ D4 ■	1. 更换轴控制卡。 2. 更换主板。 3. 更换伺服放大器
12	轴控制卡的初始化	D1 □ D2 ■ D3 ■ D4 □	1. 更换轴控制卡。 2. 更换主板。 3. 更换伺服放大器
13	校准结束	D1 ■ D2 □ D3 ■ D4 □	1. 更换轴控制卡。 2. 更换主板。 3. 更换伺服放大器
14	伺服系统开始通电	D1 ■ D2 ■ D3 □ D4 □	1. 更换主板
15	执行程序	D1 ■ D2 ■ D3 □ D4 ■	1. 更换主板。 2. 更换处理 I/O 板
16	DI/DO 输出开始	D1 ■ D2 ■ D3 ■ D4 □	1. 更换主板
17	初始化结束	D1 ■ D2 ■ D3 ■ D4 ■	初始化已正常结束

步骤	内容	LED 显示	对策
18	正常操作时	☆ D1 ☆ D2 ■ D3 ■ D4	在状态 LED 的 1、2 闪烁时，系统正常操作

① 在更换主板、FROM/SRAM 模块时，会导致存储器内容（参数、示教数据等）丢失，务须在进行更换作业之前备份好数据。此外，在发生报警的情况下，可能会导致无法进行数据备份，因此，平时要注意数据备份。

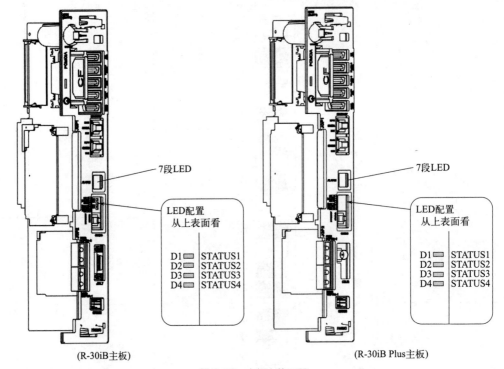

(R-30iB主板)   (R-30iB Plus主板)

图 6-62 主板上的 LED

② 基于 7 段 LED 的常见问题处理方法（表 6-13）。

表 6-13　基于 7 段 LED 的常见问题处理方法

LED 显示	含义	对策
8.	发生了安装在主板的 CPU 卡上的 DRAM 的奇偶性报警	1. 更换 CPU 卡。 2. 更换主板①
1.	发生了安装在主板的 FROM/SRAM 模块上的 SRAM 的奇偶性报警	1. 更换 FROM/SRAM 模块①。 2. 更换主板

LED 显示	含义	对策
 2.	在通信控制装置中发生了总线错误	更换主板
 3.	发生了由通信控制装置控制的 DRAM 的奇偶性报警	更换主板
 5.	发生了主板上的伺服报警	1. 更换轴控制卡。 2. 更换主板。 3. 使用可选板时,更换可选板
 6.	发生了 SYSEMG	1. 更换轴控制卡。 2. 更换 CPU 卡。 3. 更换主板
 7.	发生了 SYSFAIL	1. 更换轴控制卡。 2. 更换 CPU 卡。 3. 更换主板。 4. 使用可选板时,更换可选板
 8.	已向主板供给 5V 电源,尚未发生上述报警的状态	

① 在更换主板、FROM/SRAM 模块时,会导致存储器内容（参数、示教数据等）丢失,务须在进行更换作业之前备份好数据。此外,在发生报警的情况下,可能会导致无法进行数据备份,因此,平时要注意数据备份。

（2）基于电源单元的 LED 的常见问题处理方法

电源单元的 LED 如图 6-63 所示,其故障处理见表 6-14。

表 6-14　基于电源单元的 LED 的常见问题处理方法

LED 显示	故障	其对策
ALM LED(红色)点亮	电源报警	1. 确认电源单元上的保险丝 F4(＋24V),如已熔断则予以更换。 2. 检查使用 DC 电源(＋5V、15V、＋24V)的印刷电路板、单元、电缆,如有异常则予以更换。 3. 更换电源单元
PIL LED(绿色)尚未点亮	没有向电源单元供应 AC200V 电源	1. 确认电源单元上的保险丝 F1,如已熔断则予以更换。 2. 更换电源单元

（3）基于急停板的 LED 的常见问题处理方法

急停板的 LED 如图 6-64 所示,其常见问题的处理方法见表 6-15。

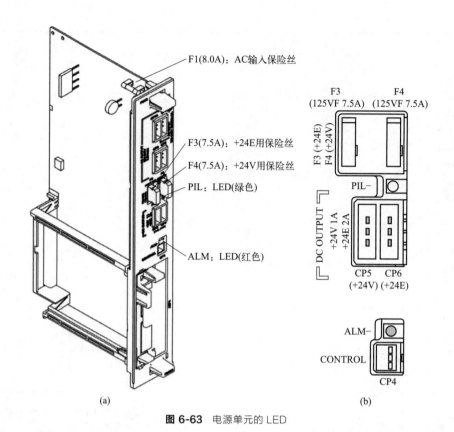

F1(8.0A)：AC输入保险丝

F3(7.5A)：+24E用保险丝

F4(7.5A)：+24V用保险丝

PIL：LED(绿色)

ALM：LED(红色)

F3　　　　　　F4
(125VF 7.5A)　(125VF 7.5A)

F3 (+24E)
F4 (+24V)

PIL—

DC OUTPUT
+24V 1A
+24E 2A

CP5　　CP6
(+24V)　(+24E)

ALM—

CONTROL

CP4

(a)　　　　　　　　　　　　　　　(b)

图 6-63 电源单元的 LED

表 6-15　基于急停板的 LED 的常见问题处理方法

LED 的名称	故障内容	对策
FU4(红色) (B 控制柜的情形)	LED(红色)点亮时，说明保险丝（FU4）已经熔断，尚未供给安全 DI 信号（SFDI）的 24V 电源	1. 确认安全 I/O 板上的 SFDI 的连接。 2. 确认操作盘电缆（CRT27），如有需要则予以更换。 3. 更换急停单元
24V(绿色)	LED 尚未点亮时，说明尚未供给示教器和内部电路的＋24E	1. 确认 CRP33（A 控制柜）或者 CP5A（B 控制柜）连接器和 24V 电源的供给。尚未供给 24V 电源时，确认电源单元的 CP6 连接器和保险丝（F3）。 2. 更换急停板
EXT24/24EXT （绿色）	LED(绿色)尚未点亮时，说明还没有向急停电路供应 EXT24V 电源	1. 保险丝没有断线而显示报警时，确认 EXT24V 和 EXT0V（TBOP14：A 控制柜或者 TBOP10；B 控制柜）的电压。如果没有使用＋EXT2、EXT0V，则确认 EXT24V 和 INT24V 或者 EXT0V 和 INT0V 之间的跨接线插脚。 2. 已使用 FENCE、SVOFF、EXEMG 时，可能是由于这些信号短路或者发生接地故障。确认这些电缆。 3. 更换急停板。 4. 确认示教器电缆，如有需要则予以更换。 5. 更换示教器。 6. 确认操作面板电缆（CRT27），如有需要则予以更换

LED 的名称	故障内容	对策
SVON1/SVON2(绿色)	LED(绿色)表示从急停板向伺服放大器的 SVON1/SVON2 信号的状态。 SVON1/SVON2(绿色)时,伺服放大器处于可通电的状态	
LINK1/LINK2(绿色)	LINK1 或 LINK2 闪烁(高速 1∶1)时,由于报警,通信停止	根据 ALM LED(红色)状态和示教器上显示的信息,确定原因
ALM1/ALM2(红色)	ALM1 或者 ALM2 点亮,可能是由于硬件不良所致	1. 确认主板、急停板间的电缆,如有需要则予以更换。 2. 更换急停板。 3. 更换主板
	ALM1 或者 ALM2 闪烁(1∶1)时,急停板和急停单元的 I/O Link i 上所连接的单元和通信停止。或者,电缆受到噪声的影响	1. 确认急停板、急停板的 I/O Link i 上所连接的单元之间的电缆,如有需要则予以更换。 2. 更换急停板的 I/O Link i 上所连接的单元。 3. 更换急停板
	ALM1 或者 ALM2 闪烁(3∶1)时,急停板的 I/O Link i 上所连接的单元发生电源异常	1. 确认急停板的 I/O Link i 上所连接的单元的保险丝,已经熔断时予以更换。 2. 更换急停板的 I/O Link i 上所连接的单元。 3. 更换急停板

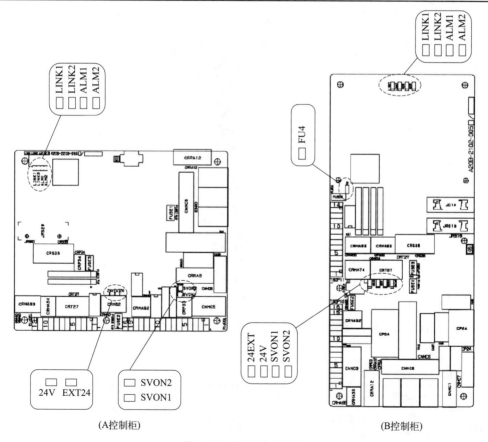

图 6-64 急停板上的 LED

（4）基于 I/O 印刷电路板的报警 LED 的常见问题处理方法

① I/O 板 JA、JB 故障处理。I/O 板 JA、JB 上的 LED 如图 6-65 所示，其故障处理见表 6-16。

表 6-16　I/O 板 JA、JB 故障处理

报警 LED 的显示	故障及其对策
STATUS　1 2 3 4 ALARM	故障:在主 CPU 印刷电路板和处理 I/O 印刷电路板之间进行通信的过程中发生了报警。 对策: 1. 更换处理 I/O 印刷电路板。 2. 更换主 CPU 印刷电路板。 3. 更换 I/O Link 连接电缆
STATUS　1 2 3 4 ALARM	故障:处理 I/O 板上的保险丝已经熔断。 对策: 1. 更换处理 I/O 板上的保险丝。 2. 检查处理 I/O 板上所连接的电缆、外围设备,如有异常则予以更换。 3. 更换处理 I/O

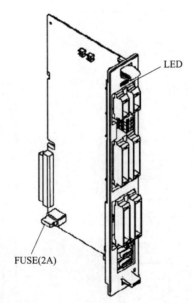

图 6-65　处理 I/O 板 JA、JB 上的 LED

② 处理 I/O MA、MB 故障处理。I/O 板 MA、MB 上的 LED 如图 6-66 所示，其故障处理见表 6-17。

表 6-17　I/O 板 MA、MB 上的故障处理

LED	颜色	故障	对策
ALM1	红色	在主板和 I/O 之间的通信中发生报警	1. 更换处理 I/O 板。 2. 更换 I/O Link 连接电缆。 3. 更换主板

LED	颜色	故障	对策
FALM	红色	I/O 板上的保险丝已经熔断	1. 更换处理 I/O 板上的保险丝。 2. 检查处理 I/O 板上所连接的电缆、外围设备,如有异常则予以更换。 3. 更换处理 I/O 板

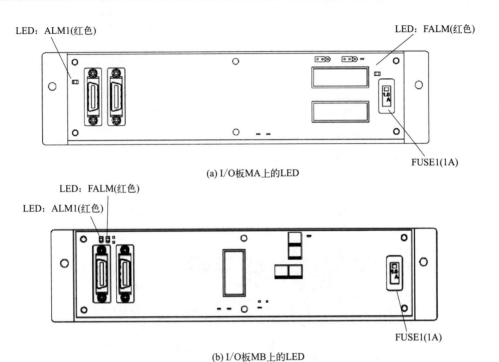

(a) I/O 板 MA 上的LED

(b) I/O 板 MB 上的LED

图 6-66 I/O 板 MA、MB 上的 LED

(5) 基于六轴伺服放大器的 LED 的常见问题及处理方法

六轴伺服放大器上备有报警显示用 LED,如图 6-67 所示,在触摸六轴伺服放大器之前,通过位于 LED "V4" 右侧的螺栓确认 DC 链路电压。利用 DC 电压测试器确认电压在 50V 以下,其故障处理方式见表 6-18。

表 6-18 故障处理方式

LED	颜色	正常	故障	对策
V4	红色	当六轴伺服放大器内部的直流电路被充电而有电压时,LED 灯为红色	LED 在预先充电结束后不点亮	1. 可能是由于 DC 链路线路形成短路,须确认连接。 2. 可能是由于充电电流控制电阻的不良所致,须更换急停单元。 3. 更换六轴伺服放大器
ALM	红色	六轴伺服放大器检测出报警时点亮	LED 在没有处在报警状态下点亮,或处在报警状态下而不点亮	更换六轴伺服放大器
SVEMG	红色	当急停信号被输入到六轴伺服放大器时,LED 点亮	LED 在没有处在急停状态下点亮,或处在急停状态下而不点亮	更换六轴伺服放大器

LED	颜色	正常	故障	对策
DRDY	绿色	当六轴伺服放大器能够驱动伺服电机时，LED 点亮	处在励磁状态下不点亮	更换六轴伺服放大器
OPEN	绿色	当六轴伺服放大器和主板之间的通信正常进行时，LED 点亮。	LED 不点亮	1. 确认 FSSB 光缆的连接情况。 2. 更换伺服卡。 3. 更换六轴伺服放大器
P5V	绿色	当＋5V 电压被从六轴伺服放大器内部的电源电路正常输出时，LED 点亮	LED 不点亮	1. 检查机器人连接电缆（RP1），确认＋5V 是否有接地故障。 2. 更换六轴伺服放大器
P3.3V	绿色	当＋3.3V 电压被从六轴伺服放大器内部的电源电路正常输出时，LED 点亮	LED 不点亮	更换六轴伺服放大器

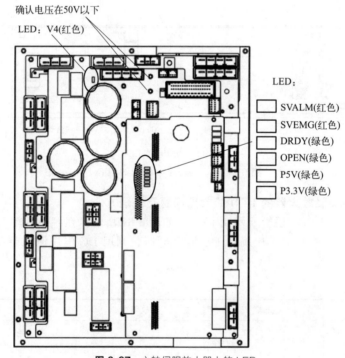

图 6-67 六轴伺服放大器上的 LED

（6）基于 αiPS 的 LED 的常见问题处理方法

如图 6-68 所示，αiPS 上备有报警显示用 LED，针对 LED 的显示之常见问题处理方法见表 6-19。

表 6-19 αiPS 的 LED 显示详细

LED 显示	内容
无显示	控制电源尚未接通或者硬件不良

LED 显示	内容
英文数字点亮	通电后在大约 4s 内分 4 次显示软件系列/版本。 最初的 1s：软件系列前 2 位 后续的 1s：软件系列后 2 位 后续的 1s：软件版本前 2 位 后续的 1s：软件版本后 2 位 例如软件版本系列 9G00/01.0 的显示如下。 $\boxed{9\ \ G} \rightarrow \boxed{0\ \ 0} \rightarrow \boxed{0\ \ 1} \rightarrow \boxed{\quad\ 0}$
——闪烁	与六轴伺服放大器的串行通信建立中
——点亮	与六轴伺服放大器的串行通信建立
00 闪烁	预备充电动作中
00	主电源准备就绪
01	PS 输入过电流
02	PS 内部冷却风扇停止
03	PS 主电路过载
04	PS DC 链路部低电压
05	PS 预备充电异常
06	PS 控制低电压
07	PS DC 链路部过电压
10	PS 散热器冷却风扇停止
14	PS 输入电源异常
15	PS 软发热
24	PS 硬件异常

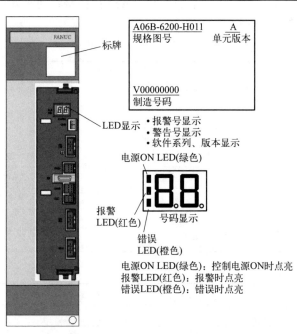

图 6-68 αiPS 上报警显示用 LED

（7）基于 CR-35iA 用传感器 I/F 单元的 LED 的常见问题处理方法

CR-35iA 用传感器 I/F 单元上，具有表示 I/O Link i 的通信状态的 LED，如图 6-69 所示。

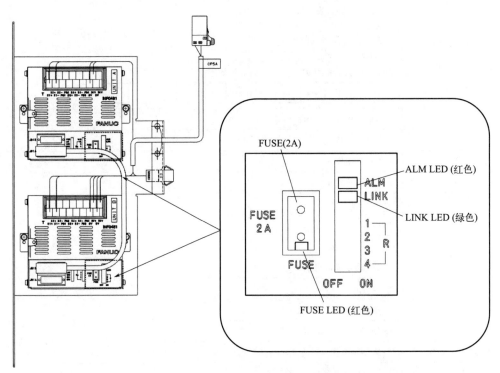

图 6-69 CR-35iA 用传感器 I/F 单元上的 LED

FUSE LED 在保险丝熔断时点亮；在排除保险丝熔断的原因后，更换保险丝。LINK LED 表示组的通信状态；ALM LED 表示 I/O Link i 的报警；动作方式都是 I/O Link i，其报警见表 6-20。LED 的点亮状态见表 6-21。

表 6-20 LINK LED 与 ALM LED 报警

种类	LED 的显示	含义	种类	含义
LINK LED	熄灭	电源 OFF	ALM LED	正常状态或者电源 OFF
	点亮	电源 ON		发生奇偶校验报警、外部输入报警、双检安全报警的任何一个报警
	闪烁（1：1）	通信状态标准		在与后段的组之间发生断线
	闪烁（3：1）	通信状态使用双检安全时		在后段的组中发生电源异常（包括瞬断）
	闪烁（1：3）	发生状态报警		发生状态报警
	闪烁（高速 1：1）	通信停止状态发生看门狗报警		因来自主控装置的指令而发生

表 6-21 LED 的点亮状态

LED 的点亮状态	点亮与熄灭时间
熄灭	
点亮	

LED 的点亮状态	点亮与熄灭时间
闪烁(1:1)	点亮＝约 0.5s,熄灭＝约 0.5s
闪烁(3:1)	点亮＝约 1.5s,熄灭＝约 0.5s
闪烁(1:3)	点亮＝约 0.5s,熄灭＝约 1.5s
闪烁(高速 1:1)	点亮＝约 0.25s,熄灭＝约 0.25s

(8) I/O Link i 对应单元中 LED 的显示内容

I/O Link i 中,作为标准规格每个单元都安装有 2 种 LED,即"LINK"(绿色)表示单元的通信状态,"ALM"(红色)表示在单元或者其后级的单元发生报警。可以根据这些 LED 的状态判断单元的状态,见表 6-22、表 6-23。

表 6-22 基于 LED "LINK"(绿色)显示进行故障处理

动作模式	LED 的状态	显示内容	故障位置和处理办法
共同	熄灭	电源 OFF	
	点亮	电源 ON (通信开始前状态)	
	闪烁(高速 1:1)	通信停止状态	因报警而通信停止的状态。根据红色 LED 的状态或者示教器的画面显示确定原因
I/O Link	闪烁(1:3)	通信状态	
I/O Link i	闪烁(1:1)	通信状态	
	闪烁(3:1)	通信状态(使用双检安全)	

表 6-23 基于 LED "ALM"(红色)显示进行故障处理

动作模式	LED 的状态	显示内容	故障位置和处理办法
共同	熄灭	正常状态或者电源 OFF	
I/O Link	点亮	发生报警	可能是由于硬件不良所致,更换单元
I/O Link i	点亮	发生报警	可能是由于硬件不良所致,更换单元
	闪烁(1:1)	在与后级的单元之间发生断线	根据本单元的 JD1A,确认是否有连接后级单元的 JD1B 之间的电缆不良或者连接不良。此外,有可能已发生噪声,应确认周围是否已发生噪声
	闪烁(3:1)	在后级单元发生包含瞬断的电源异常	确定并排除后级单元内的电源异常原因
	闪烁(1:3)	发生状态报警	发生了 DO 接地故障等的状态报警,确定并排除 DO 接地故障等原因

参 考 文 献

[1] 张培艳. 工业机器人操作与应用实践教程. 上海：上海交通大学出版社，2009.
[2] 邵慧，吴凤丽. 焊接机器人案例教程. 北京：化学工业出版社，2015.
[3] 韩建海. 工业机器人. 武汉：华中科技大学出版社，2009.
[4] 董春利. 机器人应用技术. 北京：机械工业出版社，2015.
[5] 于玲，王建明. 机器人概论及实训. 北京：化学工业出版社，2013.
[6] 余任冲. 工业机器人应用案例入门. 北京：电子工业出版社，2015.
[7] 杜志忠，刘伟. 点焊机器人系统及编程应用. 北京：机械工业出版社，2015.
[8] 叶晖，管小清. 工业机器人实操与应用技巧. 北京：机械工业出版社，2011.
[9] 肖南峰，等. 工业机器人. 北京：机械工业出版社，2011.
[10] 郭洪江. 工业机器人运用技术. 北京：科学出版社，2008.
[11] 马履中，周建忠. 机器人柔性制造系统. 北京：化学工业出版社，2007.
[12] 闻邦椿. 机械设计手册（单行本）——工业机器人与数控技术. 北京：机械工业出版社，2015.
[13] 魏巍. 机器人技术入门. 北京：化学工业出版社，2014.
[14] 张玫，等. 机器人技术. 北京：机械工业出版社，2015.
[15] 王保军，滕少峰. 工业机器人基础. 武汉：华中科技大学出版社，2015.
[16] 孙汉卿，吴海波. 多关节机器人原理与维修. 北京：国防工业出版社，2013.
[17] 张宪民，等. 工业机器人应用基础. 北京：机械工业出版社，2015.
[18] 李荣雪. 焊接机器人编程与操作. 北京：机械工业出版社，2013.
[19] 郭彤颖，安冬. 机器人系统设计及应用. 北京：化学工业出版社，2016.
[20] 谢存禧，张铁. 机器人技术及其应用. 北京：机械工业出版社，2015.
[21] 芮延年. 机械人技术及其应用. 北京：化学工业出版社，2008.
[22] 张涛. 机器人引论. 北京：机械工业出版社，2012.
[23] 李云江. 机器人概论. 北京：机械工业出版社，2011.
[24] 《机器人手册》翻译委员会译. 机器人手册. 北京：机械工业出版社，2013.
[25] 兰虎. 工业机器人技术及应用. 北京：机械工业出版社，2014.
[26] 蔡自兴. 机械人学基础. 北京：机械工业出版社，2009.
[27] 王景川，陈卫东，[日] 古平晃洋. PSOC3控制器与机器人设计. 北京：化学工业出版社，2013.
[28] 兰虎. 焊接机器人编程及应用. 北京：机械工业出版社，2013.
[29] 胡伟. 工业机器人行业应用实训教程. 北京：机械工业出版社，2015.
[30] 杨晓钧，李兵. 工业机器人技术. 哈尔滨：哈尔滨工业大学出版社，2015.
[31] 叶晖. 工业机器人典型应用案例精析. 北京：机械工业出版社，2015.
[32] 叶晖，等. 工业机器人工程应用虚拟仿真教程. 北京：机械工业出版社，2016.
[33] 汪励，陈小艳. 工业机器人工作站系统集成. 北京：机械工业出版社，2014.
[34] 蒋庆斌，陈小艳. 工业机器人现场编程. 北京：机械工业出版社，2014.
[35] John J. Craig. 机器人学导论. 负超，王伟，译. 北京：机械工业出版社，2006.
[36] 刘伟，等. 焊接机器人离线编程及传真系统应用. 北京：机械工业出版社，2014.
[37] 肖明耀，程莉. 工业机器人程序控制技能实训. 北京：中国电力出版社，2010.
[38] 陈以农. 计算机科学导论基于机器人的实践方法. 北京：机械工业出版社，2013.
[39] 李荣雪. 弧焊机器人操作与编程. 北京：机械工业出版社，2015.